Mathematik trainieren: Brüche, Funktionen und Co.

Joachim Siegert

Mathematik trainieren: Brüche, Funktionen und Co.

Womit man im MINT-Studium rechnen muss

Springer Spektrum

Joachim Siegert
FB Ingenieurwissenschaften
Hochschule für Technik und Wirtschaft Berlin
Berlin, Deutschland

ISBN 978-3-662-56347-2 ISBN 978-3-662-56348-9 (eBook)
https://doi.org/10.1007/978-3-662-56348-9

Die Deutsche Nationalbibliothek verzeichnet diese Publikation in der Deutschen Nationalbibliografie; detaillierte bibliografische Daten sind im Internet über http://dnb.d-nb.de abrufbar.

Springer Spektrum

Verantwortlich im Verlag: Margit Maly

Gedruckt auf säurefreiem und chlorfrei gebleichtem Papier

Springer Spektrum ist ein Imprint der eingetragenen Gesellschaft Springer-Verlag GmbH, DE und ist ein Teil von Springer Nature
Die Anschrift der Gesellschaft ist: Heidelberger Platz 3, 14197 Berlin, Germany

Vorwort

Der vorliegende Kurs soll dazu dienen, unmittelbar vor Beginn eines Studiums ausgewählte elementare mathematische Kenntnisse und Sachverhalte, die vor allem für MINT-Studiengänge relevant sind, interaktiv zu trainieren. Dabei geht es auch um eine zügige selbstständige Umsetzung von grundlegenden Umformungen und um die Lösung der Aufgaben bei einer vorgegebenen Bearbeitungszeit. Im Gegensatz zu den üblichen Lehrbüchern werden die theoretischen Grundlagen sehr verkürzt zusammengefasst und an Beispielen erläutert. Zu allen Kapiteln wird ein Selbsttest angeboten. Hinweise zum Studium und Tipps zum Verhalten in Klausuren runden das Ganze ab.

Aus Gründen der besseren Lesbarkeit verwenden wir in diesem Buch überwiegend das generische Maskulinum. Dies impliziert immer beide Formen, schließt also die weibliche Form mit ein.

In der Hoffnung, Ihnen mit dem Trainingskurs insbesondere bei der Vorbereitung auf ein Studium eine zusätzliche Hilfe zur Selbsthilfe gegeben zu haben, wünsche ich Ihnen beim Durcharbeiten viel Erfolg. Falls sich dabei Hinweise und Anregungen ergeben, bin ich stets dafür dankbar.

Danksagung

An dieser Stelle möchte ich mich bei allen Beteiligten des eLearning-Projekts Olga Gejer, Nadja Kohlsmann, Sanaz Mortazavi, Daniel Elstner, André Heber, Benjamin Hoffmann, Kevin Jüngel und Ali Sinai für ihre Mitwirkung bedanken. Mein Dank gilt auch allen meinen Studenten und Tutoren, die durch wiederholte Durcharbeitung zu einer verbesserten Darstellung und zum Ausmerzen von Fehlern beigetragen haben. In der letzten Etappe hatten daran Anett Arndt und Anja Willuhn besonderen Anteil.

Frau Margit Maly und Frau Anja Dochnal vom Springer-Verlag danke ich für die vielen freundlichen Ratschläge, ihre Unterstützung und die ausgezeichnete Zusammenarbeit.

Besonders danke ich meiner Frau Simone für ihre Hilfe, ihr Verständnis und die große Geduld.

Berlin, Januar 2018 Joachim Siegert

Einführung

Bei Studienanfängern im MINT-Bereich werden seit längerer Zeit Lücken in den elementaren mathematischen Kenntnissen festgestellt: Häufig können einfachste Aufgaben mit Umformungen von Termen, Brüchen und Wurzeln, gebrochenen Exponenten sowie Logarithmen nicht ausreichend gut gelöst werden. Die Vereinfachung eines Bruchausdruckes bereitet Probleme, die Graphen der Sinus- und Kosinusfunktion werden nicht gekannt, die Berechnung der Steigung einer Geraden wird nicht beherrscht.
Derartige Defizite wirken sich dann im Studium nicht nur im Fach Mathematik, sondern regelmäßig auch in anderen Fächern mit hohem Mathematikinhalt negativ aus, sogar bis in höhere Semester. Manchmal ist dies letztendlich das bekannte Zünglein an der Waage, welches über einen Studienabbruch entscheidet.

Falls Sie demnächst ein MINT-Studium beginnen wollen, sollten Sie unbedingt die Zeit davor nutzen, um Ihre elementaren mathematischen Kenntnisse und Fertigkeiten zu überprüfen und ggf. auszubauen. Später im Studium ist dies zusätzlich zu den anderen normalen Belastungen nur sehr schwer zu schaffen.

Online finden Sie eine große Anzahl von unterstützenden Materialien zum Wiederholen [4, 8], sowie Möglichkeiten zur Überprüfung Ihres aktuellen Wissensstandes, wie beispielsweise die Lernsoftware von R. Schwenkert und Y. Stry (FH München) [9]. Fast alle Universitäten und Fachhochschulen bieten ihren Studienanfängern entsprechende Kurse zur Vorbereitung an.
Das Angebot an ausgezeichneten Lehrbüchern mit Brücken- bzw. Vorkursen zum Nachlesen des Schulwissens hat deutlich zugenommen [2, 3, 5, 6, 7].

Der vorliegende interaktive Trainingskurs ist kein weiteres Lehrbuch im eigentlichen Sinne, sondern verfolgt das Ziel, einige ausgewählte grundlegende Kenntnisse zu trainieren, zu vertiefen und den Umgang damit unmittelbar vor dem Studium interaktiv aufzuarbeiten. Mit unserem Kurs wollen wir motivieren und Sie bei dem Wissensstand abholen, den Sie mitbringen, auch wenn Sie sich längere Zeit nicht mit Mathematik beschäftigt haben.

Das methodisch-didaktische Konzept für ein derartiges Lehrmaterial wurde viele Jahre lang von einer Arbeitsgruppe um Dr. E. Berane, K.-H. Gärtner, Dr. H. Knorr und Prof. Dr. H. Lohse [1] erforscht und in der Ingenieurausbildung in Sachsen erfolgreich erprobt.
Ein studentisches Team der HTW Berlin hat die Methodik aufgegriffen und im Rahmen eines eLearning-Förderprojekts unter meiner Leitung so umgesetzt, dass es im Umfang und Inhalt dem zweiwöchigen Brückenkurs Elementarmathematik für MINT-Studienanfänger an der HTW Berlin angepasst wurde.

Mit dem Mut zur Lücke beschränkten wir uns auf einige wesentliche Gebiete und Sachverhalte: Bruchrechnung, Gleichungen, Ungleichungen, Potenz- und Wurzelgesetze, Logarithmengesetze, elementare Funktionen einer reellen Variablen und deren Abhängigkeit von Parametern,

trigonometrische Funktionen und Polarkoordinaten. Diese Themen sind vor allem für MINT-Studiengänge relevant.
Andere mathematische Themen und Gebiete wie Vektorrechnung, Reihen, Differenzial- und Integralrechnung, Wahrscheinlichkeitsrechnung sowie das Rechnen mit komplexen Zahlen hätten den Rahmen unseres Trainingskurses deutlich gesprengt. Im Studium werden diese Inhalte entsprechend der jeweiligen Notwendigkeit und Anforderung des Studienfachs i. d. R. neu eingeführt.

Ein Schwerpunkt des Trainingskurses ist das selbstständige Üben der Elementarmathematik. Auf die theoretischen Grundlagen wird nur in geringem Umfang eingegangen. Beim Durcharbeiten des Kurses reaktivieren Sie wichtige Sachverhalte des Schulstoffes, gleichzeitig wird eine gewisse Lernmethodik trainiert. Dabei geht es nicht nur um das Verstehen, sondern auch um eine zügige Umsetzung von elementaren Umformungen und die Lösung der Aufgaben bei einer vorgegebenen Bearbeitungszeit. In Kap. 5 und 6 reduzieren wir die Behandlung der häufig gut bekannten Sachverhalte (Mengenlehre und Funktionsbegriff) auf die wichtigsten Zusammenhänge. Diese werden in den Kap. 7-12 weiter geübt.

Nach einer kurzen Darstellung der grundlegenden Theorie und der Erläuterung an Beispielen besteht in jedem Kapitel die Möglichkeit, selbstständig Übungsaufgaben zu lösen.
Die dafür vorgegebenen Bearbeitungszeiten setzen eine fehlerfreie zügige Rechnung sowie entsprechende Kenntnisse voraus und sollen Ihnen einen Hinweis geben, ob Sie mit dem entsprechenden Sachverhalt bereits ausreichend vertraut sind.
Gleiches gilt auch für die Testaufgaben, die im Vergleich zu den Übungen i. d. R. einen höheren Schwierigkeitsgrad haben. Die Tests könnten Sie auch schon vor Beginn der Bearbeitung eines Kapitels durchführen und nach dem Durcharbeiten des Stoffes wiederholen.
Wenn es Ihnen nicht gelingt, die angegebene Lösung zu erhalten, finden Sie am Schluss des Kurses die von uns vorgeschlagenen kompletten Lösungswege. Die Vorgehensweisen wurden mit dem Ziel gewählt, die Lösungen in möglichst kleinen und gut nachvollziehbaren Schritten zu erhalten. Hierbei werden wichtige Teilschritte durch zusätzliche Hinweise kommentiert und Zwischenergebnisse detailliert erklärt.

Ein weiterer Schwerpunkt des Kurses ist das Üben von Skizzen einfacher Funktionsgraphen unter Beachtung von Parameterwerten, jedoch ohne eine Wertetabelle oder einen Taschenrechner zu benutzen. Dazu wird ein entsprechender Algorithmus erläutert und trainiert.

Am Ende jeden Kapitels gibt es zudem Links zu unterstützenden Videos. Viele davon wurden von der Firma sofatutor.com für die HTW Berlin produziert und waren bereits im eLearning-Projekt frei zugänglich.

Kap. 15 enthält abschließend einige Hinweise zum Studium und Tipps zum Verhalten in Klausuren, die nicht nur im Fach Mathematik hilfreich sein sollten. Dabei sind langjährige Erfahrungen von Lehrkräften und Studierenden eingeflossen.

Inhaltsverzeichnis

1 Bruchrechnung und Umstellen von Gleichungen

1.1 Theorie

Beim Umstellen von Gleichungen und beim Zusammenfassen von Termen kommt man selten ohne Anwendung der Bruchrechnung aus, insbesondere in den MINT-Fächern.

Die grundlegenden Zusammenhänge für das **Rechnen mit Brüchen**[1] sind folgende:

- Addition bzw. Subtraktion gleichnamiger Brüche:

$$\frac{a}{c} \pm \frac{b}{c} = \frac{a \pm b}{c}.$$

- Addition bzw. Subtraktion ungleichnamiger Brüche:

$$\frac{a}{c} \pm \frac{b}{d} = \frac{a \cdot d \pm b \cdot c}{c \cdot d}.$$

  Die Brüche werden durch Erweitern gleichnamig gemacht und dann addiert (bzw. subtrahiert). Der Ausdruck $c \cdot d$ wird „**Hauptnenner**" genannt.

  Tipp: Ein geeigneter Hauptnenner ist das kleinste gemeinsame Vielfache (kgV) der beiden Nenner, falls c und d gemeinsame Faktoren besitzen.

- Multiplikation von Brüchen:

$$\frac{a}{c} \cdot \frac{b}{d} = \frac{a \cdot b}{c \cdot d}.$$

- Division von Brüchen:

$$\frac{a}{c} : \frac{b}{d} = \frac{a}{c} \cdot \frac{d}{b} = \frac{a \cdot d}{c \cdot b}.$$

  Tipp: Brüche werden dividiert, indem man den links stehenden Bruch („Dividend") mit dem Kehrwert des anderen (rechts stehenden) Bruchs („Divisors") multipliziert.

- Beseitigung von Doppelbrüchen:

$$\left(\frac{a}{b}\right) : \left(\frac{c}{d}\right) = \frac{\frac{a}{b}}{\frac{c}{d}} = \frac{a}{b} \cdot \frac{d}{c} = \frac{a \cdot d}{b \cdot c}.$$

[1] Im gesamten Material wird vorausgesetzt, dass der Nenner in einem Quotienten von null verschieden ist, ohne dies jeweils konkret noch einmal anzugeben bzw. darauf hinzuweisen.

J. Siegert, *Mathematik trainieren: Brüche, Funktionen und Co.*,
https://doi.org/10.1007/978-3-662-56348-9_1

- Umkehrung von Brüchen in einer Gleichung:

$$\frac{a}{b} = \frac{c}{d} \Leftrightarrow \frac{b}{a} = \frac{d}{c}.$$

Tipp: Sind zwei Brüche (für von null verschiedene Zähler a und c) gleich, darf man auf beiden Seiten Zähler mit dem Nenner vertauschen; die Gleichheit bleibt erhalten.

Hinweis: Neben Gleichungen werden oft auch **Ungleichungen** benutzt, die an den Ungleichheitszeichen $<$, $\leq$, $>$, $\geq$ zu erkennen sind. Diese stehen für „kleiner als" bzw. „größer als". Bei den Zeichen $\leq$ und $\geq$ wird die Gleichheit beider Seiten ebenfalls zugelassen. Diese Formen einer Ungleichung werden auch als „schwach" bezeichnet. Statt des Strichs schreibt man oft ein Gleichheitszeichen. Ungleichungen mit den Zeichen $<$ und $>$ nennt man „stark". Mit Ungleichungen wird bis auf wenige Fälle umgegangen wie mit Gleichungen; sie können umgestellt und gelöst werden. Auf beiden Seiten darf beispielsweise die gleiche Größe addiert bzw. auch subtrahiert werden, ohne dass sich das Ungleichheitszeichen ändert. Bei der Multiplikation beider Seiten mit einer negativen Größe dreht sich jedoch das Ungleichheitszeichen um; dies gilt ebenso bei der Division durch eine negative Größe. Das Rechnen mit Ungleichungen wird in Abschn. 6.1 im Zusammenhang mit monotonen Funktionen erläutert und in Abschn. 7.1 sowie in Kap. 8 weiter vertieft.

1.2 Beispiele

1.2.1 Beispiel

a) Stellen Sie die Formel

$$a \cdot \frac{\boldsymbol{x}}{b} = c$$

nach der Variablen $\boldsymbol{x}$ um.

b) Stellen Sie folgende Gleichung nach $\boldsymbol{f}$ um:

$$\frac{1}{\boldsymbol{f}} = \frac{1}{g} + \frac{1}{b}.$$

Lösungsweg:[2]

a) Dividiert man auf beiden Seiten durch den Paramter a und multipliziert mit b, ergibt sich die Lösung:

$$\boldsymbol{x} = \frac{b \cdot c}{a}.$$

b) Addieren Sie zuerst die Brüche der rechten Seite durch Bildung eines Hauptnenners:

$$\frac{1}{\boldsymbol{f}} = \frac{1}{g} \cdot \frac{b}{b} + \frac{1}{b} \cdot \frac{g}{g}.$$

[2] Die hier im Kurs angegebenen Lösungswege beschreiben i. d. R. eine von mehreren möglichen Vorgehensweisen. Bei der Wahl und der Erläuterung unserer Methode verfolgten wir das Ziel, in möglichst kleinen und gut nachvollziehbaren Teilschritten zur Lösung zu gelangen, selbst auf Kosten eines höheren manuellen Aufwands an Schreibarbeit. Oft können auch einzelne Zwischenschritte weggelassen oder vertauscht werden.

$$\frac{1}{\boldsymbol{f}} = \frac{b}{b \cdot g} + \frac{g}{b \cdot g}$$
$$\frac{1}{\boldsymbol{f}} = \frac{b+g}{bg}.$$

Nun stellen Sie nach $\boldsymbol{f}$ um (oder Sie vertauschen auf beiden Seiten jeweils Zähler mit Nenner):

$$\boldsymbol{f} = \frac{1}{\frac{b+g}{bg}},$$
$$\boldsymbol{f} = \frac{bg}{b+g}.$$

Hinweis: Sie sollten versuchen, derartige einfache Formeln in einem Schritt umzuformen.

1.2.2 Beispiel

Stellen Sie folgende Gleichung nach $\boldsymbol{\mu}$ um:

$$F_\mathrm{L} = \frac{1 - 4\frac{H}{D}\boldsymbol{\mu}}{1 + 4\frac{h}{d}\boldsymbol{\mu}} \cdot F_\mathrm{k} \cdot \left(\frac{D}{d}\right)^2.$$

Lösungsweg:

Beachten Sie, dass $\boldsymbol{\mu}$ an zwei Stellen in der Formel vorkommt. Um nach $\boldsymbol{\mu}$ umstellen zu können, darf $\boldsymbol{\mu}$ nicht im Nenner stehen. Deshalb sollte zunächst auf beiden Seiten mit $\left(1 + 4\frac{h}{d}\boldsymbol{\mu}\right)$ multipliziert werden:

$$F_\mathrm{L} \cdot \left(1 + 4\frac{h}{d}\boldsymbol{\mu}\right) = \left(1 - 4\frac{H}{D}\boldsymbol{\mu}\right) \cdot F_\mathrm{k} \cdot \frac{D^2}{d^2}.$$

Nun wird auf beiden Seiten ausmultipliziert:

$$F_\mathrm{L} + 4F_\mathrm{L} \cdot \frac{h}{d} \cdot \boldsymbol{\mu} = F_\mathrm{k} \cdot \frac{D^2}{d^2} - 4\frac{H}{D} \cdot \boldsymbol{\mu} \cdot F_\mathrm{k} \cdot \frac{D^2}{d^2}.$$

Es bietet sich an, bereits zu kürzen und zu vereinfachen, um die Übersichtlichkeit zu erhöhen:

$$F_\mathrm{L} + \frac{4F_\mathrm{L}h\boldsymbol{\mu}}{d} = \frac{F_\mathrm{k}D^2}{d^2} - \frac{4H\boldsymbol{\mu}F_\mathrm{k}D}{d^2}.$$

Zur weiteren Vereinfachung werden auf einer Seite der Gleichung alle Terme sortiert, die $\boldsymbol{\mu}$ enthalten, alle anderen Terme auf der anderen. Ziel ist es, $\boldsymbol{\mu}$ auszuklammern:

$$\frac{4F_\mathrm{L}h\boldsymbol{\mu}}{d} + \frac{4H\boldsymbol{\mu}F_\mathrm{k}D}{d^2} = \frac{F_\mathrm{k}D^2}{d^2} - F_\mathrm{L},$$
$$\boldsymbol{\mu} \cdot \left(\frac{4F_\mathrm{L}h}{d} + \frac{4HF_\mathrm{k}D}{d^2}\right) = \frac{F_\mathrm{k}D^2}{d^2} - F_\mathrm{L},$$

$$\boldsymbol{\mu} \cdot \left(\frac{4F_{\mathrm{L}}hd + 4HF_{\mathrm{k}}D}{d^2}\right) = \frac{F_{\mathrm{k}}D^2 - F_{\mathrm{L}}d^2}{d^2}.$$

$$\boldsymbol{\mu} = \frac{\dfrac{F_{\mathrm{k}}D^2 - F_{\mathrm{L}}d^2}{d^2}}{\dfrac{4F_{\mathrm{L}}hd + 4HF_{\mathrm{k}}D}{d^2}} = \frac{(F_{\mathrm{k}}D^2 - F_{\mathrm{L}}d^2) \cdot d^2}{d^2 \cdot (4F_{\mathrm{L}}hd + 4HF_{\mathrm{k}}D)}.$$

Um die Übersichtlichkeit eines Terms zu erhöhen, werden Doppelbrüche i. d. R. beseitigt und es wird weitestgehend gekürzt:

$$\boldsymbol{\mu} = \frac{F_{\mathrm{k}}D^2 - F_{\mathrm{L}}d^2}{4\,(F_{\mathrm{L}}hd + F_{\mathrm{k}}HD)}.$$

1.3 Übungen

1.3.1 Übung

(4 Min.)

Stellen Sie nach $\boldsymbol{\mu}$ um:

$$P_{\text{Ü}} = \frac{F}{d\pi\left(\dfrac{d}{4} + \boldsymbol{\mu} h\right)}.$$

→ *Lösung auf Seite 111*

1.3.2 Übung

(6 Min.)

Vereinfachen Sie folgenden Doppelbruch:

$$i_1 = \frac{\dfrac{u_1}{R + \dfrac{1}{j\omega C}}}{R + \dfrac{1}{j\omega C}}.$$

→ *Lösung auf Seite 111*

1.3.3 Übung

(6 Min.)

Stellen Sie folgende Gleichung nach $\boldsymbol{x}$ um:

$$\frac{\boldsymbol{x}}{\varrho_{\mathrm{Ag}}} + \frac{10 - \boldsymbol{x}}{\varrho_{\mathrm{Sx}}} = \frac{10}{\varrho_0}.$$

→ *Lösung auf Seite 112*

1.3.4 Übung

(8 Min.)

Stellen Sie folgende Gleichung nach $\boldsymbol{R_1}$ um:

$$U_2 = \frac{R_2}{\boldsymbol{R_1} + R_2} U_1 - \frac{\boldsymbol{R_1} R_2}{\boldsymbol{R_1} + R_2} I_2.$$

→ *Lösung auf Seite 113*

1.4 Tests

1.4.1 Test

(6 Min.)

Stellen Sie die folgende Gleichung nach $\boldsymbol{g}$ um:

$$y = \frac{\boldsymbol{g}^2 \cdot R_3 \cdot R_2}{\boldsymbol{g} \cdot R_4} - \frac{R_0 \cdot 10 \cdot x^2 \cdot \boldsymbol{g}}{C_4 \cdot R_3}.$$

1. $\boldsymbol{g} = y \cdot \left(\frac{R_3 \cdot R_2}{R_4} - \frac{R_0 \cdot 10 \cdot x^2}{C_4 \cdot R_3} \right),$
2. $\boldsymbol{g} = \frac{y \cdot R_3 \cdot R_4 \cdot C_4}{C_4 \cdot R_2 \cdot R_3{}^2 - R_0 \cdot R_4 \cdot 10 \cdot x^2},$
3. $\boldsymbol{g} = \frac{C_4 \cdot R_3^2 \cdot R_2 - R_4 \cdot R_0 \cdot 10 \cdot x^2}{y \cdot R_3 \cdot R_4 \cdot C_4},$
4. $\boldsymbol{g} = \frac{y}{\frac{R_3 \cdot R_2}{R_4} - \frac{R_0 \cdot 10 \cdot x^2}{C_4 \cdot R_3}}.$

→ *Lösung auf Seite 152*

1.4.2 Test

(5 Min.)

Stellen Sie die folgende Gleichung nach $\boldsymbol{f_L}$ um:

$$m_1 = \sqrt[3]{a^5} + \beta \left(\frac{1}{\sqrt{\boldsymbol{f_L}}} \right) + u_t.$$

1. $\boldsymbol{f_L} = \left((m_1 - \sqrt[3]{a^5} - u_t) \cdot \beta \right)^2,$
2. $\boldsymbol{f_L} = \left(\frac{m_1 - \sqrt[3]{a^5} - u_t}{\beta} \right)^2,$
3. $\boldsymbol{f_L} = \left(\frac{\beta}{m_1 - \sqrt[3]{a^5} - u_t} \right)^2,$
4. $\boldsymbol{f_L} = \left((m_1 + \sqrt[3]{a^5} + u_t) \cdot \beta \right)^2.$

→ *Lösung auf Seite 153*

1.4.3 Test

(6 Min.)

Stellen Sie folgende Gleichung nach $\boldsymbol{c}$ um:

$$f = \frac{U_a - U_b}{\frac{U_c}{A} - \frac{U_d}{\boldsymbol{c}}}.$$

[1] $\boldsymbol{c} = U_d \cdot \cfrac{1}{-\cfrac{U_a - U_b}{f} + \cfrac{U_c}{A}}$, [2] $\boldsymbol{c} = U_d \cdot \cfrac{1}{-\cfrac{U_a - U_b}{f} + \cfrac{U_c}{A}}$,

[3] $\boldsymbol{c} = \dfrac{U_d \cdot f \cdot A}{(U_b - U_a) \cdot A + U_c \cdot f}$, [4] $\boldsymbol{c} = \dfrac{(U_a - U_d) \cdot f}{(U_a - U_b) \cdot A}$.

→ *Lösung auf Seite 153*

1.4.4 Test

(10 Min.)

Stellen Sie die folgende Gleichung nach $\boldsymbol{r_2}$ um:

$$\phi = \frac{Q_1}{4\pi\varepsilon}\left(\frac{1}{r_1} - \frac{r_0}{d}\frac{A}{\sqrt{\boldsymbol{r_2} + B}} + \frac{r_0}{d} \cdot \frac{1}{r_3}\right).$$

[1] $\boldsymbol{r_2} = \left(\dfrac{A \cdot Q_1 \cdot r_0 \cdot r_1 \cdot r_3}{-4 \cdot \phi \cdot \pi \cdot \varepsilon \cdot r_1 \cdot d \cdot r_3 + Q_1 \cdot d \cdot r_3 + r_0 \cdot Q_1 \cdot r_1}\right)^2 - B$,

[2] $\boldsymbol{r_2} = \left(-\dfrac{4\phi\pi\varepsilon}{Q_1} + \dfrac{1}{r_1} + \dfrac{r_0}{d \cdot r_3}\right)^2 \cdot \left(\dfrac{r_0 A}{d}\right)^2 + B$.

→ *Lösung auf Seite 155*

Links

1. sofatutor.com: Bruchrechnung 1. http://elearning-material.htw-berlin.de/KM2/Videos/Bruchrechnung1.ogv. Zugegriffen: 07.07.2017
2. sofatutor.com: Bruchrechnung 2. http://elearning-material.htw-berlin.de/KM2/Videos/Bruchrechnung1.ogv. Zugegriffen: 07.07.2017
3. sofatutor.com: Umstellen von Gleichungen. http://elearning-material.htw-berlin.de/KM2/Videos/GleichungenUmstellen.ogv. Zugegriffen: 07.07.2017
4. Loviscach J.: Webseite. http://www.j3l7h.de/videos.html. Zugegriffen: 07.07.2017
5. Schneider A.: Portal Mathebibel. http://www.mathebibel.de/. Zugegriffen: 07.07.2017
6. Polster S.: Lexikon Mathematik. http://mathematikalpha.de/. Zugegriffen: 10.10.2017

2 Potenzen und Wurzeln

2.1 Theorie

In diesem Kapitel sollen Ausdrücke, die Potenzen und Wurzeln enthalten, vereinfacht werden. Als Grundlage dienen die **Potenz- und Wurzelgesetze:**

- Multiplikation bzw. Division von Potenzen mit gleicher Basis:

$$\begin{aligned} a^n \cdot a^m &= a^{(n+m)}, \\ a^n : a^m &= a^{(n-m)}. \end{aligned}$$

- Multiplikation bzw. Division von Potenzen mit gleichem Exponenten:

$$\begin{aligned} a^n \cdot b^n &= (a \cdot b)^n, \\ a^n : b^n &= (a : b)^n. \end{aligned}$$

- Potenzieren von Potenzen:

$$(a^n)^m = a^{(n \cdot m)}.$$

Zudem gelten folgende Definitionen:

$$\begin{aligned} a^{-n} &= \frac{1}{a^n} && \text{für } a \neq 0, \\ a^0 &= 1 && \text{für } a \neq 0, \\ \sqrt[m]{a^n} &= a^{n/m} && \text{für } a \geq 0, \text{ und } n,\ m \text{ positiv ganzzahlig.} \end{aligned}$$

Hinweis: Mit Wurzeln ungerader Exponenten wird für $a < 0$ unterschiedlich umgegangen. Die eine Betrachtungsweise besagt, dass diese Wurzeln im Bereich der reellen Zahlen per Definition im strengen mathematischen Sinn nicht erklärt sind. Die zweite Meinung lässt Wurzeln mit ungeradem Exponenten unter bestimmten Einschränkungen zu; beispielsweise gilt dann $\sqrt[3]{-8} = -2$ als Umkehrung des Potenzierens $(-2)^3 = -8$. Bei dieser Herangehensweise ist jedoch bei Termen der Art

$$\sqrt[m]{a^n} = a^{n/m}$$

das Erweitern und Kürzen von m und n durch bzw. mit geraden Zahlen im Exponenten nicht erlaubt. In den folgenden Aufgaben wird stets vorausgesetzt, dass die Basis jeweils größer null ist.

J. Siegert, *Mathematik trainieren: Brüche, Funktionen und Co.*,
https://doi.org/10.1007/978-3-662-56348-9_2

Hinweis: Für einen beliebigen Wert $a \in \mathbb{R}$ gilt

$$\sqrt{a^2} = |a| = \begin{cases} a, & \text{falls } a \geq 0, \\ -a, & \text{falls } a < 0. \end{cases}$$

Hinweis: Tritt im Nenner eines Bruches eine Wurzel auf, wird der Term oft noch umgeformt, um die Wurzel im Nenner zu beseitigen; dies bezeichnet man als „Rationalmachen des Nenners“. Dabei erweitert man mit einer entsprechend gewählten Potenz den Bruch, um im Nenner einen ganzzahligen Exponenten zu erzeugen (s. Beisp. 2.2.1).

2.2 Beispiele

2.2.1 Beispiel

Schreiben Sie folgende Brüche um, indem Sie die Nenner rational machen:

$$\text{a) } \frac{1}{\sqrt{2}}, \quad \text{b) } \frac{1}{\sqrt[3]{7}}, \quad \text{c) } \frac{1}{\sqrt[5]{9}}, \quad \text{d) } \frac{1}{\sqrt[7]{3^4}}, \quad \text{e) } \frac{1}{\sqrt[11]{3^6}}.$$

Lösungsweg:

$$\text{a) } \frac{1}{\sqrt{2}} = \frac{1 \cdot \sqrt{2}}{\sqrt{2} \cdot \sqrt{2}} = \frac{\sqrt{2}}{2^{\frac{1}{2}+\frac{1}{2}}} = \frac{\sqrt{2}}{2^1} = \frac{\sqrt{2}}{2},$$

$$\text{b) } \frac{1}{\sqrt[3]{7}} = \frac{1 \cdot \sqrt[3]{7^2}}{\sqrt[3]{7} \cdot \sqrt[3]{7^2}} = \frac{1 \cdot \sqrt[3]{7^2}}{7^{\frac{1}{3}+\frac{2}{3}}} = \frac{\sqrt[3]{49}}{7^1} = \frac{\sqrt[3]{49}}{7},$$

$$\text{c) } \frac{1}{\sqrt[5]{9}} = \frac{1 \cdot \sqrt[5]{9^4}}{\sqrt[5]{9} \cdot \sqrt[5]{9^4}} = \frac{1 \cdot \sqrt[5]{6561}}{9^{\frac{1}{5}+\frac{4}{5}}} = \frac{\sqrt[5]{6561}}{9^1} = \frac{\sqrt[5]{6561}}{9},$$

$$\text{d) } \frac{1}{\sqrt[7]{3^4}} = \frac{1 \cdot \sqrt[7]{3^3}}{\sqrt[7]{3^4} \cdot \sqrt[7]{3^3}} = \frac{1 \cdot \sqrt[7]{27}}{3^{\frac{4}{7}+\frac{3}{7}}} = \frac{\sqrt[7]{27}}{3^1} = \frac{\sqrt[7]{27}}{3},$$

$$\text{e) } \frac{1}{\sqrt[11]{3^6}} = \frac{1 \cdot \sqrt[11]{3^5}}{\sqrt[11]{3^6} \cdot \sqrt[11]{3^5}} = \frac{1 \cdot \sqrt[11]{243}}{3^{\frac{6}{11}+\frac{5}{11}}} = \frac{\sqrt[11]{243}}{3^1} = \frac{\sqrt[11]{243}}{3}.$$

2.2.2 Beispiel

Vereinfachen Sie unter Anwendung der jeweiligen Gesetze folgenden Term weitestgehend:

$$\frac{5a^n b^{n+4} c^{2n+1}}{abx^{n+1} y^{n+2} z^{n+3}} : \frac{3a^{n-1} b^3 c^{n+1}}{2xy^{2-n} z^{3-n}}.$$

Lösungsweg:

Als Erstes sollte der Doppelbruch umgeschrieben werden:

$$\frac{5a^n b^{n+4} c^{2n+1}}{abx^{n+1} y^{n+2} z^{n+3}} : \frac{3a^{n-1} b^3 c^{n+1}}{2xy^{2-n} z^{3-n}} = \frac{(5a^n b^{n+4} c^{2n+1}) \cdot (2xy^{2-n} z^{3-n})}{(abx^{n+1} y^{n+2} z^{n+3}) \cdot (3a^{n-1} b^3 c^{n+1})}.$$

Um die Übersichtlichkeit zu erhöhen, sollte man den Term sortieren:

$$= \frac{10a^n b^{n+4} c^{2n+1} x y^{2-n} z^{3-n}}{3aa^{n-1} b b^3 c^{n+1} x^{n+1} y^{n+2} z^{n+3}}.$$

Entweder kürzt man nun direkt und reduziert damit die folgenden Zwischenschritte, oder man schreibt einen Term für jede Basis, um die Potenzgesetze einzeln anwenden zu können:

$$= \frac{10}{3} \cdot \frac{a^n}{a \cdot a^{n-1}} \cdot \frac{b^{n+4}}{b \cdot b^3} \cdot \frac{c^{2n+1}}{c^{n+1}} \cdot \frac{x}{x^{n+1}} \cdot \frac{y^{2-n}}{y^{n+2}} \cdot \frac{z^{3-n}}{z^{n+3}}.$$

Als Nächstes wird das Gesetz für die Multiplikation bzw. Division von Potenzen mit gleicher Basis angewendet:

$$\begin{aligned}
&= \frac{10}{3} \cdot a^{n-(1+n-1)} \cdot b^{n+4-(1+3)} \cdot c^{2n+1-(n+1)} \cdot x^{1-(n+1)} \cdot y^{2-n-(n+2)} \cdot z^{3-n-(n+3)} \\
&= \frac{10}{3} \cdot a^{n-1-n+1} \cdot b^{n+4-1-3} \cdot c^{2n+1-n-1} \cdot x^{1-n-1} \cdot y^{2-n-n-2} \cdot z^{3-n-n-3} \\
&= \frac{10}{3} \cdot a^0 \cdot b^n \cdot c^n \cdot x^{-n} \cdot y^{-2n} \cdot z^{-2n} \\
&= \frac{10}{3} \cdot \frac{b^n c^n}{x^n y^{2n} z^{2n}} \\
&= \frac{10}{3} \cdot \left(\frac{bc}{xy^2 z^2}\right)^n.
\end{aligned}$$

2.2.3 Beispiel

Der folgende Term ist so weit wie möglich durch Anwendung der Potenz- und Wurzelgesetze zu vereinfachen:

$$\frac{125a^7 b^{11}}{138x^{10} y^8} : \frac{175a^4 b^{18}}{92x^9 y^8}.$$

Lösungsweg:

Zuerst wird der Doppelbruch beseitigt und ein einziger Bruch hergestellt:

$$\frac{125a^7 b^{11}}{138x^{10} y^8} : \frac{175a^4 b^{18}}{92x^9 y^8} = \frac{(125a^7 b^{11}) \cdot (92x^9 y^8)}{(138x^{10} y^8) \cdot (175a^4 b^{18})}.$$

Statt direkt zu kürzen, können Sie zuerst Zähler und Nenner sortieren, um damit die Übersichtlichkeit zu erhöhen und Fehler zu vermeiden:

$$= \frac{125 \cdot 92a^7 b^{11} x^9 y^8}{138 \cdot 175a^4 b^{18} x^{10} y^8}.$$

Treten in derartigen Ausdrücken ganzzahlige Faktoren auf, können Sie diese leicht durch Zerlegung in Produkte mit **Primzahlen** („Primfaktoren") umschreiben. Primzahlen nennt man natürliche Zahlen, die nur durch 1 oder sich selbst teilbar sind: 2, 3, 5, 7, 11, 13, ...

Für die Zerlegung einer gegebenen Zahl in Primfaktoren werden einfach ihre ganzzahligen Teiler beginnend mit 2 in wachsender Reihenfolge der Primzahlen ermittelt. Oft sind diese Faktoren mehrfach vorhanden, wodurch entsprechende Potenzausdrücke auftreten:

$$\begin{aligned}
125 &= 5\cdot(25) = 5\cdot(5\cdot 5) &&= 5^3,\\
92 &= 2\cdot(46) = 2\cdot(2\cdot 23) &&= 2^2\cdot 23,\\
138 &= 2\cdot(69) = 2\cdot(3\cdot 23) &&= 2\cdot 3\cdot 23,\\
175 &= 5\cdot(35) = 5\cdot(5\cdot 7) &&= 5^2\cdot 7.
\end{aligned}$$

Durch Anwendung von Potenzgesetzen können Sie nun weiter vereinfachen:

$$\Rightarrow \frac{125\cdot 92}{138\cdot 175} = \frac{(5^3)\cdot(2^2\cdot 23)}{(2\cdot 3\cdot 23)\cdot(5^2\cdot 7)} = \frac{5^{3-2}\cdot 2^{2-1}\cdot 23^{1-1}}{3\cdot 7} = \frac{5\cdot 2}{3\cdot 7} = \frac{10}{21}.$$

Tipp: Manchmal hilft es, die Terme mit gleicher Basis einzeln zu betrachten, damit besser erkannt wird, welches Potenzgesetz angewendet werden kann:

$$\begin{aligned}
\Rightarrow\ & \frac{10}{21}\cdot\frac{a^7}{a^4}\cdot\frac{b^{11}}{b^{18}}\cdot\frac{x^9}{x^{10}}\cdot\frac{y^8}{y^8}\\
=\ & \frac{10}{21}\cdot a^{7-4}\cdot b^{11-18}\cdot x^{9-10}\\
=\ & \frac{10}{21}\cdot a^3\cdot b^{-7}\cdot x^{-1}\\
=\ & \frac{10}{21}\cdot\frac{a^3}{b^7x}.
\end{aligned}$$

2.3 Übungen

2.3.1 Übung

(5 Min.)

Vereinfachen Sie so weit wie möglich:

$$\left(\frac{a^{-4}b^{-5}}{x^{-1}y^3}\right)^2\cdot\left(\frac{a^{-2}x}{b^3y^2}\right)^{-3}.$$

→ *Lösung auf Seite 113*

2.3.2 Übung

(6 Min.)

Vereinfachen Sie folgenden Ausdruck:

$$\sqrt[6]{vw^3}\cdot\sqrt[4]{n^5v^8w^{-2}}\cdot\sqrt{nv^3}.$$

→ *Lösung auf Seite 114*

2.3.3 Übung

(6 Min.)

Vereinfachen Sie so weit wie möglich folgenden Ausdruck:

$$\frac{\sqrt{a^x}\,\left(a^{2x}\right)^{\frac{1}{3}}\left(b^2\right)^x}{\sqrt[6]{a^x}\,\left(b^x\right)^3}.$$

→ *Lösung auf Seite 115*

2.4 Tests

2.4.1 Test

(6 Min.)

Vereinfachen Sie folgenden Ausdruck:

$$y = \frac{(\alpha \cdot \beta)^{k-3}\mu^2 \cdot \psi^{m+2}}{\alpha^{m+f} \cdot \gamma^5} : \frac{\Omega \cdot \alpha^{l-1}}{\sqrt{\beta \cdot \mu}}.$$

1. $y = \alpha^{k-m-f+l-4} \cdot \beta^{k-\frac{7}{2}} \cdot \mu^{\frac{3}{2}} \cdot \psi^{m+2} \cdot \gamma^{-5} \cdot \Omega,$

2. $y = \alpha^{\frac{k-3}{(m+f)(l-1)}} \cdot \beta^{\frac{k-3}{2}} \cdot \mu \cdot \psi^{m+2} \cdot \gamma^{-5} \cdot \Omega,$

3. $y = \alpha^{k-m-f-l-2} \cdot \beta^{k-\frac{5}{2}} \cdot \mu^{\frac{5}{2}} \cdot \psi^{m+2} \cdot \gamma^{-5} \cdot \Omega^{-1},$

4. $y = \alpha^{k+m+f+l-4} \cdot \beta^{k-\frac{5}{2}} \cdot \mu^{\frac{5}{2}} \cdot \psi^{m+2} \cdot \gamma^{-5} \cdot \Omega^{-1}.$

→ *Lösung auf Seite 156*

2.4.2 Test

(4 Min.)

Stellen Sie folgende Gleichung nach $\boldsymbol{r}$ um:

$$y = \frac{\boldsymbol{r}^{n+1} \cdot a^{pq}}{\boldsymbol{r}^{n-1} \cdot y^m}.$$

1. $\boldsymbol{r} = \pm\sqrt{\frac{y^{m+1}}{a^{pq}}},$

2. $\boldsymbol{r} = \pm\sqrt{\frac{y}{a^{pq}}},$

3. $\boldsymbol{r} = \pm\sqrt[2n]{\frac{y^{m+1}}{a^{pq}}},$

4. $\frac{\boldsymbol{r}^n - \boldsymbol{r}}{\boldsymbol{r}^n + \boldsymbol{r}} = \frac{a^{pq}}{y^{m+1}}.$

→ *Lösung auf Seite 156*

2.4.3 Test

(10 Min.)

Vereinfachen Sie folgenden Ausdruck:

$$y = \sqrt[3]{\sqrt{\left(\frac{a^{0,5}}{b^{\frac{1}{4}}}\right)^{24}}} : \sqrt[3]{\sqrt[3]{\left(\frac{\sqrt[3]{b} \cdot a}{a}\right)^{81}}}.$$

1 $y = \frac{b^2}{a^4}$, **2** $y = \frac{a^8}{b^4}$,

3 $y = \frac{a^2}{b}$, **4** $y = a \cdot b^2$.

→ *Lösung auf Seite 157*

2.4.4 Test

(12 Min.)

Stellen Sie die folgende Gleichung nach $\boldsymbol{h}$ um:

$$\frac{\sqrt[3]{\alpha^4 \cdot \beta^5}}{\sqrt[4]{\frac{\lambda^3}{\boldsymbol{h}^7}}} = \frac{\sqrt[3]{(x \cdot \beta)^6 \cdot \sqrt[7]{\frac{\boldsymbol{h}^4}{\alpha^5}}}}{\sqrt[5]{(x \cdot \beta)^{125}}}.$$

1 $\boldsymbol{h} = \alpha^{\frac{2772}{917}} \cdot \beta^{-\frac{2016}{131}} \cdot x^{\frac{1596}{131}} \cdot \lambda^{-\frac{63}{131}}$, **2** $\boldsymbol{h} = \alpha^{-\frac{132}{131}} \cdot \beta^{-\frac{2072}{131}} \cdot x^{-\frac{1932}{131}} \cdot \lambda^{\frac{63}{131}}$,

3 $\boldsymbol{h} = \alpha^{\frac{63}{262}} \cdot \beta^{\frac{1344}{655}} \cdot x^{\frac{4536}{131}} \cdot \lambda^{-\frac{273}{131}}$, **4** $\boldsymbol{h} = \alpha^{\frac{924}{917}} \cdot \beta^{\frac{1344}{655}} \cdot x^{\frac{1932}{131}} \cdot \lambda^{-\frac{273}{131}}$.

→ *Lösung auf Seite 158*

Links

1. Loviscach J.: Webseite. http://www.j3l7h.de/videos.html. Zugegriffen: 07.07.2017
2. Schneider A.: Portal Mathebibel. http://www.mathebibel.de/. Zugegriffen: 07.07.2017
3. Polster S.: Lexikon Mathematik. http://mathematikalpha.de/. Zugegriffen: 10.10.2017

3 Binomische Formeln und binomischer Lehrsatz

3.1 Theorie

Ein wichtiger mathematischer Begriff für viele Anwendungen ist der **Binomialkoeffizient**, den man auf der Grundlage der nichtnegativen ganzen Zahlen $\mathbb{N}_0$ folgendermaßen definiert:

$$\binom{n}{k} = \frac{n!}{k! \cdot (n-k)!} \qquad \text{für } n,\, k \in \mathbb{N}_0 = \{0,\, 1,\, 2,\, 3,\, \ldots\},\, n \geq k.$$

Der Ausdruck für den Binomialkoeffizienten wird „n über k" gelesen. Das Symbol $\in$ gehört zur Mengenschreibweise. Es wird gelesen als „enthalten in" bzw. „Element von" und in Kap. 5 weiter erläutert.
Das Zeichen **!** liest man als „**Fakultät**" und bezeichnet damit symbolisch das Produkt aller natürlichen Zahlen von 1 bis n. Beispielsweise ist

$$5! = 5 \cdot 4 \cdot 3 \cdot 2 \cdot 1 = 120.$$

Weiterhin definiert man im Sonderfall $0! = 1$.

Allgemein gibt der Binomialkoeffizient die Anzahl der Möglichkeiten an, auf wie viele verschiedene Arten k Elemente aus einer n-elementigen Menge (s. Kap. 5) ausgewählt werden können. Dabei ist die Reihenfolge unerheblich und die Elemente dürfen nicht in die Menge zurückgelegt werden.

Eine bekannte Anwendung des Binomialkoeffizienten ist beispielsweise die Ziehung der 6 Lottozahlen aus 49, ohne dabei die Zusatzzahl zu berücksichtigen. Es gibt in diesem Spiel „49 über 6" Möglichkeiten:

$$\begin{aligned}
\binom{49}{6} &= \frac{49!}{6! \cdot 43!} \\
&= \frac{49 \cdot 48 \cdot \ldots \cdot 3 \cdot 2 \cdot 1}{(6 \cdot 5 \cdot 4 \cdot 3 \cdot 2 \cdot 1) \cdot (43 \cdot 42 \cdot \ldots \cdot 3 \cdot 2 \cdot 1)} \\
&= \frac{(49 \cdot 48 \cdot 47 \cdot 46 \cdot 45 \cdot 44) \cdot (43 \cdot 42 \cdot \ldots \cdot 3 \cdot 2 \cdot 1)}{(6 \cdot 5 \cdot 4 \cdot 3 \cdot 2 \cdot 1) \cdot (43 \cdot 42 \cdot \ldots \cdot 3 \cdot 2 \cdot 1)}.
\end{aligned}$$

Tipp: Ab einem bestimmten n, i. d. R. ab $n > 70$, werden die Fakultäten zu groß für die Taschenrechnerkapazität und es kommt zum „Überlauf". In diesem Fall sollte man versuchen, die Faktoren im Zähler und Nenner des Binomialkoeffizienten weitestgehend zu kürzen.

J. Siegert, *Mathematik trainieren: Brüche, Funktionen und Co.*,
https://doi.org/10.1007/978-3-662-56348-9_3

$$\Rightarrow \frac{49 \cdot 48 \cdot 47 \cdot 46 \cdot 45 \cdot 44}{6 \cdot 5 \cdot 4 \cdot 3 \cdot 2 \cdot 1}$$
$$= 49 \cdot 47 \cdot 46 \cdot 44 \cdot 3$$
$$= 13\,983\,816.$$

Der Name Binomialkoeffizient stammt von der Verwendung dieses Terms im binomischen Lehrsatz. Dieser dient zur Berechnung von Potenzen von Binomen der Art $(a+b)$ oder $(a-b)$ zweier Variabler und erspart das formale Ausmultiplizieren.

Der **binomische Lehrsatz** gilt für $n \in \mathbb{N} = \{1, 2, 3, \dots\}$:

$$(a+b)^n = \binom{n}{0} a^n b^0 + \binom{n}{1} a^{n-1} b^1 + \ldots + \binom{n}{n-1} a^1 b^{n-1} + \binom{n}{n} a^0 b^n = \sum_{k=0}^{n} \binom{n}{k} a^{n-k} b^k,$$

$$(a-b)^n = \sum_{k=0}^{n} \binom{n}{k} (-1)^k a^{n-k} b^k.$$

Die benötigten Binomialkoeffizienten können entweder per Definition berechnet oder alternativ für $n \in \mathbb{N}$ aus der $(n+1)$-ten Zeile des **Pascal'schen Dreiecks** abgelesen werden:

```
                  1
               1     1
            1     2     1
         1     3     3     1
      1     4     6     4     1
   1     5    10    10     5     1
1     6    15    20    15     6     1
1     7    21    35    35    21     7     1
```

Offenbar besitzen die Binomialkoeffizienten die Eigenschaft

$$\binom{n}{k} = \frac{n!}{k! \cdot (n-k)!} = \binom{n}{n-k} = \frac{n!}{(n-k)! \cdot k!}.$$

Der binomische Lehrsatz liefert für $n = 2$ die bekannten **binomischen Formeln:**

$$(a+b)^2 = 1a^2 + 2ab + 1b^2 = \sum_{k=0}^{2} \binom{2}{k} a^{2-k} b^k,$$

$$(a-b)^2 = 1a^2 - 2ab + 1b^2 = \sum_{k=0}^{2} \binom{2}{k} (-1)^k a^{2-k} b^k,$$

wobei die Binomialkoeffizienten $\binom{2}{k}$, $k = 0, 1, 2$ in der dritten Zeile des Pascal'schen Dreiecks zu finden sind.

Darüber hinaus gibt es viele weitere binomische Formeln, beispielsweise

$$(a+b)\cdot(a-b)=a^2-b^2,$$

die oft als „dritte binomische Formel“ bezeichnet wird. In Abschn. 4.2 wird der Zusammenhang von binomische Formeln mit der Polynomdivision erläutert.

3.2 Beispiele

3.2.1 Beispiel

Berechnen Sie den Binomialkoeffizienten $\binom{10}{6}$.

Lösungsweg:

$$\begin{aligned}\frac{10!}{6!\cdot 4!} &= \frac{10\cdot 9\cdot 8\cdot 7\cdot 6\cdot 5\cdot 4\cdot 3\cdot 2\cdot 1}{(6\cdot 5\cdot 4\cdot 3\cdot 2\cdot 1)\cdot(4\cdot 3\cdot 2\cdot 1)}\\ &= \frac{(10\cdot 9\cdot 8\cdot 7)\cdot(6\cdot 5\cdot 4\cdot 3\cdot 2\cdot 1)}{(6\cdot 5\cdot 4\cdot 3\cdot 2\cdot 1)\cdot(4\cdot 3\cdot 2\cdot 1)}\\ &= \frac{10\cdot 9\cdot 8\cdot 7}{4\cdot 3\cdot 2\cdot 1}\\ &= 5\cdot 3\cdot 2\cdot 7\\ &= 210.\end{aligned}$$

3.2.2 Beispiel

Bestimmen Sie $(a+b)^3$ mithilfe des binomischen Lehrsatzes!

Lösungsweg:

Für $n=3$ ergibt sich mit den entsprechenden Binomialkoeffizienten aus dem Pascal'schen Dreieck:

$$\begin{aligned}(a+b)^3 &= \sum_{k=0}^{3}\binom{3}{k}a^{3-k}\,b^k\\ &= \binom{3}{0}a^3b^0+\binom{3}{1}a^2b^1+\binom{3}{2}a^1b^2+\binom{3}{3}a^0b^3\\ &= 1\cdot a^3+3\cdot a^2b+3\cdot ab^2+1\cdot b^3.\end{aligned}$$

3.3 Übungen

3.3.1 Übung

(3 Min.)

Berechnen Sie den Binomialkoeffizienten $\binom{90}{87}$.

→ *Lösung auf Seite 115*

3.3.2 Übung

(8 Min.)

Bestimmen Sie die Formel für $(a-b)^4$ mithilfe des binomischen Lehrsatzes!

→ *Lösung auf Seite 115*

3.3.3 Übung

(8 Min.)

Vereinfachen Sie folgenden Ausdruck so weit wie möglich:

$$\frac{4a^2}{2a(2a+b)-2ab-b^2}+\left(b^2+\frac{4ab-2a^2b}{a-2}\right)\frac{a}{b^3-4ab^2+4a^2b}.$$

→ *Lösung auf Seite 116*

3.3.4 Übung

(8 Min.)

Vereinfachen Sie den folgenden Ausdruck so weit wie möglich:

$$\frac{1}{a^2+2ab+b^2}+\frac{1}{a^2-b^2}-\frac{b^2}{a^4-a^2b^2}-\frac{1}{a^2}.$$

→ *Lösung auf Seite 117*

3.3.5 Übung

(10 Min.)

Vereinfachen Sie folgenden Ausdruck:

$$\left(\sqrt{1+\left(\left(a^{\frac{2}{3}}-x^{\frac{2}{3}}\right)^{\frac{1}{2}}x^{-\frac{1}{3}}\right)^2}\right)^{-6}-\frac{1}{a^2}\sqrt{\left(a^2-x^2\right)^2+4a^2x^2}.$$

→ *Lösung auf Seite 117*

3.4 Tests

3.4.1 Test

(7 Min.)

Vereinfachen Sie den folgenden Ausdruck:

$$y=\sqrt{\binom{n}{n-1}\cdot\frac{(n^2+2n+1)(n+1)}{(n^3-n)(n-1)}}.$$

1 $y=\frac{n+1}{n-1}\cdot\sqrt{\frac{1}{n-1}}$, **2** $y=\frac{n+1}{n-1}$, **3** $y=\frac{n+1}{n-1}\cdot\sqrt{\frac{n+1}{n-1}}$.

→ *Lösung auf Seite 160*

3.4.2 Test

(10 Min.)

Vereinfachen Sie die folgende Gleichung und stellen Sie diese nach $\boldsymbol{h}$ um:

$$\frac{(\alpha-\beta)(\beta-\mu)}{\left(0{,}25\boldsymbol{h}^2+2\boldsymbol{h}+4\right)\left(0{,}04\mu^2-1\right)}=\frac{\left(\beta^2-\mu^2\right)}{(\alpha+\beta)\left(0{,}2\mu+1\right)}.$$

[1] $\boldsymbol{h}=\pm\sqrt{\dfrac{(\alpha-\beta)^2}{(\beta-\mu)\left(\dfrac{\mu}{5}-1\right)}}-2,$

[2] $\boldsymbol{h}=\pm 2\sqrt{\dfrac{(\alpha-\beta)^2}{(\beta-\mu)\left(\dfrac{\mu}{5}-1\right)}}-4,$

[3] $\boldsymbol{h}=\pm 2\sqrt{\dfrac{5\left(\alpha^2-\beta^2\right)}{(\beta+\mu)(\mu-5)}}-4.$

→ *Lösung auf Seite 161*

3.4.3 Test

(8 Min.)

Der binomische Ausdruck $(x+y)^{15}$ kann mithilfe des binomischen Lehrsatzes als Summe dargestellt werden. Bestimmen Sie die Koeffizienten A und B der Summanden mit den Potenzen x^4y^{11} bzw. $x^{12}y^3$.

[1] $A=1\,365,\ B=455,$ [2] $A=455,\ B=1\,365,$ [3] $A=330,\ B=220.$

→ *Lösung auf Seite 162*

3.4.4 Test

(12 Min.)

Vereinfachen Sie folgenden Ausdruck:

$$y=\sqrt{\frac{\alpha^3+\alpha^2+3\alpha\gamma^2+2\alpha\gamma+3\alpha^2\gamma+\gamma^3+\gamma^2}{\left(\alpha^4+\gamma^4-2\alpha^2\gamma^2\right)\cdot\left(\alpha^2-\gamma^2-2\gamma-1\right)}},\quad \alpha\geq\gamma.$$

[1] $y=\dfrac{1}{\left(\alpha^2-\gamma^2\right)}\sqrt{\dfrac{\alpha^5+8\alpha^4\gamma^4+\gamma^5}{\alpha^2-\left(\gamma^2+2\gamma+1\right)}},$

[2] $y=\dfrac{1}{\alpha-\gamma}\sqrt{\dfrac{1}{(\alpha-\gamma-1)}},$

[3] $y=\dfrac{\alpha\sqrt{\alpha}+2\alpha^2\gamma^2\sqrt{2}+\gamma\sqrt{\gamma}}{\left(\alpha^2-\gamma^2\right)\cdot\left(\alpha-(\gamma+2)\right)}.$

→ *Lösung auf Seite 162*

Links

1. sofatutor.com: Binomialkoeffizienten. http://elearning-material.htw-berlin.de/KM2/Videos/Binomialkoeffizienten.ogv. Zugegriffen: 07.07.2017
2. sofatutor.com: Binomische Formeln. http://elearning-material.htw-berlin.de/KM2/Videos/BinomFormeln.ogv. Zugegriffen: 07.07.2017
3. Loviscach J.: Webseite. http://www.j3l7h.de/videos.html. Zugegriffen: 07.07.2017
4. Schneider A.: Portal Mathebibel. http://www.mathebibel.de/. Zugegriffen: 07.07.2017
5. Polster S.: Lexikon Mathematik. http://mathematikalpha.de/. Zugegriffen: 10.10.2017

4 Polynomdivision

4.1 Theorie

Polynome sind Ausdrücke der Form

$$P_n(x) = \sum_{i=0}^{n} a_i x^i = a_n x^n + a_{n-1} x^{n-1} + \ldots + a_1 x + a_0, \qquad a_i \in \mathbb{R}, \quad i, n \in \mathbb{N}_0.$$

Dabei werden die i. d. R. vorgegebenen Werte a_i als Koeffizienten bezeichnet und es wird $a_n \neq 0$ vorausgesetzt; n ist der Grad des Polynoms (Polynom n-ten Grades).

Ein Polynom n-ten Grades kann durch ein anderes Polynom m-ten Grades dividiert werden, wenn $n \geq m$ erfüllt ist:

$$\frac{P_n(x)}{P_m(x)} = P_n(x) : P_m(x) = \ldots .$$

Das Verfahren funktioniert analog zur schriftlichen Division von Zahlen mit Rest. Dabei wird vom Dividenden das passende Vielfache des Divisors abgezogen, bis die Rechnung komplett aufgeht oder ein Rest übrig bleibt, der nicht mehr durch den Divisor teilbar ist, wenn der Grad des Nenners zu klein ist. Eine genaue Erläuterung der Vorgehensweise erfolgt an den Beispielen.

Die **Polynomdivision** bzw. **Partialdivision** ist u. a. hilfreich bei der Ermittlung von Nullstellen von Polynomen. Es ist bis auf Sonderfälle kompliziert bzw. unmöglich, die Nullstellen eines Polynoms höheren als zweiten Grades exakt zu berechnen. Wenn man allerdings eine Nullstelle x_* gefunden hat, kann das Polynom $P_n(x)$ ohne Rest durch das Binom $(x - x_*)$ geteilt werden:

$$\frac{P_n(x)}{x - x_*} = P_n(x) : (x - x_*) = P_{n-1}(x),$$

$$P_n(x) = (x - x_*) \cdot P_{n-1}(x).$$

Das Binom nennt man in diesem Fall „Linearfaktor des Polynoms $P_n(x)$“. Das entstehende Restpolynom $P_{n-1}(x)$ kann dann weiter auf Nullstellen untersucht werden.

Ist beispielsweise zunächst ein Polynom 3. Grades gegeben, liefert die Division:

$$\frac{P_3(x)}{x - x_*} = P_3(x) : (x - x_*) = P_2(x).$$

Dann können aus dem Restpolynom $P_2(x)$ beispielsweise mit der p-q-Formel (s. Abschn. 8.1) zwei mögliche weitere Nullstellen exakt berechnet werden.

J. Siegert, *Mathematik trainieren: Brüche, Funktionen und Co.*,
https://doi.org/10.1007/978-3-662-56348-9_4

4.2 Beispiele

4.2.1 Beispiel

Berechnet werden soll der Quotient

$$\left(x^2 + 2x^3 - 1\right) : \left(-2 + x^2\right).$$

Lösungsweg:

Bevor mit der Division begonnen werden kann, müssen die Terme absteigend nach dem Grad der Potenzen von x zu

$$\left(2x^3 + x^2 - 1\right) : \left(x^2 - 2\right)$$

sortiert werden, da zuerst die größte Potenz dividiert wird. Nun überlegt man, wie oft $(x^2 - 2)$ in $2x^3$ passt. Dafür geht man wie folgt vor: Zuerst teilt man $2x^3 : x^2 = 2x$, um das erste Glied des Ergebnisses zu berechnen.

Nun multipliziert man das erste Teilergebnis mit dem Divisor und subtrahiert das Ergebnis vom Dividenden, um zu ermitteln, welcher Rest noch dividiert werden muss:

$$2x \cdot \left(x^2 - 2\right) = 2x^3 - 4x.$$

Man verwendet folgendes Schema, das analog zur schriftlichen Division funktioniert. Zur besseren Übersicht sollten gleiche Potenzen untereinander geschrieben werden:

$$\begin{array}{cllll}
 & (2x^3 & +x^2 & & -1) \quad : (x^2-2) = 2x. \\
- & (2x^3 & & -4x) & \\
\hline
(=) & & x^2 & +4x & -1
\end{array}$$

Die -1 entsteht als Übertrag aus der ersten Zeile.

Der bei der Subtraktion entstandene Rest $x^2 + 4x - 1$ ist ein quadratisches Polynom. Nun dividiert man $x^2 : x^2 = 1$ und multipliziert das Ergebnis mit $(x^2 - 2)$. Anschließend kann die Berechnung fortgeschrieben werden:

$$\begin{array}{cllll}
 & (2x^3 & +\,x^2 & & -1) \quad : (x^2-2) = 2x+1. \\
- & (2x^3 & & -4x) & \\
\hline
(=) & & x^2 & +4x & -1 \\
 & - & (x^2 & & -2) \\
\hline
 & (=) & & 4x & +1
\end{array}$$

Der entstandene Rest $4x + 1$ ist nicht ganzzahlig durch $x^2 - 2$ teilbar, da das Restpolynom einen kleineren Grad als der Divisor hat. Deswegen lautet das Ergebnis

$$\left(2x^3 + x^2 - 1\right) : \left(x^2 - 2\right) = 2x + 1 + \frac{4x + 1}{x^2 - 2}.$$

Der Rest der Division $4x + 1$ steht im Zähler des letzten Summanden.

Nach Multiplikation mit dem Nenner erhält man

$$2x^3 + x^2 - 1 = \left(x^2 - 2\right) \cdot (2x + 1) + 4x + 1.$$

4.2.2 Beispiel

Dieses Beispiel zeigt, dass auch eine Polynomdivision mit zwei Variablen funktioniert. Es soll folgende Division ausgeführt werden:

$$\left(a^3 - b^3\right) : (a - b).$$

Lösungsweg:

Hier sind die Terme nach Variable und Potenz bereits sortiert, und es kann $(a^3 - b^3)$ durch $(a - b)$ geteilt werden. Vorab ergibt die Zwischenrechnung:

$$a^3 : a = a^2 \qquad \Rightarrow a^2 \cdot (a - b) = a^3 - a^2b.$$

Nun kann der erste Schritt ausgeführt werden:

$$\begin{array}{llll} & (a^3 & & -b^3) \quad : (a-b) = a^2. \\ - & (a^3 & -a^2b) & \\ \hline (=) & & a^2b & -b^3 \end{array}$$

Der entstandene Rest ist $(a^2b - b^3)$, der nun durch $(a - b)$ dividiert werden muss:

$$\begin{array}{lllll} & (a^3 & & & -b^3) \quad : (a-b) = a^2 + ab. \\ - & (a^3 & -a^2b) & & \\ \hline (=) & & a^2b & & -b^3 \\ & - & (a^2b & -ab^2) & \\ \hline & (=) & & ab^2 & -b^3 \end{array}$$

Der neue Rest ist $(ab^2 - b^3)$. Die Schritte werden so lange fortgeführt, bis die Rechnung aufgegangen ist oder ein nicht teilbarer Rest übrig bleibt:

$$\begin{array}{llllll} & (a^3 & & & & -b^3) \quad : (a-b) = a^2 + ab + b^2. \\ - & (a^3 & -a^2b) & & & \\ \hline (=) & & a^2b & & & -b^3 \\ & - & (a^2b & -ab^2) & & \\ \hline & (=) & & ab^2 & & -b^3 \\ & & - & (ab^2 & & -b^3) \\ \hline & & (=) & & & 0 \end{array}$$

In diesem Fall geht die Division ohne Rest auf. Das Ergebnis kann in der folgenden kompakten Form geschrieben werden:

$$\frac{a^3 - b^3}{a - b} = \left(a^3 - b^3\right) : (a - b) = a^2 + ab + b^2.$$

Multipliziert man mit dem Nenner, entsteht eine weitere binomische Formel :

$$a^3 - b^3 = (a - b) \cdot \left(a^2 + ab + b^2\right).$$

Hinweis: Bitte beachten Sie die Klammersetzung bei Produkten aus Faktoren mit Summen und Differenzen; die Klammern dürfen Sie nicht einfach weglassen. „Vergessene" Klammern sind keine Bagatelle, sondern leicht vermeidbare Fehler mit einer fatalen Wirkung! Beispielsweise gilt

$$a - b \cdot \left(a^2 + ab + b^2\right) \neq (a - b) \cdot \left(a^2 + ab + b^2\right).$$

4.3 Übungen

4.3.1 Übung

(5 Min.)

Lösen Sie folgende Aufgabe:

$$\left(2x^4 - x^2\right) : (x - 5).$$

→ *Lösung auf Seite 118*

4.3.2 Übung

(8 Min.)

Berechnen Sie alle Nullstellen des Polynoms

$$x^3 + x^2 - 10x + 8.$$

→ *Lösung auf Seite 119*

4.3.3 Übung

(8 Min.)

Führen Sie die folgende Division aus:

$$\left(3x^4 - 3x^2 - 54x - 54\right) : \left(2x - x^2 + 3\right).$$

→ *Lösung auf Seite 119*

4.3.4 Übung

(10 Min.)

Führen Sie folgende Polynomdivision aus:

$$\left(a^2b - 3b^3 + ab^2 + a^3\right) : (a - b).$$

→ *Lösung auf Seite 120*

4.4 Tests

4.4.1 Test

(6 Min.)

Bestimmen Sie mithilfe der Polynomdivision die Nullstellen des Polynoms

$$P_3(x) = x^3 - 6x^2 - x + 6.$$

1 $x_1 = 1$, $x_2 = -2$, $x_3 = -3$.

2 $x_1 = 1$, der Rest der Polynomdivision ist 8.

3 $x_1 = 1$, $x_2 = 6$, $x_3 = -1$.

→ *Lösung auf Seite 163*

4.4.2 Test

(8 Min.)

Führen Sie folgende Division durch und bestimmen Sie den Rest R:

$$\left(2a^5b^{x+2} - 2a^3b^{x+5} + 3a^4b^{2x-1} - 3a^2b^{2x+2}\right) : \left(a^2 - b^3\right).$$

1 $2a^3b^{x+2} + 3a^2b^{2x-1}$, $\quad R = 0$.

2 $2a^3$, $\quad R = b^{x+2} + 2a^2b^3 - 2a^3b^{x+5} + 3a^4b^{2x-1} - 3a^2b^{2x+2}$.

3 $2a^3b^{x+2} + 3a^2b^{2x-1}$, $\quad R = 2a^3b^{x+2} - 2a^3b^{x+5} - 3a^2b^{2x-1}$.

→ *Lösung auf Seite 164*

4.4.3 Test

(9 Min.)

Führen Sie folgende Division durch und bestimmen Sie den Rest R:

$$(5\lambda^8 - 3\lambda^4 + 2\lambda^3 + \lambda^2 - 1) : (\lambda + 1).$$

1 $5\lambda^7 + 5\lambda^6 + 5\lambda^5 + 5\lambda^4 + 2\lambda^3 + \lambda + 1$, $\quad R = 0$.

2 $5\lambda^7 - 5\lambda^6 + 5\lambda^5 - 5\lambda^4 + 2\lambda^3 + \lambda - 1$, $\quad R = 0$.

3 $5\lambda^8 - 3\lambda^4 + 2\lambda^3$, $\quad R = \lambda$.

→ *Lösung auf Seite 165*

4.4.4 Test

(12 Min.)

Führen Sie folgende Division durch und bestimmen Sie den Rest R:

$$\left(\alpha^4\beta^{x+4} - \alpha^2\lambda^{y+6}\beta^{x-6} + \alpha^2\lambda^6\beta^{x+8}\right) : \left(\alpha^2\beta^4 + \lambda^6\beta^8\right).$$

1 $\alpha^2\beta^x - \lambda^{y+6}\beta^{x-10}, \qquad R = \lambda^{y+12}\beta^{x-2}.$

2 $\alpha^2\beta^x - \lambda^{y+6}\beta^{x-10}, \qquad R = 0.$

3 $\alpha^2\lambda^{y-1}\beta^x - \lambda^y\beta^x, \qquad R = \lambda^{y+12}\beta^{x-2}.$

→ *Lösung auf Seite 165*

Links

1. Loviscach J.: Webseite. http://www.j3l7h.de/videos.html. Zugegriffen: 07.07.2017
2. Schneider A.: Portal Mathebibel. http://www.mathebibel.de/. Zugegriffen: 07.07.2017
3. Polster S.: Lexikon Mathematik. http://mathematikalpha.de/. Zugegriffen: 10.10.2017

5 Mengenlehre

5.1 Theorie

Ein wichtiger Bestandteil der Mathematik ist die Mengenlehre. Mengen treten oft als Punktmengen auf bzw. werden in der Kombinatorik genutzt. Mit den Grundbegriffen und Schreibweisen der Mengenlehre sollten Sie deshalb vertraut sein. Den Mengenbegriff selbst setzen wir hier als bekannt voraus.

Gehört ein Element x zu einer **Menge** A, schreibt man das oft mit dem Symbol $x \in \mathsf{A}$ oder auch mit der Angabe der Eigenschaft der Elemente:

$$\mathsf{A} = \{x \mid \text{Eigenschaft}\}.$$

Diese Menge enthält alle Elemente x, die die entsprechende Eigenschaft besitzen; den senkrechten Strich $\mid$ liest man als „mit der Eigenschaft“. Gehört ein Element nicht zu einer Menge, schreibt man $x \notin \mathsf{A}$.

Eine Menge kann endlich oder unendlich viele Elemente besitzen. Werden beispielsweise alle in einer Stadt vergebenen Autokennzeichen durchnummeriert, kann man dies als Menge schreiben:

$$\mathsf{A} = \{a_1, a_2, \ldots, a_n\},$$

wobei die Anzahl der Elemente $a_k \in \mathsf{A}$, $k = 1, 2, \cdots n$ anwächst.

Üblich ist die Darstellung einer Menge als **Euler-Diagramm** (Abb. 5.1).

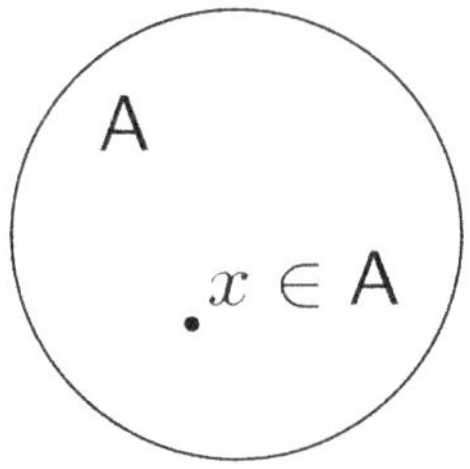

Abb. 5.1 Euler-Diagramm

Die leere Menge, die kein Element enthält, wird durch $\emptyset$ oder $\{\}$ symbolisiert, jedoch niemals durch die Kombination $\{\emptyset\}$.

Die Mengen A und B sind gleich, wenn beide genau die gleichen Elemente enthalten; man schreibt $\mathsf{A} = \mathsf{B}$.

J. Siegert, *Mathematik trainieren: Brüche, Funktionen und Co.*,
https://doi.org/10.1007/978-3-662-56348-9_5

Die Menge B ist eine Teilmenge der Menge A, wenn sie ausschließlich Elemente von A enthält; das Symbol für eine Teilmenge ist $\mathsf{B} \subset \mathsf{A}$.

Teilmengen der Menge der reellen Zahlen $\mathbb{R}$ sind beispielsweise:

- Die Menge der natürlichen Zahlen: $\mathbb{N} = \{1, 2, 3, 4, \cdots\} \subset \mathbb{R}$.
- Die Menge der positiven reellen Zahlen $\mathbb{R}^+ = \{x \mid x \in \mathbb{R}, x > 0\} \subset \mathbb{R}$.
- $\mathsf{A} = [a,b] \subset \mathbb{R}$ (Intervallschreibweise einer Zahlenmenge): Diese Menge beinhaltet alle reelle Zahlen zwischen a und b inklusive der Grenzen a und b; das Intervall ist abgeschlossen. Sind die Grenzen kein Teil der Menge (offenes Intervall), zeigen die Klammern nach außen, oder es werden runde Klammern gesetzt: $]a,b[= (a,b)$.
- $\mathsf{A} =]a,b] = (a,b] \subset \mathbb{R}$: Diese Menge beinhaltet alle Zahlen von a bis einschließlich b, jedoch ist a selbst kein Element der Menge. Dieses Intervall heißt halboffen.

Verknüpfungen von Mengen

Schnittmenge

Der Durchschnitt der Mengen A und B („Schnittmenge") umfasst alle Elemente, die in beiden Mengen gleichzeitig enthalten sind. Die Schnittmenge wird mit einem **Venn-Diagramm** (Abb. 5.2) dargestellt und besitzt die Schreibweise:

$$\mathsf{A} \cap \mathsf{B} = \{x \mid x \in \mathsf{A} \wedge x \in \mathsf{B}\};$$

das Symbol $\wedge$ bezeichnet die Konjunktion und wird als „und" gelesen. Eine Anwendung der Schnittmenge sind Schnittpunkte von Kurven.

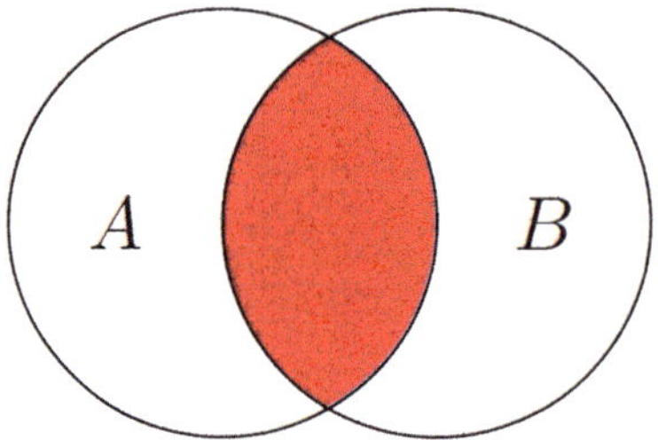

Abb. 5.2 Venn-Diagramm der Schnittmenge

Vereinigungsmenge

Die Vereinigung der Mengen A und B („Vereinigungsmenge") beinhaltet alle Elemente, die zumindest zu einer der beiden Menge gehören (Abb. 5.3) Die Schreibweise der Vereinigungsmenge ist:

$$\mathsf{A} \cup \mathsf{B} = \{x \mid x \in \mathsf{A} \vee x \in \mathsf{B}\};$$

das Symbol $\vee$ steht für die Disjunktion und wird als „oder" gelesen. Dies ist kein „ausschließendes oder": x darf auch ein Element beider Mengen sein.

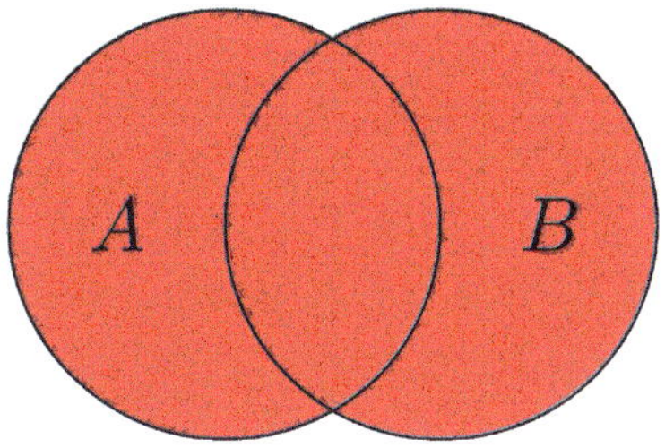

Abb. 5.3 Venn-Diagramm der Vereinigungsmenge

Differenzmenge

Die Differenz von A mit B („Differenzmenge") enthält alle Elemente von A, die nicht in B enthalten sind (Abb. 5.4). Der Backslash wird als „minus" bzw. „ohne" gelesen. Die Schreibweise der Differenzmenge lautet

$$\mathsf{A} \setminus \mathsf{B} = \{x \mid x \in \mathsf{A} \wedge x \notin \mathsf{B}\}.$$

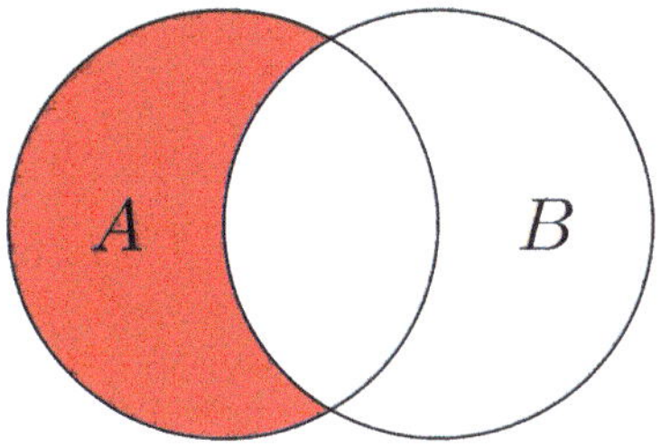

Abb. 5.4 Venn-Diagramm der Differenzmenge

Produkt von Mengen

Das Produkt $\mathsf{A} \times \mathsf{B}$ von A mit B wird aus allen Paaren (x,y) gebildet, wobei $x \in \mathsf{A}$ und $y \in \mathsf{B}$ in dieser Reihenfolge festgelegt sind:

$$\mathsf{A} \times \mathsf{B} = \{(x,y) \mid x \in \mathsf{A},\, y \in \mathsf{B}\}.$$

Die Menge der Punkte der x-y-Ebene wird mit $\mathbb{R} \times \mathbb{R} = \mathbb{R}^2$ bezeichnet.

Alle Verknüpfungen können ebenso für mehrere Mengen benutzt werden. Beispielsweise benötigt man oft die Punktmenge des Raumes mit $\mathbb{R} \times \mathbb{R} \times \mathbb{R} = \mathbb{R}^3$.

5.2 Beispiele

5.2.1 Beispiel

Gegeben sind die Mengen

$$\mathsf{A} = \{1, 2, 3, 5, 7, 8, 9\}, \quad \mathsf{B} = \{4, 5, 6, 7, 9\}.$$

Bestimmen Sie

$$\text{a) } \mathsf{A} \cup \mathsf{B}, \qquad \text{b) } \mathsf{A} \cap \mathsf{B}, \qquad \text{c) } \mathsf{B} \setminus \mathsf{A}.$$

Lösungsweg:

Bei Anwendung der entsprechenden Definitionen erhält man

$$\begin{aligned} \text{a)} \quad \mathsf{A} \cup \mathsf{B} &= \{1, 2, 3, 4, 5, 6, 7, 8, 9\}, \\ \text{b)} \quad \mathsf{A} \cap \mathsf{B} &= \{5, 7, 9\}, \\ \text{c)} \quad \mathsf{B} \setminus \mathsf{A} &= \{4, 6\}. \end{aligned}$$

5.2.2 Beispiel

Bestimmen Sie die Menge L der möglichen Augenpaare beim Spiel mit zwei Würfeln, wenn die Augensumme 9 erzielt werden soll.

Lösungsweg:

Beim Werfen der zwei Würfel sind alle Paare (x,y) mit x, $y = 1, 2, \ldots, 6$ möglich. Diese Produktmenge umfasst 36 Elemente. Davon ist die gesuchte Menge eine Teilmenge. Sie besitzt die Elemente

$$\mathsf{L} = \{(3,6), (4,5), (5,4), (6,3)\}.$$

5.2.3 Beispiel

Finden Sie die Menge aller Punkte im I. Quadranten der x-y-Ebene, die vom Koordinatenursprung einen Abstand von einer Längeneinheit besitzen.

Lösungsweg:

Zunächst wird die Menge der positiven reellen Zahlen $\mathbb{R}^+ = \{x \mid x \in \mathbb{R},\ x > 0\}$ benötigt. Die Punktmenge im I. Quadranten ist die Produktmenge $\mathbb{R}^+ \times \mathbb{R}^+$; die (positiven) Koordinatenachsen und der Koordinatenursprung gehören nicht dazu.

Alle Punkte $P(x;y)$ mit dem Abstand 1 vom Koordinatenursprung liegen auf einem Kreis mit dem Mittelpunkt im Koordinatenursprung $P_0(0;0)$. Es gilt der Satz des Pythagoras am Einheitskreis $x^2 + y^2 = 1^2 = 1$ (s. Abschn. 11.1); der Abstand 1 ist dabei die Länge der Hypotenuse.

Die gesuchte Menge L ist die Schnittmenge dieser zwei Teilmengen, d. h. der Viertelkreis im I. Quadranten (s. Abb. 5.5). Die Punkte $P(1;0)$ und $P(0;1)$ sind keine Elemente der Lösungsmenge.

Die Lösungsmenge kann unter Berücksichtigung der gegebenen Eigenschaften geschrieben werden:

$$\mathsf{L} = \{(x,y) \in \mathbb{R}^+ \times\ \mathbb{R}^+ \mid x^2 + y^2 = 1\}.$$

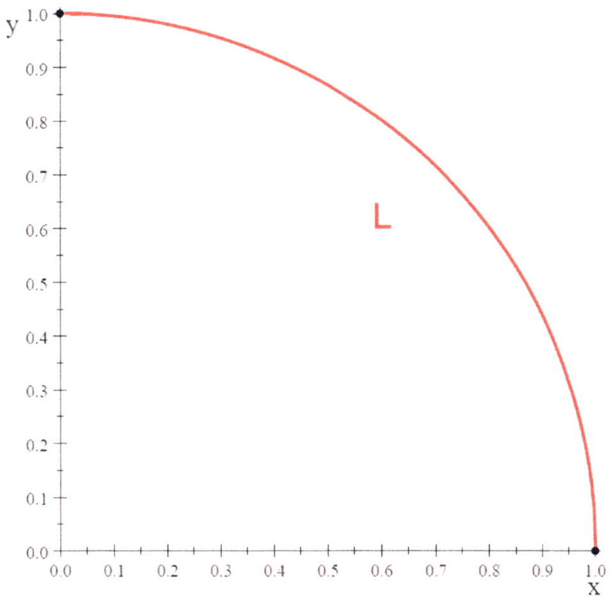

Abb. 5.5 Viertelkreis $x^2 + y^2 = 1$

5.3 Übungen

5.3.1 Übung

(5 Min.)

Wie viele Elemente besitzt die Menge aller möglichen Anordnungen („Permutationen“) der Buchstaben des Wortes **CAMPUS** ?

→ *Lösung auf Seite 121*

5.3.2 Übung

(7 Min.)

Wie viele Elemente besitzt die Menge aller vierstelligen PINs $* * * *$?

→ *Lösung auf Seite 121*

5.4 Tests

5.4.1 Test

(7 Min.)

Beim Werfen zweier Würfel werden die Paare der geworfenen Augen untersucht. Wie viele Elemente hat die Teilmenge der Ergebnisse, wenn die Augenzahl des ersten Würfels kleiner als die des zweiten sein soll?

[1] $n = 36$, [2] $n = 15$, [3] $n = 6$.

→ *Lösung auf Seite 166*

5.4.2 Test

(7 Min.)

Wie viele Elemente (Buchstaben und Zeichen) sind mit der Blindenschrift (Braille'sches Alphabet mit sechs Punkten) darstellbar?

[1] $n = 12$, [2] $n = 720$, [3] $n = 64$.

→ *Lösung auf Seite 167*

Links

1. sofatutor.com: Mengenlehre. http://elearning-material.htw-berlin.de/KM2/Videos/Mengenlehre.ogv. Zugegriffen: 07.07.2017
2. sofatutor.com: Mengenlehre Übung 1. http://elearning-material.htw-berlin.de/KM2/Videos/MengenUebung1.ogv. Zugegriffen: 07.07.2017
3. sofatutor.com: Mengenlehre Übung 2. http://elearning-material.htw-berlin.de/KM2/Videos/MengenUebung2.ogv. Zugegriffen 07.07.2017
4. Loviscach J.: Webseite. http://www.j3l7h.de/videos.html. Zugegriffen: 07.07.2017
5. Schneider A.: Portal Mathebibel. http://www.mathebibel.de/. Zugegriffen: 07.07.2017
6. Polster S.: Lexikon Mathematik. http://mathematikalpha.de/. Zugegriffen: 10.10.2017

6 Funktionen

6.1 Theorie

Eine **Funktion** ordnet jedem Wert x aus einer Menge durch eine Vorschrift f eindeutig einen Wert y aus einer weiteren Menge zu. Notiert wird eine Funktion durch die Zuordnungsvorschrift $y = f(x)$; dabei ist y eine von x abhängige Variable. Oft wird eine Funktion als Menge aller geordneten Paare dargestellt:

$$\mathsf{M} = \{(x,y) \mid y = f(x)\}.$$

Die Menge, aus der die Variable x stammt, nennt man Definitionsmenge $\mathsf{D}_f = \mathsf{D}(f)$ oder auch Definitionsbereich; y ist ein Element des Wertebereichs $\mathsf{W}_f = \mathsf{W}(f)$ bzw. des Bildbereichs. Wir betrachten hier Funktionen mit Definitions- und dem Wertebereich in der Menge der reellen Zahlen. Diese Funktionen können elementare Eigenschaften wie Monotonie, Symmetrie und Periodizität besitzen.

6.1.1 Eigenschaften von Funktionen

Monotonie

- Eine Funktion heißt **streng monoton wachsend**, wenn die Funktionswerte mit wachsendem x stets größer werden (Abb. 6.1a):

$$x_1 < x_2, \quad \forall x_1,\, x_2 \in \mathsf{D}_f \Rightarrow f(x_1) < f(x_2).$$

Das Symbol $\forall$ steht für die Wörter „für alle ", der Pfeil $\Rightarrow$ wird gelesen als „daraus folgt".

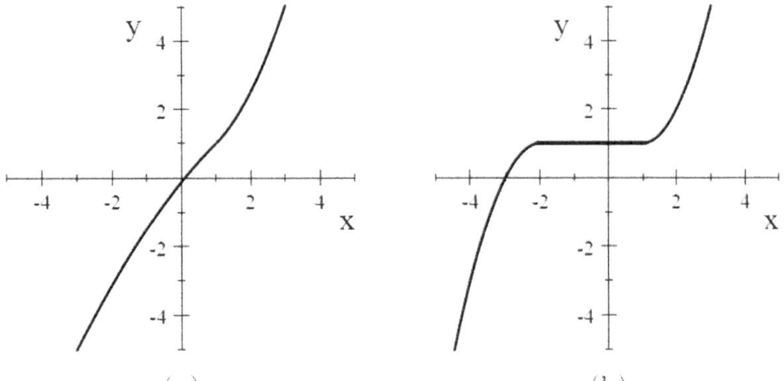

Abb. 6.1 Beispiele monoton wachsender Funktionen, **a** streng monoton, **b** monoton

J. Siegert, *Mathematik trainieren: Brüche, Funktionen und Co.*,
https://doi.org/10.1007/978-3-662-56348-9_6

Falls mit wachsendem x auch eine Gleichheit der Funktionswerte zugelassen wird (Abb. 6.1b), ist die Funktion nur **monoton wachsend**:

$$x_1 < x_2, \quad \forall x_1, x_2 \in \mathsf{D}_f \Rightarrow f(x_1) \leq f(x_2).$$

- Eine Funktion kann ebenso **streng monoton fallend** sein (Abb. 6.2a):

$$x_1 < x_2, \quad \forall x_1, x_2 \in \mathsf{D}_f \Rightarrow f(x_1) > f(x_2).$$

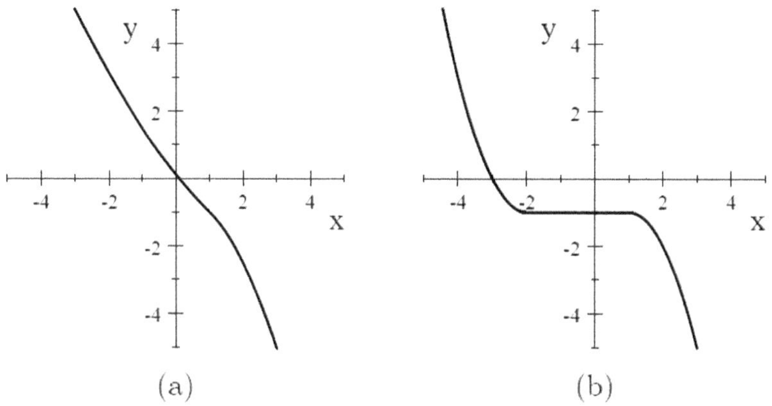

Abb. 6.2 Beispiele monoton fallender Funktionen, **a** streng monoton, **b** monoton

Analog heißt eine Funktion **monoton fallend**, wenn bei wachsendem x zusätzlich eine Gleichheit der Funktionswerte zugelassen ist (Abb. 6.2b):

$$x_1 < x_2, \quad \forall x_1, x_2 \in \mathsf{D}_f \Rightarrow f(x_1) \geq f(x_2).$$

Hinweis: Oft bestehen Funktionsgraphen aus mehreren Kurvenstücken, auf denen die Monotonieeigenschaft wechselt (s. Abb. 6.3); der Graph besitzt dann Monotonieäste.

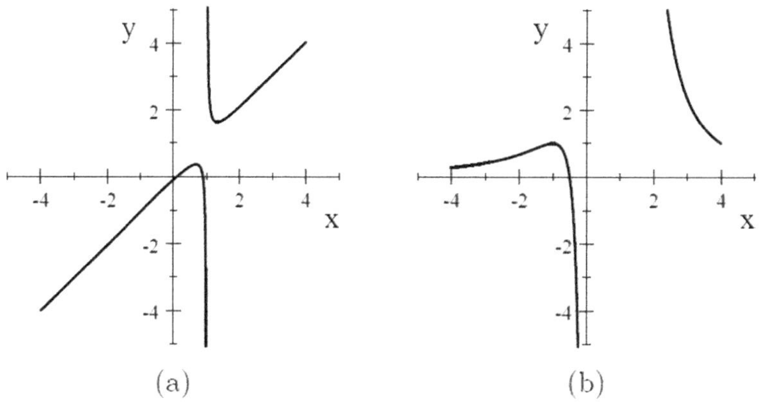

Abb. 6.3 Funktionsgraphen mit Monotonieästen, **a** Monotoniewechsel auf beiden Teilkurven, **b** Monotoniewechsel auf dem linken Teil des Graphen

Symmetrie

Man unterscheidet folgende Symmetriearten:

- **Achsensymmetrie:** Der Graph ist achsensymmetrisch zur y-Achse, wenn

$$\forall x \in \mathsf{D}_f: \quad f(x) = f(-x).$$

Der Funktionsgraph für $x \geq 0$ wird dabei einfach an der y-Achse gespiegelt. In diesem Fall handelt es sich um eine „gerade Funktion".

Beispielsweise gilt für die Funktion $y = f(x) = x^2$ in Abb. 6.4a $f(x) = x^2 = f(-x) = (-x)^2$; die Funktion ist deshalb gerade.

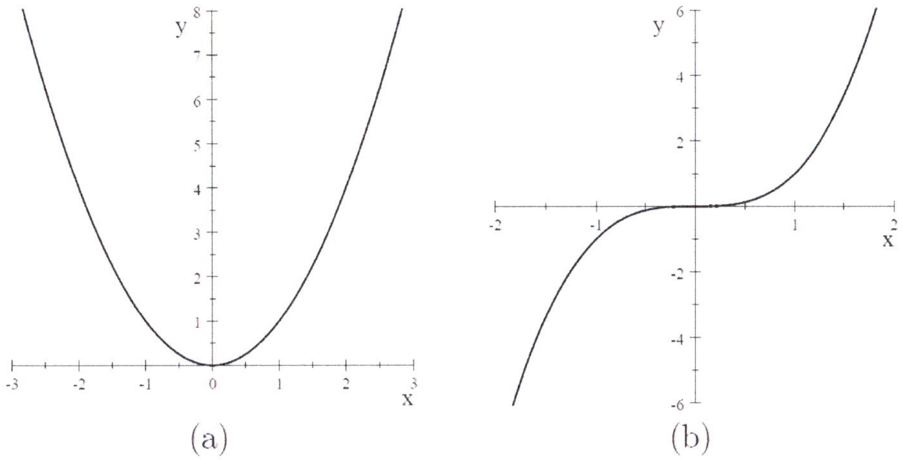

Abb. 6.4 Graphen symmetrischer Funktionen, **a** gerade, **b** ungerade

Hinweis: Es existieren auch Achsensymmetrien bezüglich anderer Achsen, die parallel zur y-Achse liegen. Diese werden in diesem Kurs nicht untersucht.

- **Punktsymmetrie:** Der Funktionsgraph wird als punktsymmetrisch zum Koordinatenursprung $P_0(0; 0)$ bezeichnet, falls

$$\forall x \in \mathsf{D}_f: \quad f(x) = -f(-x).$$

Die Funktion heißt in diesem Fall „ungerade". Der Graph für $x \geq 0$ wird dabei an der x- und an der y-Achse gespiegelt; die Reihenfolge der Spiegelungen ist beliebig.

Beispielsweise ist die Funktion $y = f(x) = x^3$ ungerade, da für diese

$$f(-x) = (-x)^3 = -x^3 = -f(x)$$

zutrifft (s. Abb. 6.4b). Bitte beachten Sie, dass in dieser Darstellung die Achsen nicht gleich skaliert sind.

Hinweis: Der Bezugspunkt bei einer Punktsymmetrie muss nicht unbedingt der Koordinatenursprung sein. Diese Verallgemeinerungen werden hier im Kurs nicht betrachtet.

Periodizität

Eine Funktion heißt periodisch, wenn sich die Funktionswerte in regelmäßigen Abständen im gesamten Definitionsbereich wiederholen. Mathematisch wird dies durch folgende Formel ausgedrückt:

$$f(x) = f(x + kT), \quad k = 0, \pm 1, \pm 2, \ldots,$$

T bezeichnet man als „Periodendauer“ oder auch als „Periode“. Wichtige periodische Funktionen sind die trigonometrischen Funktionen, wie beispielsweise die Sinus- und die Kosinusfunktion. Im Standardfall besitzen beide eine kleinste Periode von $T = 2\pi$ (s. Abb. 11.4).

Umkehrbarkeit

Funktionen sind umkehrbar, wenn sie für den gesamten Definitionsbereich streng monoton wachsen oder streng monoton fallen. Dann existiert die Umkehrfunktion

$$y = g(x) = f^{-1}(x).$$

Hinweis: Die Bezeichnung $y = f^{-1}(x)$ darf nicht mit $y = 1/f(x)$ verwechselt werden! Es handelt sich um eine formale Schreibweise, nicht um die Anwendung der Potenzrechnung. Bitte beachten Sie im Zusammenhang mit Umkehrfunktionen die Notation und Tastenbeschriftung Ihres Taschenrechners. Oft finden Sie dafür INV oder auch f^{-1}.

Falls eine Funktion umkehrbar ist, besitzen der Definitionsbereich der Funktion und der Wertebereich der Umkehrfunktion die gleichen Elemente. Ebenso umfassen der Wertebereich der Funktion und der Definitionsbereich der Umkehrfunktion die gleichen Elemente:

$$\mathsf{D}_f = \mathsf{W}_{f^{-1}}, \qquad \mathsf{W}_f = \mathsf{D}_{f^{-1}}.$$

Der Funktionsterm von $y = g(x) = f^{-1}(x)$ kann ermittelt werden, indem man

1. die Funktion $y = f(x)$ umstellt, bis die Variable x allein auf einer Seite steht,
2. als Nächstes die Variablen formal vertauscht, sodass y durch x ersetzt wird und umgekehrt.

Die Reihenfolge dieser Schritte kann auch vertauscht werden. Wenn das Kriterium der Monotonie überprüft wurde, lässt sich der Graph der Umkehrfunktion skizzieren, indem man den gegeben Funktionsgraphen an der Winkelhalbierenden im I. und III. Quadranten $y = x$ spiegelt. Dies bewirkt das formale Vertauschen der Koordinaten aller Punkte $P(x; y)$ des Graphen von $y = f(x)$. Ist beispielsweise $P(3; 1)$ ein Punkt des gegebenen Funktionsgraphen, dann gehört der gespiegelte Punkt $P(1; 3)$ zum Graphen von $y = f^{-1}(x)$, falls diese Funktion existiert. Dies werden wir besonders im Abschn. 10.1 üben.

Falls die Funktion mehrere Intervalle mit unterschiedlichen, d. h. wechselnden Eigenschaften strenger Monotonie besitzt, gibt es für jedes dieser Intervalle eine eigenständige Umkehrfunktion. Die Graphen der entsprechenden Umkehrfunktionen entstehen durch Spiegelung des ausgewählten monotonen Stücks des Graphen von $y = f(x)$ an der Winkelhalbierenden im I. und III. Quadranten.
Bei der Bestimmung des Funktionsausdrucks sind die verschiedenen Monotonieintervalle entsprechend zu berücksichtigen; die jeweils zugeordnete Umkehrfunktion ist separat zu berechnen.

6.1.2 Wirkung von Parametern

In den Ingenieurwissenschaften ist es von Bedeutung zu wissen, wie sich die Parameter a, b, c, d auf Funktionen der Art $y = a \cdot f(b\,x + c) + d$ grundsätzlich auswirken, denn oft kennt man von den genannten Parametern keine genauen Zahlenwerte und kann deshalb den Funktionsverlauf nicht exakt darstellen. Eine Wertetabelle ist dann nicht verfügbar.

Verschieben durch $c > 0$ und $d > 0$

$y = f(x) + d$:	Verschiebung des Funktionsgraphen um d nach oben.
$y = f(x) - d$:	Verschiebung des Funktionsgraphen um d nach unten.
$y = f(x - c)$:	Verschiebung des Funktionsgraphen um c nach rechts.
$y = f(x + c)$:	Verschiebung des Funktionsgraphen um c nach links.

In Abb. 6.5 werden die Auswirkungen und Effekte der Parameter c und d für positive Werte anhand des Graphen von $y = f(x) = x^2$ beispielhaft dargestellt:

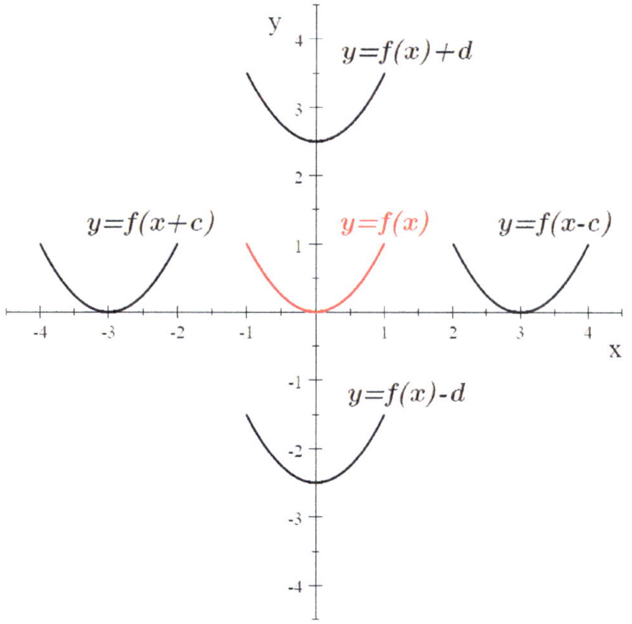

Abb. 6.5 Achsenparallele Verschiebung des Graphen von $y = f(x) = x^2$

Stauchen, Strecken und Spiegeln durch a und b

$\|a\| > 1$:	Streckung in y-Richtung.	$\|a\| < 1$:	Stauchung in y-Richtung.
$\|b\| > 1$:	Stauchung in x-Richtung.	$\|b\| < 1$:	Streckung in x-Richtung.
$a < 0$:	Spiegelung an der x-Achse.	$b < 0$:	Spiegelung an der y-Achse.

Ist der Funktionsgraph für $y = f(x)$ gegeben, erhält man bei dessen Spiegelung an der x-Achse den Funktionsgraph von $y = -f(x)$ und bei Spiegelung an der y-Achse den Funktionsgraphen von $y = f(-x)$ (s. Abb. 6.6a). Dies gilt für beliebige Funktionen!

Abb. 6.6b zeigt Beispiele für die Streckung und Stauchung des Graphen von $y = f(x) = x^3$.

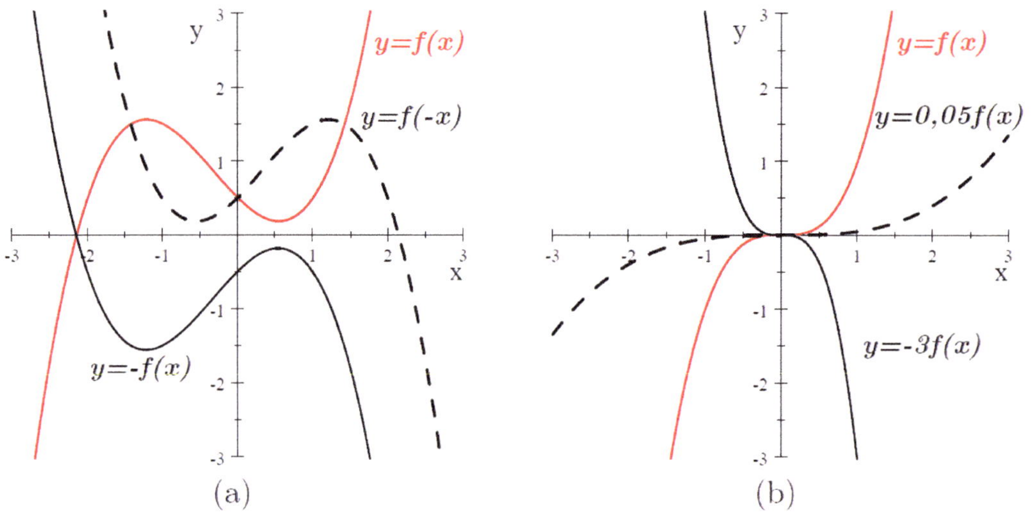

Abb. 6.6 Wirkung von Parametern in Funktionen, **a** Spiegelung des Graphen von $y = f(x)$ an den Koordinatenachsen, **b** Stauchung des Graphen von $y = f(x) = x^3$ bzw. Streckung und Spiegelung an der x-Achse

Hinweis: Ist $b \neq 1$, wird der Graph von $y = f(bx + c)$ der um b in x-Richtung gestreckten bzw. gestauchten Kurve um $-(c/b)$ horizontal verschoben, nicht um $-c$; nur im Fall $b = 1$ liefert $-c$ die exakte Verschiebung. Dieser Sachverhalt wird beispielsweise bei trigonometrischen Funktionen benötigt (vgl. Abb. 11.4) und häufig nicht beachtet.

6.1.3 Zahlenfolgen als Sonderfall von Funktionen

Wird die Menge der natürlichen Zahlen $\mathbb{N} = \{1, 2, 3, 4, \dots\}$ auf eine abzählbare Teilmenge der reellen Zahlen abgebildet, bezeichnet man dies als „diskrete Funktion" bzw. als Zahlenfolge. Die übliche Schreibweise dafür ist:

$$\langle\, f_n \,\rangle = f_1, f_2, f_3, f_4, \dots;$$

oft schreibt man auch (f_n). Zahlenfolgen können ebenfalls monoton sein. Oft wählt man als Definitionsbereich auch die Menge $\mathbb{N}_0$.

6.2 Beispiele

6.2.1 Beispiel

Spiegeln Sie den Funktionsgraphen von $y = f(x) = x + 1$ an den Koordinatenachsen!

Lösungsweg:

Die Spiegelbilder der Geraden sind erneut Geraden (Abb. 6.7). Offenbar ändert sich beim Spiegeln jeweils die Monotonieeigenschaft. Bei dieser Aufgabe steht der gespiegelte Graph orthogonal zur gegebenen Kurve. Lineare Funktionen werden in Abschn. 7.1 ausführlich behandelt.

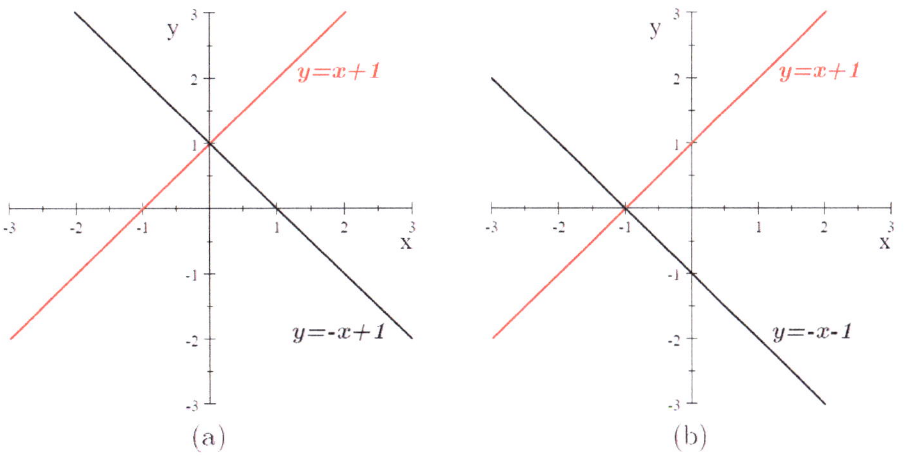

Abb. 6.7 Spiegelung einer Geraden, **a** an der y-Achse, **b** an der x-Achse

6.2.2 Beispiel

Welche der folgenden diskreten Funktionen (Zahlenfolgen) ist streng monoton fallend:

$$\textbf{a)}\quad \left\langle \frac{1}{n} \right\rangle = \frac{1}{1}, \frac{1}{2}, \frac{1}{3}, \frac{1}{4}, \ldots,$$

$$\textbf{b)}\quad \left\langle \frac{(-1)^n}{n} \right\rangle = \frac{(-1)^1}{1}, \frac{(-1)^2}{2}, \frac{(-1)^3}{3}, \frac{(-1)^4}{4}, \ldots,$$

$$\textbf{c)}\quad \left\langle -\frac{1}{n} \right\rangle = -\frac{1}{1}, -\frac{1}{2}, -\frac{1}{3}, -\frac{1}{4}, \ldots ?$$

Lösungswege:

a) Für diese Zahlenfolge ist zu untersuchen, ob die Monotonieeigenschaft

$$f_n = \frac{1}{n} > f_{n+1} = \frac{1}{n+1}, \quad \forall n \in \mathbb{N}$$

gilt. Die Brüche $\frac{1}{n}$ werden mit wachsendem n immer kleiner:

$$n < n+1 \quad \Rightarrow \quad \frac{1}{n} > \frac{1}{n+1}, \quad \forall n \in \mathbb{N}.$$

Die Zahlenfolge ist deshalb streng monoton fallend.

b) Bei dieser Zahlenfolge ändert sich beim nachfolgenden Glied jeweils das Vorzeichen; es handelt sich um eine „**alternierende Folge**“:

$$-1, \frac{1}{2}, -\frac{1}{3}, \frac{1}{4}, -\frac{1}{5}, \ldots$$

Die Brüche werden abwechselnd größer und kleiner. Eine derartige Zahlenfolge ist nicht monoton.

c) Brüche der Form $-\frac{1}{n}$ werden mit wachsendem n offenbar nicht kleiner, sondern größer:

$$-\frac{1}{n} < -\frac{1}{n+1}, \quad \forall n \in \mathbb{N}.$$

Diese Zahlenfolge ist deshalb nicht streng monoton fallend, sondern monoton wachsend.

6.2.3 Beispiel

Eine der in Abb. 6.8 dargestellten Funktionen hat im Definitionsbereich keine Umkehrfunktion $y = g(x) = f^{-1}(x)$. Für welche trifft dies zu?

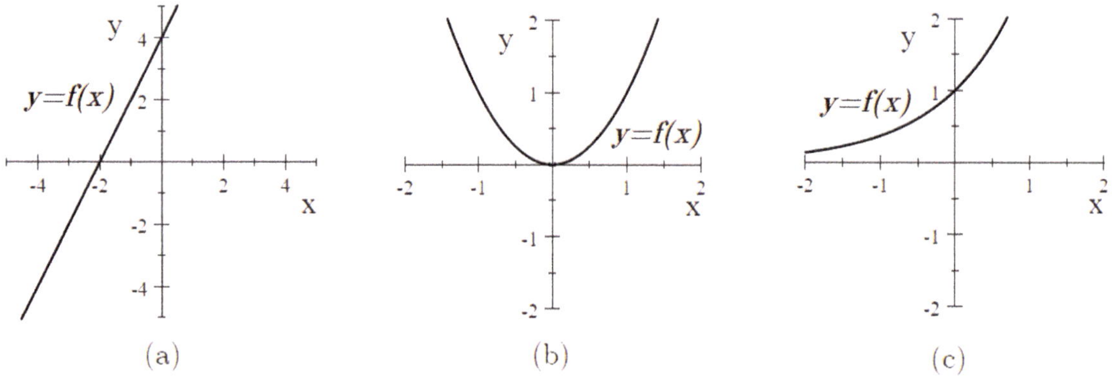

Abb. 6.8 Beispiele für Graphen, **a** einer Geraden, **b** einer Parabel, **c** einer Exponentialfunktion

Lösungsweg:

Die Graphen in Abb. 6.8a und 6.8c sind streng monoton, deshalb sind die Funktionen umkehrbar, die Funktion in Abb. 6.8b ist jedoch nicht streng monoton, daher ebenso nicht umkehrbar. Für jedes Monotonieintervall existiert eine eigene Umkehrfunktion, beispielsweise für $x \geq 0$.

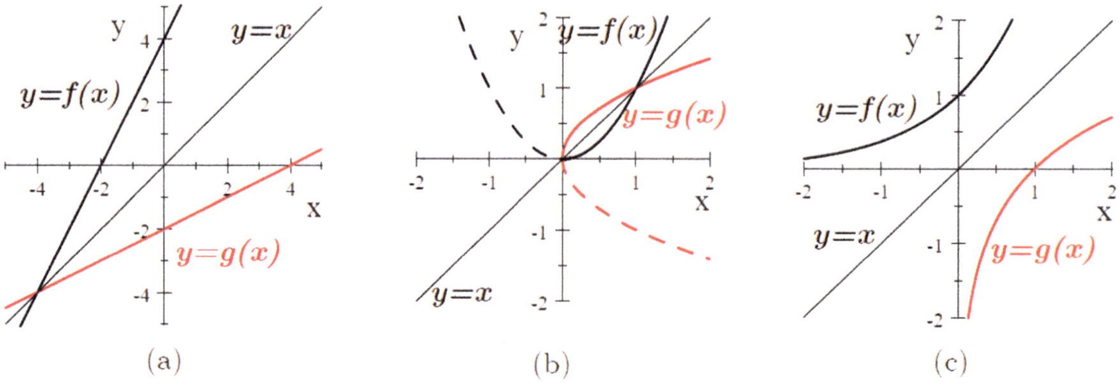

Abb. 6.9 **a**, **c**: Bestimmung der Umkehrfunktion $y = g(x) = f^{-1}(x)$ durch Spiegelung an $y = x$, **b** die Funktion ist $\forall x \in \mathbb{R}$ nicht umkehrbar

6.3 Übungen

6.3.1 Übung

(2/3/4 Min.)

Gegeben sei der Funktionsgraph von $y = f(x)$. Welche der Aussagen trifft zu?

a) $y = f(\frac{1}{3}x)$ ergibt sich durch Streckung des gegebenen Graphen in x-Richtung auf das Dreifache,

b) $y = f(3x + 7)$ entsteht aus dem gegebenen Graphen durch Stauchung in x-Richtung auf ein Drittel und Verschiebung in x-Richtung um -7,

c) $y = 2f(3x - 4)$ ergibt sich aus dem ursprünglichen Kurvenverlauf durch Streckung auf das Zweifache in y-Richtung, Stauchung auf ein Drittel in x-Richtung und Verschiebung um $\frac{4}{3}$ in positiver x-Richtung.

→ *Lösung auf Seite 121*

6.3.2 Übung

(4/4/4 Min.)

Welche der Zahlenfolgen $\langle f_n \rangle$ ist streng monoton wachsend, wenn:

a) $f_n = \dfrac{1}{n^2}$, **b)** $f_n = \dfrac{(-1)^n}{n^2}$, **c)** $f_n = -\dfrac{1}{n^2}$?

→ *Lösung auf Seite 121*

6.4 Tests

6.4.1 Test

(8/10/5 Min.)

Prüfen (und beweisen) Sie, welche Vorschrift für f_n eine streng monoton fallende Zahlenfolge $\langle\ f_n\ \rangle\ = f_1, f_2, f_3, \ldots$ erzeugt:

[1] $f_n = \dfrac{1}{n!}$, [2] $f_n = \dfrac{n}{(2n+1)!}$, [3] $f_n = \dfrac{(-1)^n}{(2n+3)!}$.

→ *Lösung auf Seite 167*

6.4.2 Test

(5/5/7 Min.)

Welche der Aussagen ist wahr?

[1] Die Summe zweier gerader Funktionen $y = f(x)$ und $y = g(x)$ ist eine gerade Funktion.

[2] Das Produkt einer geraden Funktion mit einer ungeraden ergibt eine ungerade Funktion.

[3] Die Differenz zweier streng monoton wachsender Funktionen ist in jedem Fall eine streng monoton wachsende Funktion.

→ *Lösung auf Seite 168*

Links

1. sofatutor.com: Funktionsbegriff. http://elearning-material.htw-berlin.de/KM2/Videos/Funktionsbegriff.ogv. Zugegriffen: 07.07.2017
2. sofatutor.com: Funktionen Übung 1. http://elearning-material.htw-berlin.de/KM2/Videos/FunktionenUebung1.ogv. Zugegriffen: 07.07.2017
3. sofatutor.com: Funktionen Übung 2. http://elearning-material.htw-berlin.de/KM2/Videos/FunktionenUebung2.ogv. Zugegriffen: 07.07.2017
4. sofatutor.com: Funktionseigenschaften. http://elearning-material.htw-berlin.de/KM2/Videos/FunktionEigenschaften.ogv. Zugegriffen: 07.07.2017
5. sofatutor.com: Zusammenhang einer Funktion mit einer Ellipse. http://elearning-material.htw-berlin.de/KM2/Videos/FunktionEllipse.ogv. Zugegriffen: 07.07.2017
6. sofatutor.com: Umkehrfunktion. http://elearning-material.htw-berlin.de/KM2/Videos/Umkehrfunktion.ogv. Zugegriffen: 07.07.2017
7. Loviscach J.: Webseite. http://www.j3l7h.de/videos.html. Zugegriffen: 07.07.2017
8. Schneider A.: Portal Mathebibel. http://www.mathebibel.de/. Zugegriffen: 07.07.2017
9. Polster S.: Lexikon Mathematik. http://mathematikalpha.de/. Zugegriffen: 10.10.2017

7 Lineare Funktionen

7.1 Theorie

Lineare Funktionen sind Polynomfunktionen der Form $y = f(x) = a_1x + a_0 = mx + n$. Es werden nur zwei Punkte benötigt, um eine lineare Funktion eindeutig zu bestimmen. Aus diesen Punkten können die Koeffizienten $a_1 = m$ und $a_0 = n$ berechnet werden.

Der Funktionsgraph einer linearen Funktion ist eine Gerade. Ihre Gleichung kann auf verschiedenen Wegen aufgestellt werden. Die Wahl der Formel hängt von der jeweiligen Aufgabenstellung ab:

- **Parameterdarstellung**
  Eine Gerade kann mit ihrem Anstieg (der „Steigung") m bezüglich der positiven x-Achse und dem Punkt $P(0; n)$ festgelegt werden:

  $$y = mx + n;$$

  der Parameter m ist mit dem „Steigungswinkel" α (Anstiegswinkel der Geraden) definiert:

  $$m = \tan \alpha.$$

  Der Parameter n ist der y-Wert für $x = 0$ (Schnittpunkt mit der y-Achse) und heißt deshalb „Achsenabschnitt der y-Achse".

- **Punktrichtungsformel**
  Die Punktrichtungsformel berücksichtigt die Steigung m und einen beliebigen Punkt $P_0(x_0; y_0)$. Sie lautet

  $$y = m(x - x_0) + y_0.$$

- **Zwei-Punkte-Formel**
  Eine lineare Funktion kann auch durch zwei Punkte $P_0(x_0; y_0)$ und $P_1(x_1; y_1)$ definiert sein, dann gilt die Gleichung

  $$\frac{y - y_0}{y_1 - y_0} = \frac{x - x_0}{x_1 - x_0}$$

  bzw. umgestellt nach y:

  $$y = \underbrace{\frac{y_1 - y_0}{x_1 - x_0}}_{=m} x \underbrace{- \frac{y_1 - y_0}{x_1 - x_0} x_0 + y_0}_{=n}.$$

Die Schreibweisen sind äquivalent und können leicht ineinander umgeformt werden.

J. Siegert, *Mathematik trainieren: Brüche, Funktionen und Co.*,
https://doi.org/10.1007/978-3-662-56348-9_7

Sind beispielsweise zwei Punkte gegeben, erhält man daraus

$$m = \frac{y_1 - y_0}{x_1 - x_0} = \tan \alpha, \quad n = -\frac{y_1 - y_0}{x_1 - x_0} x_0 + y_0.$$

Kennt man von der Geraden m und einen Punkt P_0, kann ein weiterer Punkt P_1 mithilfe des „Steigungsdreiecks“ bestimmt werden: Vom gegebenen Punkt $P_0(x_0; y_0)$ geht man einfach eine Längeneinheit parallel zur x-Achse nach rechts und dann parallel zur y-Achse m Einheiten nach oben oder unten, in Abhängigkeit vom Vorzeichen von m. Das liefert den zweiten Punkt P_1 der Geraden. Seine Koordinaten sind $P_1(x_0 + 1; y_0 + m)$.

Offenbar sind lineare Funktionen **nicht periodisch**. Ihre weiteren Eigenschaften sind folgende:

Monotonie

Ist $m > 0$, handelt es sich um eine streng monoton steigende Funktion.
Für $m < 0$ ist eine lineare Funktion stets streng monoton fallend. Deshalb sind lineare Funktionen für $m \neq 0$ in jedem Fall **umkehrbar**, da es sich in diesem Fall um streng monotone Funktionen handelt (s. Abb. 6.9a).

Im Fall von $m = 0$ verläuft die Gerade parallel zur x-Achse, ist daher nicht streng monoton und somit auch nicht umkehrbar. Gilt $m = 0$ und $n = 0$, liegt die Gerade auf der x-Achse.

Symmetrie

Eine Gerade kann nur achsensymmetrisch sein, wenn $m = 0$ gilt.
Punktsymmetrisch sind lineare Funktionen nur, wenn sie durch den Koordinatenursprung verlaufen, also $n = 0$ ist.

Hinweis: Der Begriff „Gerade“ darf nicht mit der Symmetrieeigenschaft einer geraden Funktion verwechselt werden.

Parallelität

Zwei Geraden liegen genau dann parallel zueinander, wenn sie den gleichen Anstieg besitzen.

Orthogonale Geraden

Zwei Geraden nennt man orthogonal, wenn sie sich in einem rechten Winkel schneiden. Für die Steigungen orthogonaler Geraden gilt

$$m_1 \cdot m_2 = -1 \quad \Leftrightarrow \quad m_1 = -\frac{1}{m_2}.$$

Mithilfe dieser Gleichung kann man Geraden auf Orthogonalität prüfen. Voraussetzung dafür ist, dass die Geraden nicht achsenparallel verlaufen, weil man anderenfalls durch null dividieren würde. Das Symbol $\Leftrightarrow$ bezeichnet die Äquivalenz beider Gleichungen.

Hinweis: Geraden, die parallel zur y-Achse liegen, sind keine Graphen linearer Funktionen und deshalb auch nicht mit einer Geradengleichung darstellbar. Da bei diesen Geraden alle Punkte den gleichen x-Wert haben, ist eine zur y-Achse parallele Gerade mit der Bedingung

$$x = x_* = const \in \mathbb{R}$$

festgelegt. Zu dieser Geraden gibt es unendlich viele orthogonale Geraden $y = y_* = const$, die alle parallel zur x-Achse verlaufen.

Die Eigenschaften der linearen Funktionen kann man bei einer Anzahl wichtiger Aufgabenstellungen benutzen und anwenden, wie im Folgenden gezeigt.

Schnittpunkt von Geraden

Zwei nicht parallel verlaufende Geraden schneiden sich in der x-y-Ebene immer in einem Punkt $P_S(x_S; y_S)$. Der Schnittpunkt von zwei Geraden, d. h. ihre Schnittmenge, wird folgendermaßen ermittelt:

1. Geradengleichungen $y = f_1(x)$ und $y = f_2(x)$ „gleichsetzen“. Da der Punkt $P_S(x_S; y_S)$ auf beiden Geraden liegt, gilt
$$f_1(x_S) = y_S = f_2(x_S).$$
2. Diese Gleichung nach x_S auflösen, um die x_S-Koordinate zu erhalten.
3. Den berechneten x_S-Wert in eine der zwei Geradengleichungen einsetzen, um den y_S-Wert zu bestimmen.

Abstand eines Punktes zu einer Geraden

Der Abstand d eines Punktes $P(x; y)$ von einer Geraden g ist die kürzeste Entfernung von P zur Geraden. Dafür muss derjenige Punkt P_S auf g bestimmt werden, der dem gegebenen Punkt P am nächsten liegt (s. Abb. 7.1). Der benötigte Punkt P_S gehört offenbar zu der Geraden g_S, die orthogonal zu g steht und den Punkt P besitzt. Der Abstand ist letztendlich die Länge der Strecke $\overline{PP_S}$:

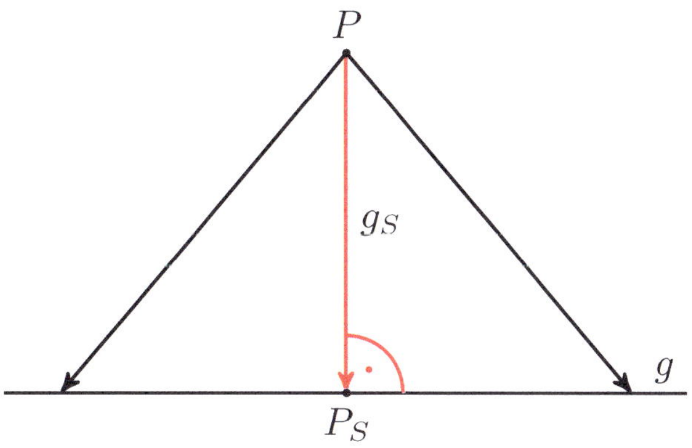

Abb. 7.1 Abstand eines Punktes zu einer Geraden

Daraus ergibt sich die folgende Vorgehensweise:

1. Berechnen der orthogonalen Hilfsgeraden g_S. Dabei wird der Zusammenhang zwischen den Anstiegen zweier zueinander othogonaler Geraden verwendet. Dies bezeichnet man auch als „Fällen des Lots“ vom Punkt P auf die gegebene Gerade g.

2. Berechnen des Schnittpunktes P_S von g mit g_S.

3. Berechnen des Abstands d zwischen dem Punkt P und dem Schnittpunkt P_S auf der Grundlage des Satzes des Pythagoras:

$$d = \sqrt{(x - x_S)^2 + (y - y_S)^2}.$$

Betragsfunktion

Die Betragsfunktion $y = f(x) = |x|$ ordnet jedem reellen Wert x dessen Absolutbetrag zu:

$$y = f(x) = |x| = \begin{cases} x, \text{ für } x \geq 0, \\ -x, \text{ für } x < 0. \end{cases}$$

Der Graph besteht aus den Winkelhalbierenden der ersten zwei Quadranten und besitzt den Punkt $P_0(0; 0)$. Die Funktion ist für $x \leq 0$ streng monoton fallend und wächst streng monoton für $x \geq 0$. Im Punkt $P_0(0; 0)$ nimmt die Betragsfunktion ein Minimum an (Abb. 7.2).

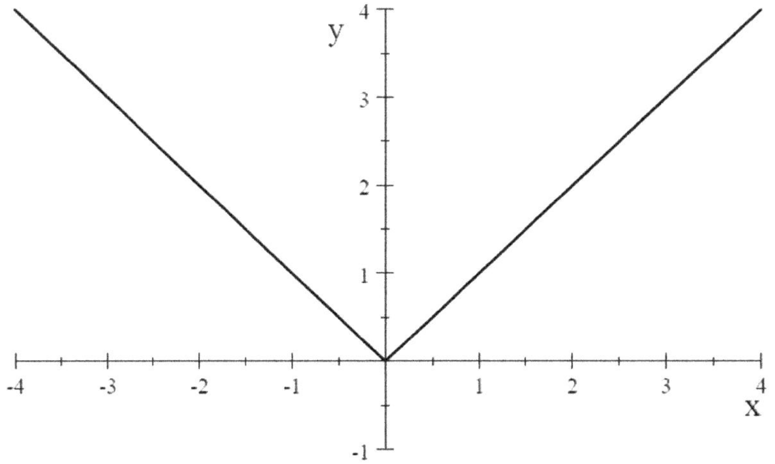

Abb. 7.2 Betragsfunktion $y = f(x) = |x|$

Hinweis: Bitte beachten Sie, dass Beträge nicht nur im Zusammenhang mit linearen Funktionen auftreten, auch viele andere Funktionen sind damit verknüpft. Beispiele sind $y = f(x) = |\sin x|$, $y = f(x) = |x^2 - 4|$ oder $y = f(x) = |\ln x| + 1$. Sie können versuchen, sich die Auswirkung des Betrags auf nichtlineare Funktionen selbst herzuleiten, oder erfahren in Abschn. 8.2 mehr dazu.

Lineare Ungleichungen

Das Rechnen mit Ungleichungen wurde bereits bei monotonen Zahlenfolgen geübt (s. Abschn. 6.2). Oft sind Ungleichungen gegeben, die eine Unbekannte wie etwa x enthalten. Unter dem „Lösen der Ungleichung" versteht man die Bestimmung der Menge aller x-Werte, für die diese Ungleichung erfüllt ist. Das Ergebnis kann mithilfe einer geeigneten Schreibweise als Lösungsmenge dargestellt werden. In einigen Fällen gibt es jedoch keine Lösung, und die Lösungsmenge ist leer.

Treten nur lineare Terme auf, heißt die Ungleichung linear. Derartige Ungleichungen sind eng mit linearen Funktionen verbunden und können rechnerisch oder auch in einfachen Fällen grafisch mit einer Skizze gelöst werden. Die grafische Lösung hängt jedoch sehr von der Genauigkeit der Darstellung ab und ist deshalb i. d. R. nur zur Überprüfung der Plausibilität der Lösungsmenge geeignet.

Die Sachverhalte dieses Kapitels werden nun an Beispielen erläutert.

7.2 Beispiele

7.2.1 Beispiel

Skizzieren Sie die Gerade g und bestimmen Sie deren Gleichung, wenn von g folgende Punkte bzw. Parameter gegeben sind:

a) $P_1(1;2),\ P_2(3;4)$, **b)** $m = 3,\ P_1(1;1)$, **c)** $m = 0,\ n = 1$.

Grafischer Lösungsweg:

a) Die Gerade lässt sich schnell bestimmen, indem die Punkte P_1 und P_2 in ein gemeinsames Koordinatensystem eingetragen und anschließend miteinander verbunden werden (s. Abb. 7.3a).

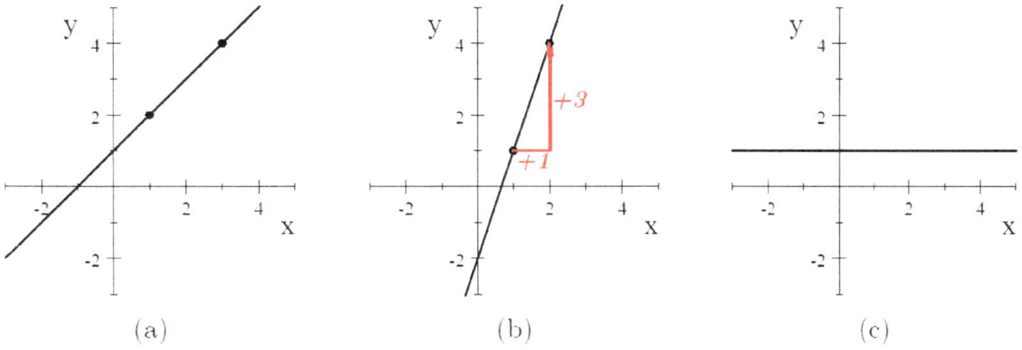

Abb. 7.3 Verlauf einer Geraden, **a** durch zwei Punkte, **b** durch einen Punkt bei gegebener Steigung, **c** parallel zur x-Achse

b) Die Gerade erhält man mittels Steigungsdreieck (s. Abschn. 7.1): Ausgehend vom gegebenen Punkt $P_1(1;1)$ bewegt man sich um eine Einheit nach rechts (parallel zur x-Achse) und um $m = 3$ Einheiten nach oben (parallel zur y-Achse) (s. Abb. 7.3b). Dies liefert einen zweiten Punkt $P_2(1+1;1+3)$, womit die Gerade skizziert werden kann.

c) In diesem Fall handelt es sich um eine spezielle Gerade, die parallel zur x-Achse durch $y = 1$ verläuft (s. Abb. 7.3c).

Rechnerischer Lösungsweg:

a) Mit den zwei gegebenen Punkten ergibt die Zwei-Punkte-Formel

$$\frac{y-2}{4-2} = \frac{x-1}{3-1}.$$

Diese Formel kann durch Umstellen leicht in die Parameterform überführt werden:

$$\begin{aligned}\frac{y-2}{2} &= \frac{x-1}{2},\\ y &= x+1.\end{aligned}$$

b) Für dieses Beispiel bietet sich die Punktrichtungsformel an:

$$y = 3(x-1) + 1 = 3x - 2.$$

c) Die Angaben können direkt in die Parameterdarstellung übernommen werden:

$$y = 0 \cdot x + 1 = 1.$$

7.2.2 Beispiel

Bestimmen Sie den Schnittpunkt der Funktionsgraphen von $y = f_1(x) = 2x$ und $y = f_2(x) = x+1$.

Lösungsweg:

Die x_S-Koordinate des Schnittpunktes wird durch Gleichsetzen der beiden linearen Funktionen berechnet:

$$2x_S = x_S + 1 \quad \Rightarrow \quad x_S = 1.$$

Die y_S-Koordinate erhält man durch Einsetzen des x_S-Werts in eine der beiden Funktionen:

$$y_S = f_1(x_S) = 2 \cdot 1 = 2.$$

Der Schnittpunkt beider Geraden lautet somit $P_S(1; 2)$.

7.2.3 Beispiel

Berechnen Sie den Abstand von Punkt $P(-1; 3)$ zur Geraden

$$\textbf{a)}\ y = x + 1, \qquad \textbf{b)}\ y = \frac{1}{3}x + \frac{5}{3}.$$

Lösungsweg:

a) Zunächst wird der Anstieg m_S der orthogonalen Hilfsgeraden g_S bestimmt:

$$m \cdot m_S = -1 \quad \Rightarrow \quad m_S = -\frac{1}{1} = -1.$$

Da für die Hilfsgerade der Punkt $P(-1;3)$ und der Anstieg $m_S = -1$ gegeben sind, kann nun die Punktrichtungsformel angewendet werden:

$$y = -1(x+1) + 3 = -x + 2.$$

Anschließend wird die x_S-Koordinate des Schnittpunkts durch Gleichsetzen bestimmt:

$$x_S + 1 = -x_S + 2 \quad \Rightarrow \quad x_S = \frac{1}{2}.$$

Setzt man diesen Wert in die Geradengleichung $y = x + 1$ ein, ergibt sich die y_S-Koordinate des Schnittpunkts:

$$y_S = \frac{3}{2}.$$

Mit $P_S\left(\frac{1}{2}; \frac{3}{2}\right)$ kann der Abstand zu $P(-1;3)$ ermittelt werden:

$$\begin{aligned} d &= \sqrt{\left(-1 - \frac{1}{2}\right)^2 + \left(3 - \frac{3}{2}\right)^2} \\ &= \sqrt{\left(-\frac{3}{2}\right)^2 + \left(\frac{3}{2}\right)^2} \\ &= \sqrt{\frac{9}{4} + \frac{9}{4}} = \sqrt{\frac{2 \cdot 9}{4}} = \frac{3}{2}\sqrt{2}. \end{aligned}$$

b) Die Vorgehensweise wird analog zum vorherigen Beispiel wiederholt. Man erhält

$$m \cdot m_S = -1 \quad \Rightarrow \quad m_S = -\frac{1}{\frac{1}{3}} = -3.$$

Für die Hilfsgerade ergibt sich aus $P(-1;3)$ und $m_S = -3$

$$y = -3(x+1) + 3 = -3x.$$

Der Schnittpunkt P_S wird erneut durch Gleichsetzen bestimmt:

$$\begin{aligned} \frac{1}{3}x_S + \frac{5}{3} &= -3x_S, \\ x_S &= -\frac{3 \cdot 5}{10 \cdot 3} = -\frac{1}{2} \quad \Rightarrow \quad y_S = \frac{3}{2}. \end{aligned}$$

Im letzten Schritt wird die Länge der Strecke zwischen $P_S\left(-\frac{1}{2}; \frac{3}{2}\right)$ und $P(-1;3)$ berechnet:

$$d = \sqrt{\left(-1 + \frac{1}{2}\right)^2 + \left(3 - \frac{3}{2}\right)^2}.$$

$$
\begin{aligned}
d &= \sqrt{\left(-\frac{1}{2}\right)^2 + \left(\frac{3}{2}\right)^2} \\
&= \sqrt{\frac{1}{4} + \frac{9}{4}} \\
&= \sqrt{\frac{10}{4}} = \sqrt{\frac{5}{2}} = \frac{\sqrt{10}}{2}.
\end{aligned}
$$

Der gesuchte Abstand beträgt $\frac{\sqrt{10}}{2}$ Längeneinheiten.

7.2.4 Beispiel

Skizzieren Sie ohne Verwendung einer Wertetabelle die Funktionsgraphen von:

$$
\begin{aligned}
&\textbf{a)} \quad y = f(x) &= \; 2(x+1) - 4, \\
&\textbf{b)} \quad y = f(x) &= \; 2|x-1| - 4.
\end{aligned}
$$

Lösungsweg:

a) Die gesuchte lineare Funktion wird aus dem Graphen von $y = f(x) = x$ durch Verschiebung um eine Einheit nach links, einer nachfolgenden Streckung in y-Richtung auf das Doppelte und einer Verschiebung um vier Einheiten nach unten gewonnen (Abb. 7.4). Die Skizze können Sie überprüfen, indem Sie das Steigungsdreieck und den Punkt $P(0; -1)$ benutzen.

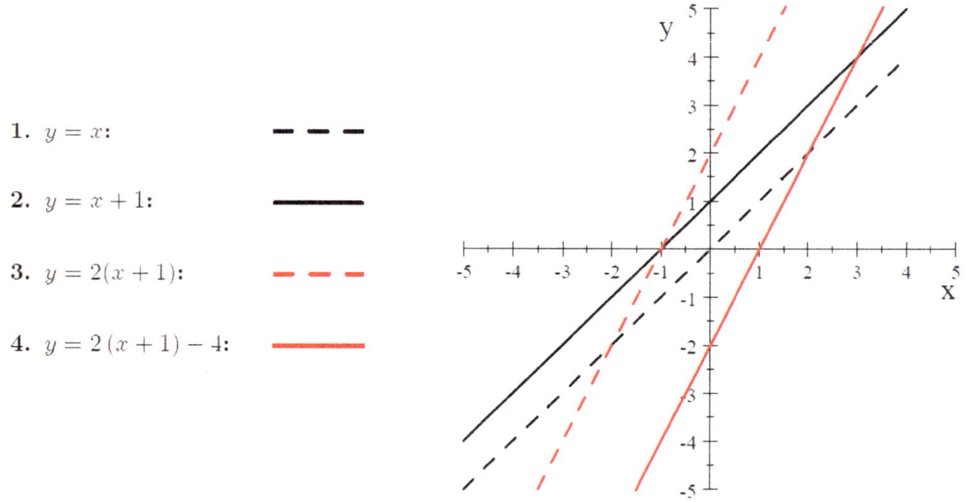

Abb. 7.4 Algorithmus zur Skizze des Graphen von $y = 2x - 2$

Hinweis: Selbstverständlich ist es bei linearen Funktionen möglich, den Graphen mit dem Steigungsdreieck direkt zu erhalten. Die hier verwendete zunächst etwas umständlich erscheinende schrittweise Erstellung der Skizze kann jedoch analog bei Klassen nichtlinearer Funktionen eingesetzt werden. Ein derartiger Algorithmus ist insbesondere dann von Nutzen, wenn keine konkreten Parameterwerte oder nur deren Vorzeichen bekannt sind.

b) Gegeben ist eine Betragsfunktion, die entsteht, wenn der Graph von $y = f(x) = |x|$ um eine Einheit nach rechts verschoben, in y-Richtung um das Doppelte gestreckt und um vier Einheiten nach unten verschoben wird (s. Abb. 7.5). Zu Überprüfung der Vorgehensweise kann der besondere Punkt $P_0(0; 0)$ des Graphen von $y = f(x) = |x|$ verwendet werden. Man erkennt, wie er sich bei den einzelnen Schritten verlagert.

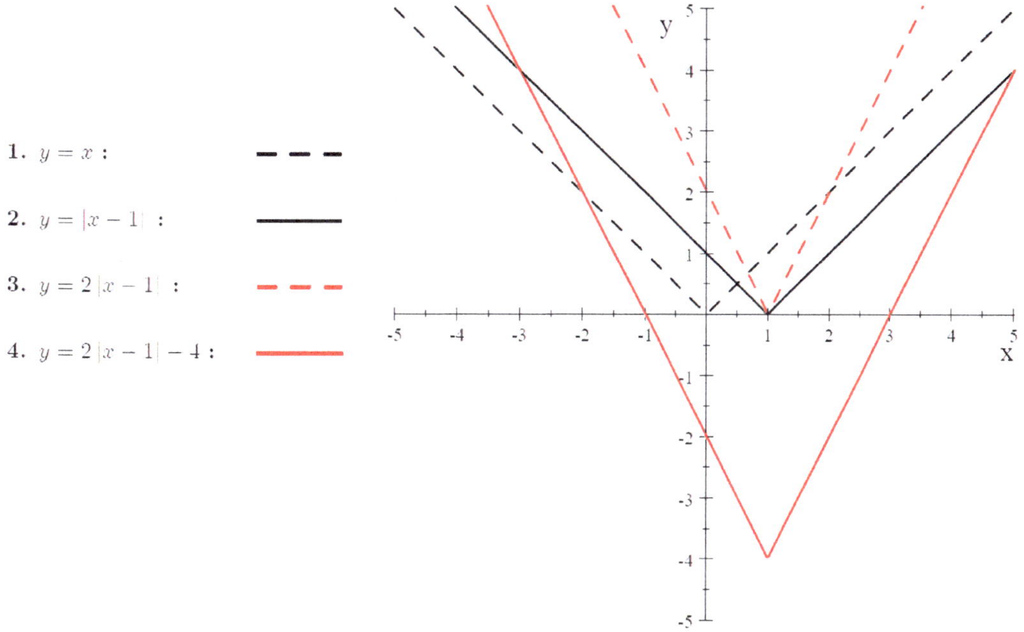

Abb. 7.5 Algorithmus zur Skizze des Graphen von $y = 2|x - 1| - 4$

7.2.5 Beispiel

Lösen Sie folgende Ungleichungen rechnerisch:

$$\textbf{a)}\quad 4(x + 3) + 20 > -17x - 4(2 - x),$$

$$\textbf{b)}\quad ax + 2 < 3x + 4 \qquad \forall\, a \in \mathbb{R}.$$

Für Beispiel **a)** ist die Lösung auch grafisch zu bestimmen.

Lösungsweg:

a) Zur Berechnung der Lösungsmenge wird zunächst wie bei Gleichungen umgeformt, indem man auf beiden Seiten die Klammern ausmultipliziert und die Terme zusammenfasst:

$$4x + 12 + 20 > -17x - 8 + 4x.$$

Als Nächstes kann die Ungleichung durch Addition und Subtraktion so umgestellt und x auf einer Seite separiert werden:

$$
\begin{aligned}
4x + 17x - 4x &> -8 - 12 - 20, \\
17x &> -40.
\end{aligned}
$$

Bei Umformungen von Ungleichungen wie dem Multiplizieren (bzw. dem Dividieren) treten zwei Fälle auf. Multipliziert man mit bzw. dividiert man durch eine Zahl kleiner null, so dreht sich das Ungleichheitszeichen um. Dies kann exemplarisch leicht mit der Ungleichung $3 > 2$ überprüft werden. Multipliziert man mit bzw. dividiert man durch durch eine positive Größe, bleibt das Ungleichheitszeichen erhalten. Daher ergibt sich bei Division durch 17:

$$x > -\frac{40}{17}.$$

Da alle durchgeführten Schritte äquivalente Umformungen darstellen, ist die letzte Bedingung zur ursprünglichen Ungleichung ebenfalls äquivalent. Die Lösungsmenge lautet

$$\mathsf{L} = \left\{ x \mid x > -\frac{40}{17} \right\} = \left(-\frac{40}{17}, +\infty \right).$$

Hinweis: Nur bei linearen Ungleichungen gelingt die direkte Berechnung der Lösungsmenge. Für Lösung beliebiger (nichtlinearer) Ungleichungen kann man eine alternative Methode probieren. Dabei wird zunächst anstelle der Ungleichung die zugeordnete Gleichung aufgestellt; statt des Ungleichheitszeichens schreibt man formal ein Gleichheitszeichen. Diese Gleichung wird anschließend gelöst. Für das Beispiel erhält man:

$$
\begin{aligned}
4(x+3) + 20 &= -17x - 4(2 - x), \\
17x &= -40 \quad \Rightarrow \quad x = -\frac{40}{17}.
\end{aligned}
$$

Dieser x-Wert teilt $\mathbb{R}$ bzw. den Zahlenstrahl in zwei Teilmengen. Nun wählt man eine der beiden Teilmengen und daraus ein beliebiges Element. Wird dieser „Testwert" $x_* \neq -\frac{40}{17}$ in die gegebene Ungleichung eingesetzt, ergibt sich entweder eine wahre oder falsche Aussage. Im ersten Fall gehört die gesamte Teilmenge zur Lösungsmenge, anderenfalls die Restmenge. Oft testet man mit $x_* = 0$.

Beim Einsetzen von $x_* = 0$ in die Ausgangsaufgabe des Beispiels erhält man die wahre Aussage $20 > -8$. Weil der Testwert aus dem Intervall $\left(-\frac{40}{17}, +\infty\right)$ gewählt wurde, gehört das Intervall zur Lösungsmenge. Wäre eine schwache Ungleichung vorgegeben, würde die Intervallgrenze ebenfalls ein Element der Lösungsmenge sein.

Hinweis: Beim Lösen einer quadratischer Ungleichungen (s. Abschn. 8.1) wird analog vorgegangen. Die Lösung einer nichtlinearen Ungleichung führt man auf die Lösung einer nichtlinearen Gleichung zurück; dies erfordert i. d. R. die Anwendung von numerischen Verfahren und gelingt nicht immer. Das nachfolgende Einsetzen von Testwerten bereitet dagegen keine Probleme.

Zur grafischen Lösung der in **a)** gegebenen Ungleichung nutzt man den Verlauf der Geraden. Man überlegt, für welche x-Werte die Funktion $y = f(x)$ auf der linken Seite der Ungleichung größere Funktionswerte annimmt als die Funktion $y = g(x)$ auf der rechten Seite (s. Abb. 7.6a):

$$f(x) > g(x),$$

$$\begin{aligned} 4(x+3)+20 &> -17x-4(2-x), \\ 4x+32 &> -13x-8. \end{aligned}$$

Da die gegebene Ungleichung äquivalent ist zur Ungleichung

$$17x + 40 > 0,$$

könnte diese ebenso als Alternative verwendet werden. Man überlegt in diesem Fall, für welche x-Werte die Hilfsfunktion

$$y = h(x) = f(x) - g(x) = 17x + 40$$

positive y-Werte besitzt (s. Abb. 7.6b).

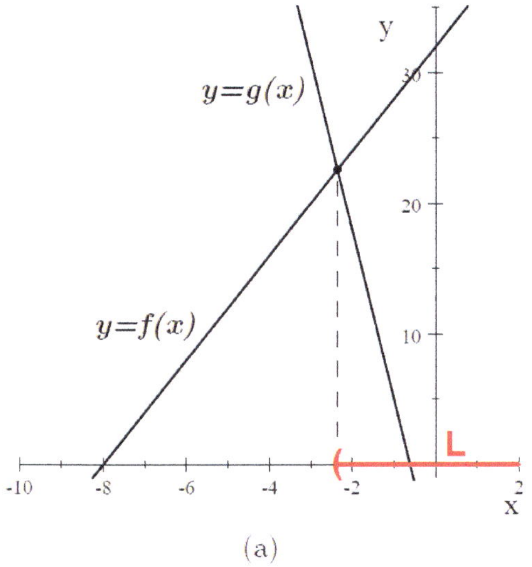

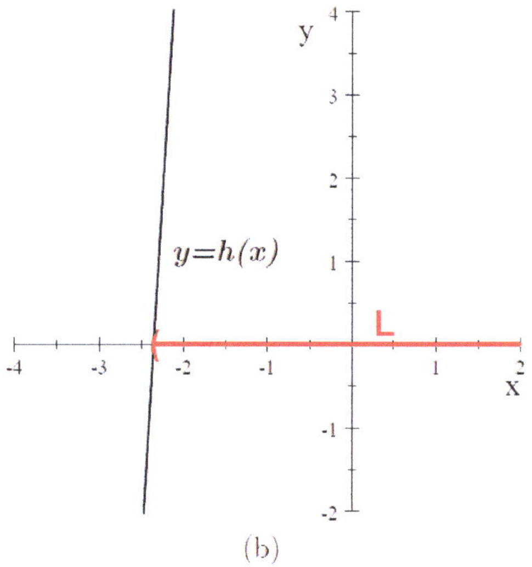

Abb. 7.6 Grafische Lösung der Ungleichung, **a** durch Vergleichen der zwei linearen Funktionen, **b** durch Verwendung einer linearen Hilfsfunktion

Hinweis: Der exakte x-Wert des Schnittpunktes kann i. d. R. aus einer grafischen Darstellung kann abgelesen werden. Derartige Skizzen kann man aber durchaus zur Überprüfung der Plausibilität der Lösung verwenden.

b) Das Besondere an dieser Ungleichung ist, dass sie den (unbekannten) Parameter a enthält. Die Ungleichung kann deshalb nur rechnerisch gelöst werden. Man stellt nach x um:

$$\begin{aligned} ax - 3x &< 4 - 2. \\ (a-3)x &< 2. \end{aligned}$$

Nun könnte durch den Faktor $(a-3)$ dividiert werden. Dabei ist jedoch zu beachten, dass für diesen Schritt $a \neq 3$ gelten muss, da die Division durch null nicht erlaubt ist. Dieser Fall muss gesondert untersucht werden; die Ungleichung hat die Form

$$\begin{aligned} (3-3)\,x &< 2, \\ 0 &< 2 \quad \Rightarrow \textit{wahre Aussage}. \end{aligned}$$

In diesem Fall lautet die Teillösungsmenge

$$\mathsf{L}_1 = \{x \mid (x \in \mathbb{R}) \wedge (a = 3)\}.$$

Im zweiten Fall $a > 3$, d. h. $(a - 3) > 0$, dividiert man durch eine positive Größe und das Ungleichheitszeichen bleibt erhalten:

$$x < \frac{2}{a-3}.$$

Die zweite Teillösungsmenge ergibt sich zu

$$\mathsf{L}_2 = \left\{x \mid \left(x < \frac{2}{a-3}\right) \wedge (a > 3)\right\}.$$

Im dritten Fall $a < 3$, d. h. $(a - 3) < 0$, dividiert man durch eine negative Größe und das Ungleichheitszeichen dreht sich um:

$$x > \frac{2}{a-3}.$$

Die Teillösungsmenge lautet

$$\mathsf{L}_3 = \left\{x \mid \left(x > \frac{2}{a-3}\right) \wedge (a < 3)\right\}.$$

Die Gesamtlösungsmenge für alle Fälle von a kann als Vereinigungsmenge geschrieben werden:

$$\mathsf{L} = \mathsf{L}_1 \cup \mathsf{L}_2 \cup \mathsf{L}_3.$$

7.3 Übungen

7.3.1 Übung

(3/4/4 Min.)

Stellen Sie die Gleichung einer Geraden auf und skizzieren Sie deren Verlauf, wenn folgende Informationen gegeben sind:

a) $m = 2, \quad P(0; 1).$

b) $P_1(0; 1), \quad P_2(0; 4).$

c) Die Gerade entsteht aus $y = x$ durch Verschiebung um zwei Einheiten in positiver x-Achsenrichtung und nachfolgender Spiegelung an der x-Achse.
Streckung bzw. Stauchung und Spiegelung an der y-Achse treten nicht auf.

→ *Lösung auf Seite 122*

7.3.2 Übung

(4/6/4 Min.)

a) Welche Gerade besitzt den Punkt $P_1(0; 3)$ und steht senkrecht zur Geraden $y = 4x - 2$?
b) Wie viele Längeneinheiten ist der Punkt $P_1(0; 3)$ vom Punkt $P_2\left(\frac{20}{17}; \frac{46}{17}\right)$ entfernt?

c) Bestimmen Sie den Schnittpunkt der folgenden Geraden:

$$y = f_1(x) = 4x - 2,$$

$$y = f_2(x) = -\frac{1}{4}x + 3.$$

→ *Lösung auf Seite 124*

7.3.3 Übung

(4/7/7 Min.)

Berechnen Sie die Lösungsmenge folgender Ungleichungen. Überprüfen Sie Ihr Resultat von **a)** grafisch.

a) $2x - 1 \leq 3,$

b) $\frac{x+4}{3} - \frac{x-3}{4} > \frac{x+4}{2},$

c) $(x-3)^2 - (x+2)^2 < 3(2-x).$

→ *Lösung auf Seite 125*

7.3.4 Übung

(8/10 Min.)

Berechnen Sie jeweils die Lösungsmenge folgender Ungleichungen. Bitte beachten Sie dabei, dass Fallunterscheidungen notwendig sind.

a) $-ax + 5 \geq -2ax + 10,$

b) $(ax + b)^2 - (ax - b)^2 \leq 5.$

→ *Lösung auf Seite 127*

7.4 Tests

7.4.1 Test

(6/6 Min.)

a) Wie lautet die Gleichung der Geraden, die den Punkt $A(-1; -2)$ besitzt und senkrecht zu der Geraden verläuft, die durch die Punkte $B(-2; 3)$ und $C(-5; -6)$ festgelegt ist?

b) Wie lautet die Gleichung der Geraden, die durch den Punkt $D(2; -4)$ verläuft und senkrecht zur Geraden $5x + 3y - 8 = 0$ steht?

1	**a)** $y = 3x - 5,$	**b)** $y = \frac{5}{3}x - \frac{22}{3},$
2	**a)** $y = -\frac{1}{3}x - \frac{7}{3},$	**b)** $y = \frac{3}{5}x - \frac{26}{5},$
3	**a)** $y = \frac{1}{3}x - \frac{5}{3},$	**b)** $y = -\frac{3}{5}x - \frac{14}{5}.$

→ *Lösung auf Seite 169*

7.4.2 Test

(2/6 Min.)

Gegeben seien zwei Geraden mit

$$2x - y - 4 = 0, \quad 6x - 2y = 10.$$

a) Liegen die beiden Geraden zueinander parallel?

b) Falls die beiden Geraden nicht parallel sind, ist der Schnittpunkt zu bestimmen.

1	**a)** Die Geraden sind parallel.	**b)** Es gibt keinen Schnittpunkt.
2	**a)** Die Geraden sind nicht parallel.	**b)** $P_S\,(0{,}2; -3{,}6)$.
3	**a)** Die Geraden sind nicht parallel.	**b)** $P_S\,(1; -2)$.

→ *Lösung auf Seite 170*

7.4.3 Test

(6 Min.)

Welche der Funktionen gehört zur Abb. 7.7 ?

1 $y = |2x - 1|$, 2 $y = |x + 1| - x$, 3 $y = |x - 1| + x$.

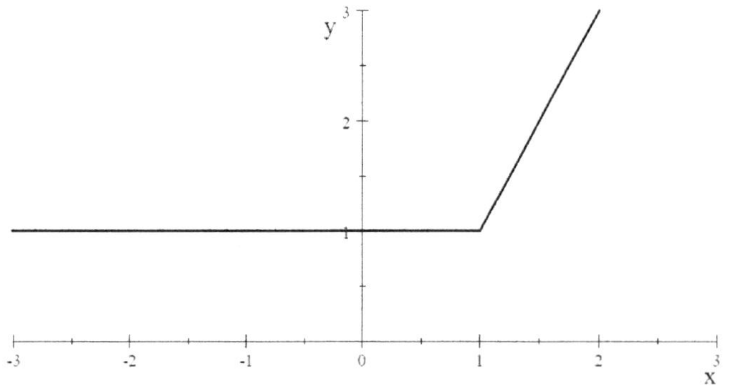

Abb. 7.7 Graph einer gesuchten Funktion

→ *Lösung auf Seite 172*

7.4.4 Test

(12 Min.)

Gesucht sind die Längen der Seitenhalbierenden a, b und c des Dreiecks in Abb. 7.8.

1	$\lvert a\rvert = \frac{1}{2}\sqrt{233}$,	$\lvert b\rvert = 5\sqrt{5}$,	$\lvert c\rvert = \frac{1}{2}\sqrt{421}$.
2	$\lvert a\rvert = \frac{1}{2}\sqrt{145}$,	$\lvert b\rvert = \sqrt{37}$,	$\lvert c\rvert = \frac{1}{2}\sqrt{109}$.
3	$\lvert a\rvert = \frac{1}{2}\sqrt{85}$,	$\lvert b\rvert = \sqrt{74}$,	$\lvert c\rvert = \frac{1}{2}\sqrt{365}$.

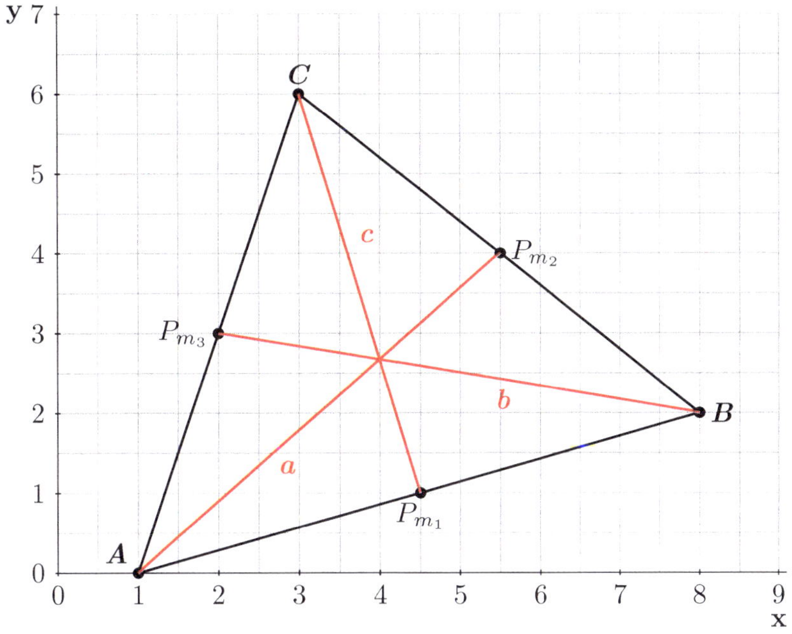

Abb. 7.8 Seitenhalbierende im Dreieck

→ *Lösung auf Seite 171*

Links

1. sofatutor.com: Betragsfunktion. http://elearning-material.htw-berlin.de/KM2/Videos/Betragsfunktion.ogv. Zugegriffen: 07.07.2017
2. Loviscach J.: Webseite. http://www.j3l7h.de/videos.html. Zugegriffen: 07.07.2017
3. Schneider A.: Portal Mathebibel. http://www.mathebibel.de/. Zugegriffen: 07.07.2017
4. Polster S.: Lexikon Mathematik. http://mathematikalpha.de/. Zugegriffen: 10.10.2017

8 Quadratische Funktionen

8.1 Theorie

Scheitelpunktform

Eine quadratische Funktion ist eine Polynomfunktion zweiten Grades der Form:

$$y = a_2 \cdot x^2 + a_1 \cdot x + a_0,\ a_2 \neq 0.$$

Eine quadratische Funktion besitzt als Graphen eine Parabel und wird deshalb auch als „Parabelfunktion“ bezeichnet. Weitere Parabelfunktionen werden in Abschn. 9.1 untersucht.
Der wichtige Sonderfall der „Normalparabel“,

$$y = x^2,$$

wurde bereits erläutert und in Abb. 6.4a dargestellt.

Eine zweite Schreibweise einer quadratischen Funktion ist die „**Scheitelpunktform**“:

$$y = m(x - x_S)^2 + y_S,\ m \neq 0.$$

Sie bietet den Vorteil, dass der Scheitelpunkt $S(x_S; y_S)$ der Parabel direkt abgelesen werden kann. Anhand dieser Darstellung kann ermittelt werden, wie die Normalparabel $y = x^2$ verschoben, gestreckt bzw. gestaucht und gespiegelt wird, denn der x_S-Wert des Scheitelpunktes liefert die Verschiebung in x-Richtung (dies entspricht dem allgemeinen Parameter c, s. Abschn. 6.1); der Koeffizient m ist ein Streckungs- bzw. Stauchungsfaktor, und der y_S-Wert steht für den Parameter d und liefert die Verschiebung in y-Richtung. Aus der Scheitelpunktform ergeben sich beim Ausmultiplizieren durch Anwendung der binomischen Formel die Koeffizienten a_2, a_1, a_0 in der Standardschreibweise.

Die klassische Form $y = a_2 \cdot x^2 + a_1 \cdot x + a_0$ kann umgekehrt leicht durch eine „**quadratische Ergänzung**“ in die Scheitelpunktform umgewandelt werden. Dazu wird zunächst der Koeffizient a_2 ausgeklammert:

$$y = a_2 \cdot \underbrace{\left(x^2 + \frac{a_1}{a_2} \cdot x + \frac{a_0}{a_2}\right)}_{\Rightarrow \quad (x+b)^2}.$$

In der Klammer erzeugt man nun eine binomische Formel der Art $x^2 + 2bx + b^2$, um diese dann als quadratischen Term $(x + b)^2$ zu notieren. Die quadratische Ergänzung, das Verschieben und Spiegeln durch die Parameter werden an den Einführungsbeispielen genauer erläutert und geübt.

J. Siegert, *Mathematik trainieren: Brüche, Funktionen und Co.*,
https://doi.org/10.1007/978-3-662-56348-9_8

Nullstellen und Lösung einer quadratischen Gleichung

Nullstellen einer Funktion sind die x-Werte der Schnittpunkte mit der x-Achse. Eine quadratische Funktion schneidet die x-Achse entweder zweimal, einmal oder an keiner Stelle (Abb. 8.1). Im Fall Abb. 8.1b zählt man die Nullstellen doppelt. Sie fallen dann mit dem x_S-Wert des Scheitelpunkts zusammen.

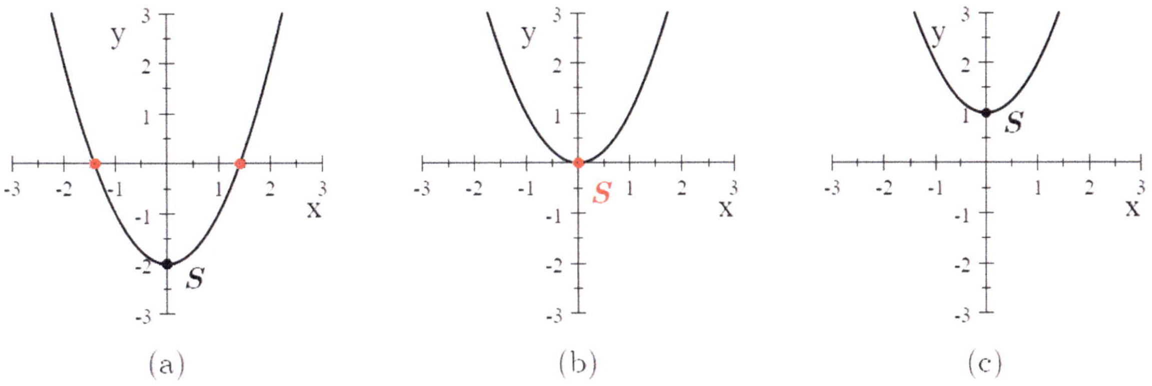

Abb. 8.1 Nullstellen einer quadratischen Funktion, **a** zwei Nullstellen, **b** eine (doppelte) Nullstelle, **c** keine reelle Nullstelle

Um die Nullstellen zu ermitteln, wird die Funktion gleich null gesetzt:

$$a_2 \cdot x^2 + a_1 \cdot x + a_0 = 0.$$

Oft dividiert man diese Gleichung durch a_2 und benutzt die „Normalform“:

$$1 \cdot x^2 + px + q = 0,$$

wobei p und q Parameter sind:

$$p = \frac{a_1}{a_2}, \quad q = \frac{a_0}{a_2}.$$

Zum Schluss erfolgt die Berechnung durch Lösung einer quadratischen Gleichung. Die Lösungen einer quadratische Gleichung, die in Normalform gegeben ist, ergeben sich aus der „p-q-Formel“:

$$1 \cdot x^2 + px + q = 0 \quad \Rightarrow \quad x_{1,2} = -\frac{p}{2} \pm \sqrt{\left(-\frac{p}{2}\right)^2 - q}.$$

Dabei sind drei Fälle möglich, die in Abb. 8.1 dargestellt sind:

1.) $\left(\frac{p}{2}\right)^2 - q > 0 \quad \Rightarrow$ zwei reelle Lösungen: x_1, x_2,

2.) $\left(\frac{p}{2}\right)^2 - q = 0 \quad \Rightarrow$ eine doppelte Lösung: $x_1 = x_2$,

3.) $\left(\frac{p}{2}\right)^2 - q < 0 \quad \Rightarrow$ keine reelle Lösung.

Hinweis: Der Term unter der Wurzel in der p-q-Formel kann unterschiedlich geschrieben werden:

$$\left(-\frac{p}{2}\right)^2 - q = \left(\frac{p}{2}\right)^2 - q = \frac{p^2}{4} - q.$$

Eine alternative Vorgehensweise für die Berechnung der Nullstellen ist die Anwendung der sogenannten „Mitternachtsformel“, auf die hier im Kurs nicht eingegangen wird.

Schnittpunkt einer Parabel mit einer Geraden

Eine Gerade kann eine Parabel entweder zweifach, einfach oder nicht schneiden.

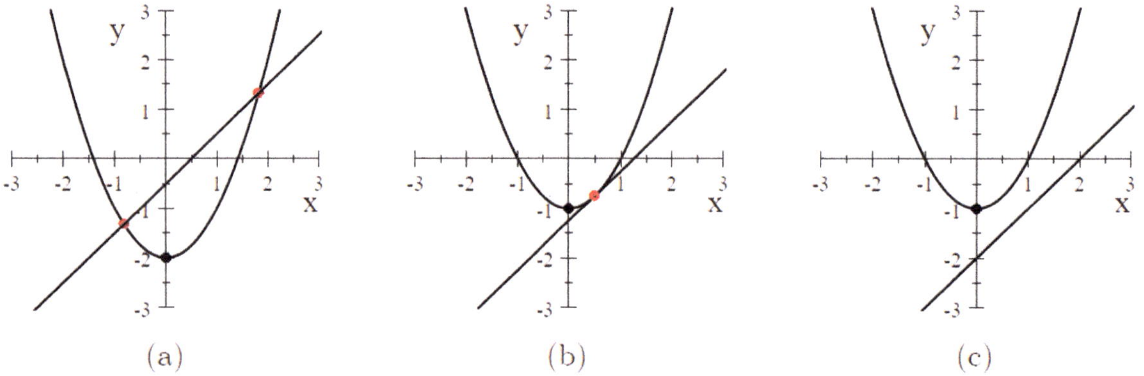

Abb. 8.2 Schnittpunkte einer Geraden mit einer Parabel, **a** zwei Schnittpunkte, **b** ein Schnittpunkt, **c** kein Schnittpunkt

Um die Schnittpunkte P_S zu berechnen, werden beide Funktionsausdrücke gleichgesetzt:

$$m \cdot x + n = a_2 \cdot x^2 + a_1 \cdot x + a_0 \quad \Rightarrow \quad \mathbf{1}x^2 + px + q = 0.$$

Im Gegensatz zum Schnittpunkt zweier Geraden entsteht bei dieser Aufgabenstellung i. d. R. keine lineare, sondern eine quadratische Gleichung, die zur Normalform umgeformt werden kann. Mithilfe der p-q-Formel werden dann die x_S-Koordinaten der Schnittpunkte ermittelt. Dabei können drei Fälle auftreten (zwei Schnittpunkte, genau ein oder kein Schnittpunkt, s. Abb. 8.2), die sich unmittelbar aus den drei Lösbarkeitsfällen der p-q-Formel ergeben.

Anschließend sind die jeweiligen x_S-Koordinaten in eine der beiden Funktionsgleichungen einzusetzen, um die zugeordneten y_S-Koordinaten zu berechnen. Unabhängig von der Wahl des Funktionsausdrucks müssen sich jeweils die gleichen Werte ergeben, womit auch eine Probe möglich ist.

Schnittpunkt von Parabeln

Zwei Parabeln können ebenfalls zwei, einen oder keinen gemeinsamen Punkt besitzen (s. Abb. 8.3). Auch der Schnittpunkt zweier Parabeln wird ermittelt, indem beide Parabelgleichungen gleichgesetzt werden.

Die Gleichung wird anschließend nach null umgestellt, sodass entweder eine lineare (wenn die quadratischen Terme sich aufheben) oder eine quadratische Gleichung entsteht. Um diese zu lösen, kann wieder die p-q-Formel genutzt werden, wobei die bereits diskutierten drei Fälle möglich sind. Zum Schluss werden erneut die jeweiligen x_S-Koordinaten, falls sie existieren, in eine der beiden Funktionsgleichungen eingesetzt, um die entsprechenden y_S-Koordinaten zu berechnen.

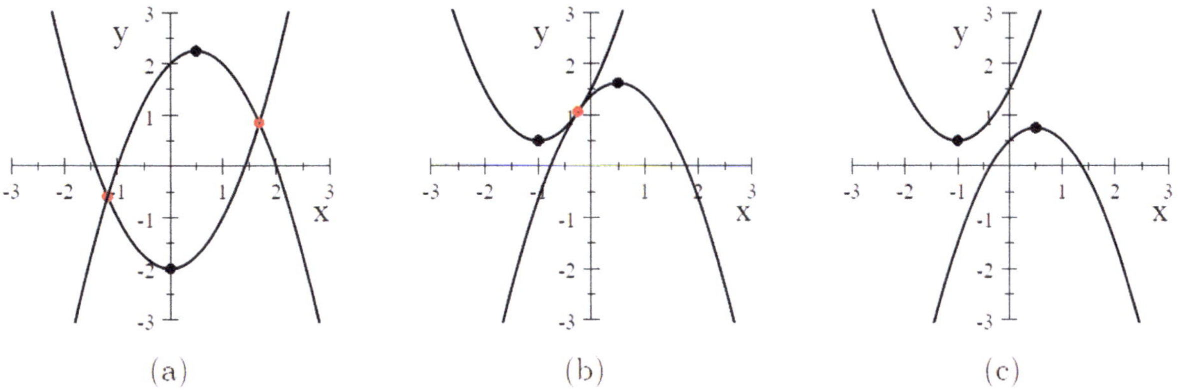

Abb. 8.3 Schnittpunkte von Parabeln, **a** zwei Schnittpunkte, **b** ein Schnittpunkt, **c** kein Schnittpunkt

Quadratische Ungleichungen

Quadratische Ungleichungen enthalten grundsätzlich neben linearen auch quadratische Ausdrücke der unbekannten Variablen, wie beispielsweise

$$x^2 - 5x \leq 2x^2 + 3x - 2.$$

Erneut wird für derartige Ungleichungen die Menge der x-Werte gesucht, für welche die Ungleichung erfüllt ist. Dazu sollte die gegebene Ungleichung vereinfacht und in eine der folgenden Arten äquivalent umgeschrieben werden:

$$(1) \quad a_2 \cdot x^2 + a_1 \cdot x + a_0 \geq 0 \quad \text{bzw.} \quad a_2 \cdot x^2 + a_1 \cdot x + a_0 > 0,$$

$$(2) \quad a_2 \cdot x^2 + a_1 \cdot x + a_0 \leq 0 \quad \text{bzw.} \quad a_2 \cdot x^2 + a_1 \cdot x + a_0 < 0.$$

Diese Ungleichungen können mithilfe einer Parabel $f(x) = a_2 \cdot x^2 + a_1 \cdot x + a_0$ leicht geometrisch interpretiert werden. Man prüft beispielsweise in der ersten Situation, für welche reellen Zahlen x die Parabel über bzw. auf der x-Achse liegt, d. h. nicht negative bzw. positive Funktionswerte besitzt. Daraus ergibt sich die Lösungsmenge. Analog kann in der zweiten Situation unter Beachtung des umgekehrten Ungleichheitszeichens vorgegangen werden.
Oft kann auch mithilfe einer Skizze des Graphen die Entscheidung getroffen werden, welche x-Werte zur Lösungsmenge gehören.

Quadratische Ungleichungen werden i. d. R. schneller gelöst, wenn man zunächst eine Gleichung betrachtet und die Nullstellen einer quadratischen Funktion bestimmt:

$$f(x) = a_2 \cdot x^2 + a_1 \cdot x + a_0 = 0.$$

Die möglichen Fälle sind bekannt (s. Abschn. 8.1). Mit den vorhandenen Nullstellen wird die Menge der reellen Zahlen im ersten bzw. zweiten Fall in drei bzw. zwei Teilmengen unterteilt. Aus jeder dieser Teilmengen kann dann ein Testwert gewählt und in die Ausgangsungleichung eingesetzt werden. Entsteht eine wahre Aussage, gehört die entsprechende Teilmenge, aus der der Testwert gewählt wurde, zur Lösungsmenge, anderenfalls nicht. Falls im dritten Fall keine Nullstelle vorhanden ist und damit auch keine Unterteilung in Teilmengen auftritt, wird ein beliebiger Testwert benutzt und eingesetzt.
Zum Schluss müssen noch bei schwachen Ungleichungen die Nullstellen zur Lösungsmenge hinzugefügt werden.

8.2 Beispiele

8.2.1 Beispiel

Skizzieren Sie folgende Funktionen. Gehen Sie dabei schrittweise vor, indem Sie zunächst mit der Normalparabel beginnen und diese anschließend verschieben und strecken bzw. stauchen. Eine Wertetabelle soll nicht verwendet werden.

a) $y = 0{,}5(x - 1)^2 - 2$,
b) $y = |0{,}5x^2 - 2|$.

Lösungsweg:

a) Skizzieren Sie zuerst die Normalparabel $y = x^2$. Verschieben Sie diese um eine Einheit nach rechts. Anhand des Parameters 0,5 ist ersichtlich, dass die Parabel in y-Richtung gestaucht werden muss. Anschließend wird der Graph um zwei Einheiten nach unten verschoben (Abb. 8.4).

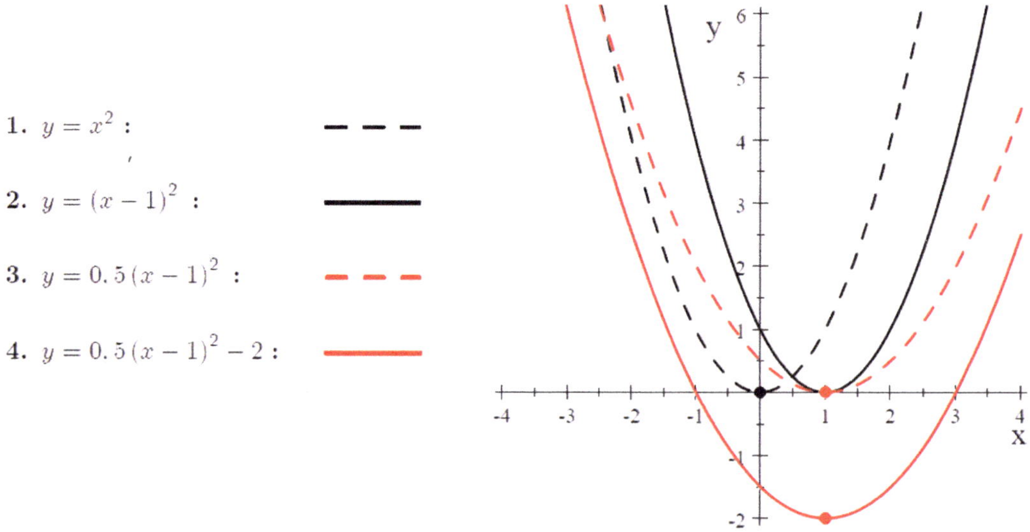

Abb. 8.4 Algorithmus zur Skizze des Graphen von $y = 0{,}5(x - 1)^2 - 2$

Hinweis: Die Plausibilität der Skizze kann geprüft werden, indem die Veränderung der Lage ausgewählter Punkte der Normalparabel nachvollzogen wird, beispielsweise durch Beachtung der Position des Scheitelpunktes.

b) Zeichnen Sie zuerst die Funktion $y = 0{,}5x^2 - 2$, indem Sie die Normalparabel in y-Richtung auf die Hälfte stauchen und um zwei Einheiten nach unten verschieben.

Die Bestimmung des Betrags von $0{,}5x^2 - 2$ bedeutet geometrisch, dass der Teil der Parabel $y = 0{,}5x^2 - 2$, der unterhalb der x-Achse liegt, an dieser gespiegelt wird (Abb. 8.5), denn der Betrag ist definiert durch

$$\left|0{,}5x^2 - 2\right| = \begin{cases} 0{,}5x^2 - 2 & \text{für} \quad 0{,}5x^2 - 2 \geq 0, \\ -\left(0{,}5x^2 - 2\right) & \text{für} \quad 0{,}5x^2 - 2 < 0. \end{cases}$$

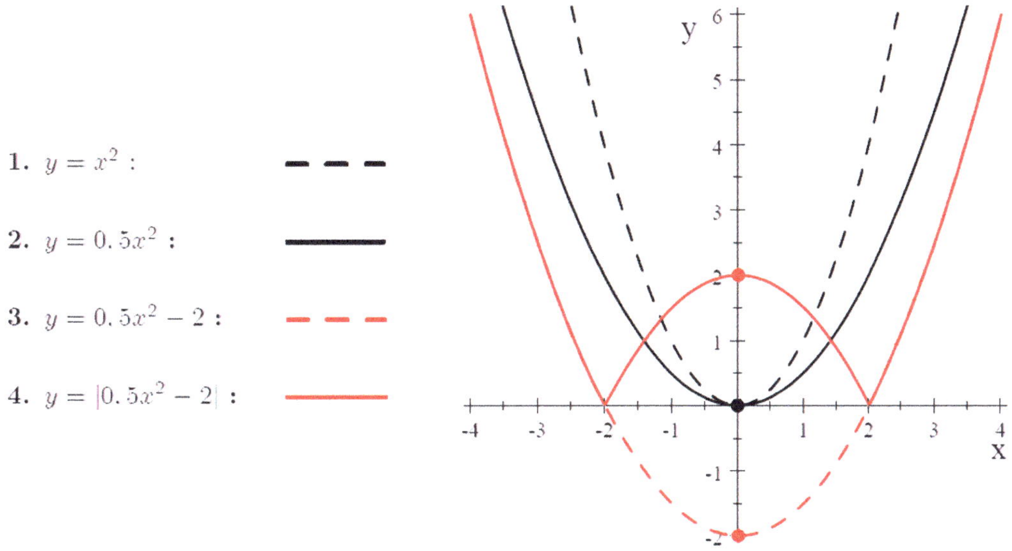

Abb. 8.5 Algorithmus zur Skizze des Graphen von $y = |0{,}5x^2 - 2|$

8.2.2 Beispiel

Formen Sie folgende Funktionsvorschrift durch eine quadratische Ergänzung in die Scheitelpunktform um und skizzieren Sie damit die Funktion:

$$y = 2x^2 + 12x + 24.$$

Lösungsweg:

Zuerst klammert man 2 aus, damit in der Klammer die Normalform entsteht:

$$y = 2(x^2 + 6x + 12).$$

Die ersten zwei Terme in der Klammer sollen Summanden einer binomischen Formel sein. Offenbar wäre dabei $b = 3$:

$$(x + b)^2 = x^2 + 2xb + b^2 \quad \Rightarrow \quad (x + 3)^2 = x^2 + 6x + 3^2.$$

Der dritte Summand $3^2 = 9$ wird als „quadratische Ergänzung" bezeichnet.

Entweder wird nun das Absolutglied geeignet aufgeteilt, oder man addiert und subtrahiert diesen Wert 3^2 in der Klammer; dieser Trick wird als „additive Null“ bezeichnet und oft verwendet. Damit kann die Funktionsvorschrift umgeformt werden:

$$y = 2\left(x^2 + 2\cdot 3\cdot x + \underbrace{3^2+3}_{=12}\right) = 2\left(x^2 + 2\cdot 3\cdot x + 3^2 + 12 + \underbrace{3^2 - 3^2}_{=0}\right),$$

$$y = 2\left(x^2 + 6x + 9 + 3\right).$$

Mithilfe der binomische Formel, ergibt sich nach Multiplikation mit dem Faktor 2 die Scheitelpunktform:

$$y = 2\left((x+3)^2 + 3\right) = 2(x+3)^2 + 6.$$

Es handelt sich um eine Parabel, die aus der Normalparabel entsteht, indem diese um drei Einheiten nach links in x-Richtung verschoben, in y-Richtung auf das Zweifache gestreckt und um sechs Einheiten in y-Richtung nach oben verschoben wird (s. Abb. 8.6). Zum besseren Verständnis kann man sich überlegen, wie sich der Scheitelpunkt schrittweise verlagert.

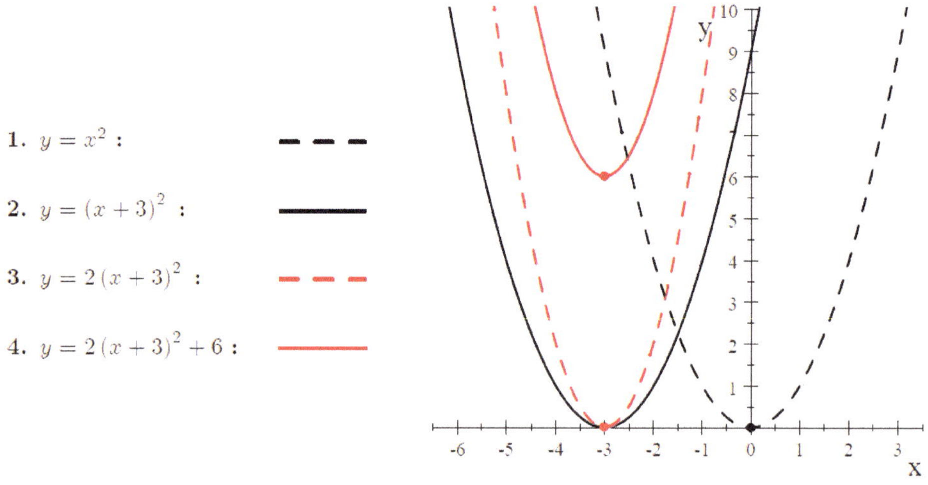

Abb. 8.6 Algorithmus zur Skizze des Graphen von $y = 2(x+3)^2 + 6$

8.2.3 Beispiel

a) Prüfen Sie mithilfe der p-q-Formel, ob die Funktion $y = 2x^2 + 12x + 24$ reellwertige Nullstellen besitzt.

b) Berechnen Sie mithilfe der p-q-Formel die Schnittpunkte der Funktion aus a) mit y $= x^2 - 10x + 47$.

Lösungsweg:

a) Setzen Sie die Funktion gleich null:

$$2x^2 + 12x + 24 = 0.$$

Dividieren Sie die Gleichung durch 2, damit die p-q-Formel angewendet werden kann:

$$x^2 + 6x + 12 = 0.$$

$$\begin{aligned} x_{1,2} &= -\frac{6}{2} \pm \sqrt{\left(\frac{6}{2}\right)^2 - 12} \\ &= -3 \pm \sqrt{9 - 12} \\ &= -3 \pm \sqrt{-3}. \end{aligned}$$

Da unter der Wurzel eine negative Zahl steht, hat diese Funktion keine reellen Nullstellen. Diese Situation wird in Abb. 8.6 dargestellt.

b) Setzen Sie zunächst beide Funktionsvorschriften gleich (um die Darstellung zu vereinfachen, wird auf einen Index S verzichtet):

$$2x^2 + 12x + 24 = x^2 - 10x + 47.$$

Als Nächstes sollte die Gleichung in die Normalform umgeschrieben werden:

$$\begin{aligned} 2x^2 - x^2 + 12x + 10x + 24 - 47 &= 0, \\ x^2 + 22x - 23 &= 0. \end{aligned}$$

Lösen Sie die Gleichung nun mithilfe der p-q-Formel:

$$\begin{aligned} x_{1,2} &= -\frac{22}{2} \pm \sqrt{\left(\frac{22}{2}\right)^2 + 23} \\ &= -11 \pm \sqrt{121 + 23} \\ &= -11 \pm 12. \end{aligned}$$

$$x_1 = 1, \qquad x_2 = -23.$$

Um die Schnittpunkte zu berechnen, müssen noch die y-Koordinaten ermittelt werden:

$$\begin{aligned} f(1) &= 2 \cdot 1^2 + 12 \cdot 1 + 24 = 38, \\ f(-23) &= 2 \cdot (-23)^2 + 12 \cdot (-23) + 24 = 806. \end{aligned}$$

Die Parabeln schneiden sich in den Punkten $P_1(1; 38)$ und $P_2(-23; 806)$.

8.2.4 Beispiel

Lösen Sie folgende quadratische Ungleichung durch Einsetzen eines Probewertes, nachdem die Nullstellen berechnet wurden:

$$x^2 - 10x \geq 510 - 23x.$$

Lösungsweg:

Zuerst wird die Ungleichung umgestellt:

$$x^2 - 10x + 23x - 510 \geq 0.$$

$$x^2 + 13x - 510 \geq 0.$$

Nun können die Nullstellen der Funktion $f(x) = x^2 + 13x - 510$ berechnet werden. Mit der p-q-Formel ergibt sich:

$$\begin{aligned} x_{1,2} &= -\frac{13}{2} \pm \sqrt{\left(\frac{13}{2}\right)^2 + 510} \\ &= -6{,}5 \pm \sqrt{42{,}25 + 510} \\ &= -6{,}5 \pm \sqrt{552{,}25} \\ &= -6{,}5 \pm 23{,}5. \\ x_1 = 17, \quad & x_2 = -30. \end{aligned}$$

Es muss überprüft werden, ob die Funktion zwischen den Nullstellen oberhalb oder unterhalb der x-Achse verläuft, um zu identifizieren, wo die Funktionswerte größer null sind. Dafür genügt es, einen Wert zwischen -30 und 17 in die Funktion einzusetzen, beispielsweise $x = 0$:

$$f(0) = 0^2 + 13 \cdot 0 - 510 = -510.$$

Die Funktion verläuft deshalb zwischen den Nullstellen unterhalb der x-Achse. Andererseits ist die Funktion links von $x_2 = -30$ und rechts von $x_1 = 17$ größer oder gleich null.
Bei der Bestimmung der Lösungsmenge ist darauf zu achten, dass die Nullstellen eingeschlossen sind, da die Funktion größer oder gleich null sein soll:

$$\mathsf{L} = (-\infty, -30] \cup [17, +\infty) = \{x \mid x \leq -30 \vee x \geq 17\}.$$

8.2.5 Beispiel

Lösen Sie die folgende Ungleichung mithilfe der p-q-Formel und einer Skizze einer Parabelfunktion:

$$x(x + 7) < 5(x + 1{,}6).$$

Lösungsweg:

Stellen Sie die Ungleichung zuerst um:

$$\begin{aligned} x^2 + 7x &< 5x + 8, \\ x^2 + 7x - 5x - 8 &< 0, \\ x^2 + 2x - 8 &< 0. \end{aligned}$$

Als Nächstes werden die Nullstellen von $y = x^2 + 2x - 8$ ermittelt:

$$\begin{aligned} x_{1,2} &= -\frac{2}{2} \pm \sqrt{\left(\frac{2}{2}\right)^2 + 8} \\ &= -1 \pm \sqrt{9}. \end{aligned}$$

$$x_1 = 2, \qquad x_2 = -4.$$

Um die Lösungsmenge zu finden, kann nun der Graph der Funktion $y = x^2 + 2x - 8$ verwendet werden. Dazu schreibt man diese Funktion mit einer quadratischen Ergänzung in die Scheitelpunktform um:

$$f(x) = x^2 + 2 \cdot 1 \cdot x + 1^2 - 9 = (x+1)^2 - 9.$$

Es handelt sich offenbar um eine nach oben geöffnete Normalparabel, die um eine Einheit nach links und um neun Einheiten nach unten verschoben wird. Zwischen den Nullstellen liegt der Graph unter der x-Achse. Die Nullstellen gehören nicht zur Lösungsmenge, weil eine scharfe Ungleichung gegeben ist; die Lösung lautet

$$\mathsf{L} = \{x \mid x \in (-4{,}2)\}.$$

8.2.6 Beispiel

Lösen Sie folgende quadratische Gleichung:

$$x^2 - \left(1 + \frac{1-2a}{a}\right)x - \frac{1}{a} = 0,\ a > 0.$$

Lösungsweg:

Zuerst sollten Sie den Klammerausdruck als Bruch schreiben und die Normalform der quadratischen Gleichung herstellen:

$$\begin{aligned} x^2 - \left(\frac{a}{a} + \frac{1-2a}{a}\right)x - \frac{1}{a} &= 0. \\ x^2 - \left(\frac{a+1-2a}{a}\right)x - \frac{1}{a} &= 0, \\ x^2 - \left(\frac{1-a}{a}\right)x - \frac{1}{a} &= 0. \end{aligned}$$

Nun kann die p-q-Formel angewendet werden. Der Ausdruck unter der Wurzel wird umgeformt und vereinfacht; danach kann die Wurzel gezogen werden:

$$x_{1,2} = \frac{1-a}{2a} \pm \sqrt{\left(\frac{1-a}{2a}\right)^2 + \frac{1}{a}}.$$

$$\begin{aligned}
x_{1,2} &= \frac{1-a}{2a} \pm \sqrt{\frac{(1-a)^2}{4a^2} + \frac{1}{a}} \\
&= \frac{1-a}{2a} \pm \sqrt{\frac{(1-a)^2}{4a^2} + \frac{4a}{4a^2}} \\
&= \frac{1-a}{2a} \pm \sqrt{\frac{1-2a+a^2+4a}{4a^2}} \\
&= \frac{1-a}{2a} \pm \sqrt{\frac{1+2a+a^2}{4a^2}} \\
&= \frac{1-a}{2a} \pm \sqrt{\frac{(1+a)^2}{4a^2}} \\
&= \frac{1-a}{2a} \pm \frac{1+a}{2a}.
\end{aligned}$$

$$\begin{aligned}
x_1 = \frac{1-a}{2a} + \frac{1+a}{2a} &= \frac{1-a+1+a}{2a} = \frac{2}{2a} = \frac{1}{a}, \\
x_2 = \frac{1-a}{2a} - \frac{1+a}{2a} &= \frac{1-a-1-a}{2a} = -\frac{2a}{2a} = -1.
\end{aligned}$$

Zum Schluss sollten Sie noch eine Probe durchführen, indem Sie die Werte für $x_1 = \frac{1}{a}$ und $x_2 = -1$ in die Ausgangsgleichung einsetzen. Beide Werte ergeben in der entsprechenden Probe wahre Aussagen:

$$\begin{aligned}
\left(\frac{1}{a}\right)^2 - \left(1 + \frac{1-2a}{a}\right) \cdot \frac{1}{a} - \frac{1}{a} &= 0, \\
\frac{1}{a^2} - \left(\frac{1-a}{a}\right) \cdot \frac{1}{a} - \frac{1}{a} &= 0, \\
\frac{1}{a^2} - \frac{1-a}{a^2} - \frac{1}{a} &= 0, \\
\frac{1-1+a-a}{a^2} &= 0, \\
0 &= 0 \quad \Rightarrow \textit{wahre Aussage}.
\end{aligned}$$

$$\begin{aligned}
(-1)^2 - \left(1 + \frac{1-2a}{a}\right) \cdot (-1) - \frac{1}{a} &= 0, \\
1 + \frac{1-a}{a} - \frac{1}{a} &= 0, \\
\frac{a+1-a-1}{a} &= 0, \\
0 &= 0 \quad \Rightarrow \textit{wahre Aussage}.
\end{aligned}$$

Die Lösungsmenge lautet

$$\mathsf{L} = \left\{ \frac{1}{a} \, ; -1 \right\}.$$

8.3 Übungen

8.3.1 Übung

(4/5/7/8 Min.)

Skizzieren Sie die folgenden Parabeln, indem Sie mit der Normalparabel beginnen und den Graphen verschieben, stauchen oder strecken. Eine Wertetabelle soll nicht verwendet werden.

a) $y = -(x-1)^2 + 1$,

b) $y = |-x^2 + 1| - 2$,

c) $y = x^2 + 14x + 52$,

d) $y = 5x^2 - 30x + 2$.

→ *Lösung auf Seite 128*

8.3.2 Übung

(4/2/10 Min.)

Berechnen Sie die Nullstellen folgender quadratischer Funktionen:

a) $f(x) = 5x^2 - 10x + 5$,

b) $f(x) = (x+5) \cdot (x-2)$,

c) $f(x) = ax^2 - (a^2 m - m)\, x - am^2 \quad$ für $a,\, m \in \mathbb{R}^+$.

→ *Lösung auf Seite 131*

8.3.3 Übung

(4/4/8 Min.)

Gegeben sei die Parabel

$$y = 4x^2 + 10x - 3.$$

Berechnen Sie die Schnittmenge mit:

a) der Geraden $\quad y = 5x + 2$,

b) der Parabel $\quad y = x^2 + x + 3$,

c) den Parabeln $\quad y = 3x^2 + (10 - 2a)x - 2 + 2a,\ a \in \mathbb{R}$.

→ *Lösung auf Seite 133*

8.3.4 Übung

(8/10/10 Min.)

Bestimmen Sie die Lösungsmenge folgender quadratischer Ungleichungen:

a) $x^2 + 3x - 2 < -2x^2 - 3x + 7$,

indem Sie die Funktion nach der Berechnung der Nullstellen skizzieren.

b) $x \cdot \frac{x+2}{5} - \frac{x+3}{15} > \frac{x+5}{3}$,

durch Einsetzen eines Probewertes nach Ermittlung der Nullstellen.

c) $(2x + 8)(2x - 8) < 4x$,

durch ein selbstgewähltes Verfahren.

→ *Lösung auf Seite 136*

8.4 Tests

8.4.1 Test

(6 Min.)

Formen Sie die folgende Funktionsgleichung in die Form $y = a(x - b)^2 + c$ um. Bestimmen Sie die Nullstellen und skizzieren Sie den Funktionsverlauf in der Umgebung des Scheitels:

$$y = -x^2 + 6x - 8.$$

[1] $y = -(x + 6)^2 - 8$, keine Nullstellen vorhanden,

[2] $y = -(x - 3)^2 + 1$, $x_1 = 2$, $x_2 = 4$,

[3] $y = -(x + 3)^2 + 1$, $x_1 = -2$, $x_2 = -4$.

→ *Lösung auf Seite 173*

8.4.2 Test

(8 Min.)

Gegeben ist eine Funktion (s. Abb. 8.7), die aus der Normalparabel erzeugt wurde. Welche Zuordnungsvorschrift gehört zum Graphen in Abb. 8.7?

[1] $y = (x - 3)^2 - 2$, [2] $y = |(x - 3)^2 - 3| + 1$, [3] $y = |(x - 3)^2 - 3| - 2$.

→ *Lösung auf Seite 175*

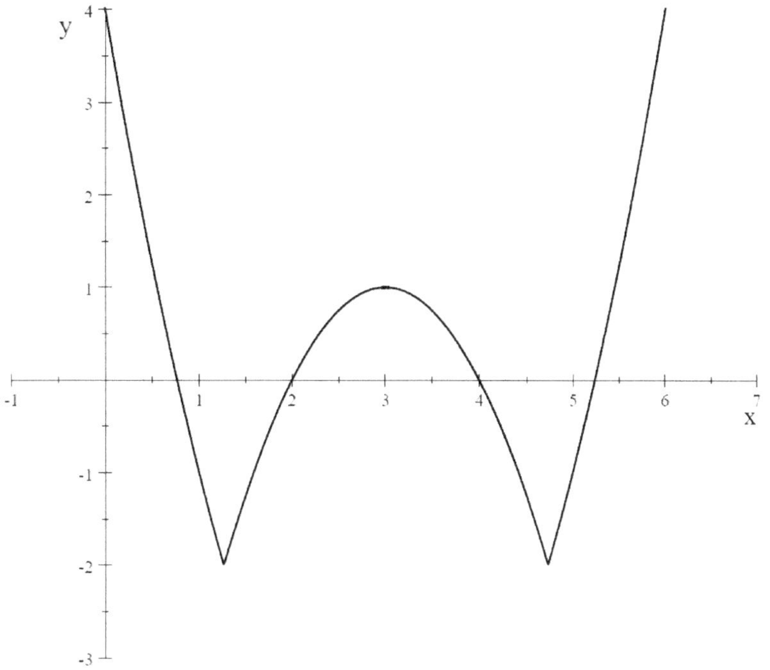

Abb. 8.7 Graph einer gesuchten Funktion

8.4.3 Test

(12 Min.)

Bestimmen Sie die Lösungsmenge der Betragsungleichung

$$-x^2 + 3x + 8 \leq |x - 1| + x.$$

1 $\mathsf{L} = \left(-\infty, \dfrac{3-\sqrt{37}}{2}\right] \cup \left[\dfrac{1+\sqrt{37}}{2}, \infty\right)$,

2 $\mathsf{L} = \left(-\infty, \dfrac{1-\sqrt{37}}{2}\right] \cup \left[\dfrac{1+\sqrt{37}}{2}, \infty\right)$,

3 $\mathsf{L} = \left[\dfrac{3-\sqrt{37}}{2}, \dfrac{1+\sqrt{37}}{2}\right]$.

→ *Lösung auf Seite 176*

8.4.4 Test

(10 Min.)

Welche der angegebenen Terme sind die Lösungen der Gleichung

$$x^2 - \frac{2a \cdot (a^2 + b^2)}{a^2 - b^2} \cdot x + \frac{(a^2 + b^2)^2}{a^2 - b^2} = 0, \quad b > 0, \quad a^2 \neq b^2?$$

1 $x_1 = \frac{(a+b)^2}{a-b}$, $x_2 = a + b$,

2 $x_1 = a + \sqrt{a^2 - a + b}$, $x_2 = a - \sqrt{a^2 - a + b}$,

3 $x_1 = \frac{a^2+b^2}{a-b}$, $x_2 = \frac{a^2+b^2}{a+b}$.

→ *Lösung auf Seite 178*

Links

1. sofatutor.com: Quadratische Ungleichungen. http://elearning-material.htw-berlin.de/KM2/Videos/QuadratischeUngleichungen.ogv. Zugegriffen: 07.07.2017
2. Loviscach J.: Webseite. http://www.j3l7h.de/videos.html. Zugegriffen: 07.07.2017
3. Schneider A.: Portal Mathebibel. http://www.mathebibel.de/. Zugegriffen: 07.07.2017
4. Polster S.: Lexikon Mathematik. http://mathematikalpha.de/. Zugegriffen: 10.10.2017

9 Potenz- und Wurzelfunktionen

9.1 Theorie

Potenzfunktionen

Eine Funktion der Form

$$y = f(x) = x^n, \quad x \in \mathbb{R}, \quad n \in \mathbb{N} = \{1, 2, 3, \ldots\}$$

heißt Potenzfunktion vom Grade n. Der Definitionsbereich ist die Menge der reellen Zahlen. Der Funktionsgraph stellt eine Parabel n-ter Ordnung dar. Die Funktion kann auch als Sonderfall einer Polynomfunktion betrachtet werden.

Hinweis: Der Fall $n = 0$ ist hier nicht enthalten; $y = f(x) = x^0 = 1$, $x \neq 0$ (konstante Funktion), ist keine Parabel. Für $n = 1$ ergibt sich die bereits bekannte lineare Funktion $y = x$.

Eigenschaften der Potenzfunktion:

1. Für **gerade** n ($n = 2k$, $k \in \mathbb{N}$) (vgl. Abb. 9.1a) gilt:
   - Der Wertebereich ist $\mathsf{W}_f = [0,\infty)$.
   - Der Graph liegt achsensymmetrisch zur y-Achse, d. h., die Funktion ist gerade.
   - Die Punkte $P(-1;1)$, $P(1;1)$ und der „Scheitelpunkt“ $S(0;0)$ gehören zum Graphen.
   - Die Funktion ist für $x \in (-\infty,0)$ streng monoton fallend und für $x \in (0,\infty)$ streng monoton wachsend.
   - Die Funktion ist $\forall x \in \mathbb{R}$ nicht umkehrbar.
2. Für **ungerade** n ($n = 2k + 1$, $k \in \mathbb{N}$) (Beispiele s. Abb. 9.1b) gilt:
   - Der Wertebereich ist $\mathsf{W}_f = (-\infty,\infty)$.
   - Der Graph liegt punktsymmetrisch zum Koordinatenursprung, d. h., die Funktion ist ungerade.
   - Die Punkte $P(-1;-1)$, $P(1;1)$ und $P_0(0;0)$ gehören zum Graphen, P_0 ist jedoch kein Scheitelpunkt, stattdessen handelt es sich um einen horizontalen Wendepunkt.
   - Die Funktion ist für $x \in \mathbb{R}$ streng monoton steigend.
   - Die Funktion ist für $x \in \mathbb{R}$ umkehrbar.

J. Siegert, *Mathematik trainieren: Brüche, Funktionen und Co.*,
https://doi.org/10.1007/978-3-662-56348-9_9

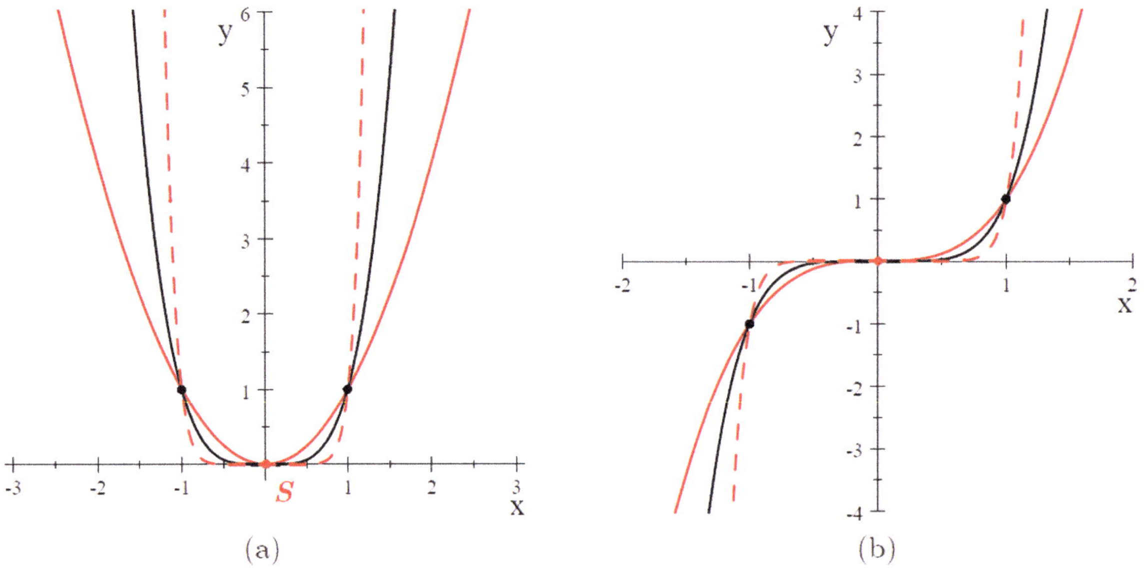

Abb. 9.1 Potenzfunktionen mit positivem Exponenten, **a** gerade, **b** ungerade

Eine Potenzfunktion mit negativem Exponenten der Form

$$y = f(x) = x^{-n} = \frac{1}{x^n}, \quad x \in \mathbb{R} \setminus \{0\}, \quad n \in \mathbb{N},$$

nennt man **Hyperbelfunktion** vom Grade n; der Graph ist eine Hyperbel n-ter Ordnung. Der Definitionsbereich umfasst alle reellen Zahlen außer null.

Eigenschaften der Hyperbelfunktion:

1. Für gerade n ($n = 2k$, $k \in \mathbb{N}$) (s. Abb. 9.2a) gilt:
   - Der Wertebereich ist $\mathsf{W}_f = \mathbb{R}^+$.
   - Der Graph ist achsensymmetrisch zur y-Achse.
   - Der Graph besteht aus zwei Hyperbelästen und schmiegt sich an die positive y-Achse und an die x-Achse jeweils asymptotisch an.
   - $P(-1;1)$ und $P(1;1)$ gehören zum Graphen.
   - Die Funktion ist für $x \in (-\infty,0)$ streng monoton wachsend und für $x \in (0,\infty)$ streng monoton fallend.
   - Im (gesamten) Definitionsbereich ist die Funktion nicht umkehrbar.
2. Für ungerade n ($n = 2k - 1$, $k \in \mathbb{N}$) (Abb. 9.2b) gilt:
   - Der Wertebereich ist $\mathsf{W}_f = \mathbb{R}\setminus\{0\}$.
   - Der Graph liegt punktsymmetrisch zum Koordinatenursprung.
   - Der Graph besteht aus zwei Hyperbelästen, die sich jeweils an die positiven und negativen Achsen anschmiegen.

- $P(-1;-1)$ und $P(1;1)$ gehören zum Graphen.
- Die Funktion ist sowohl für $x \in (-\infty,0)$ als auch für $x \in (0,\infty)$ streng monoton fallend.
- Die Funktion ist umkehrbar.

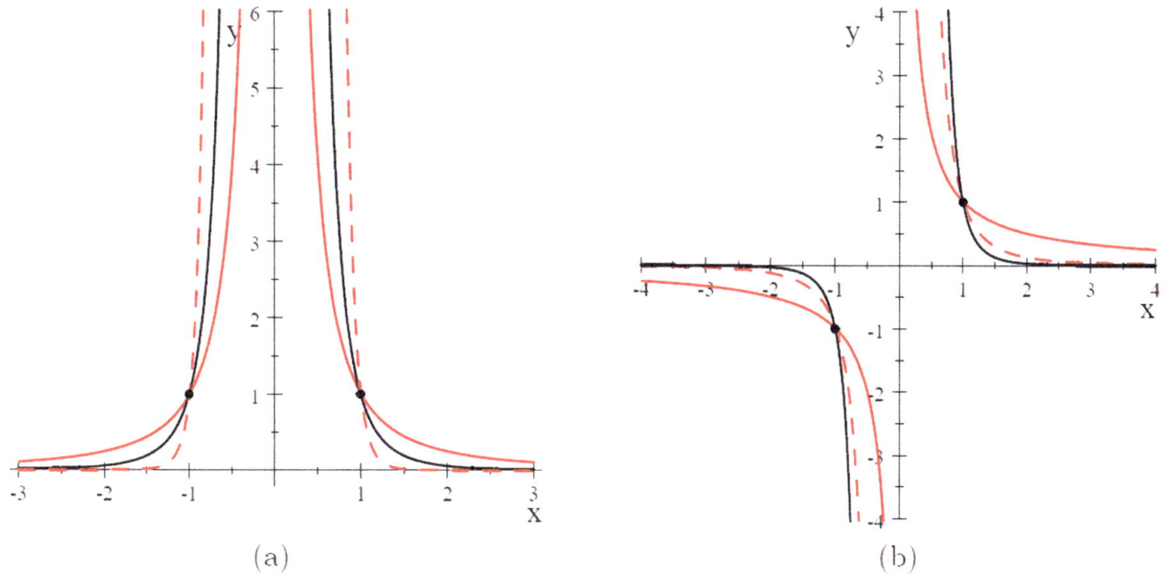

Abb. 9.2 Hyperbelfunktionen, **a** gerade, **b** ungerade

Wurzelfunktionen

Die Umkehrfunktion der Potenzfunktion $y = x^n$ ist die Wurzelfunktion

$$y = f(x) = \sqrt[n]{x} = x^{\frac{1}{n}}, \quad n \in \mathbb{N}.$$

Beim Definitionsbereich muss für $k \in \mathbb{N}$ unterschieden werden:

$$n = 2k: \qquad \mathsf{D}_f = [0,\infty) = \mathbb{R}_0^+,$$
$$n = 2k+1: \quad \mathsf{D}_f = \mathbb{R}.$$

Hinweis: Wie schon aus Abschn. 6.1 bekannt ist, spielt für die Umkehrbarkeit einer Funktion die Monotonie eine wichtige Rolle. Gerade Potenzfunktionen (mit achsensymmetrischen Graphen) sind wegen des Monotoniewechsels nicht umkehrbar. Falls man jedoch bei diesen Potenzfunktionen den Definitionsbereich auf positive (oder negative Werte) einschränkt, kann jeweils eine Umkehrfunktion gebildet werden (s. Abb. 9.3).

Ungerade Potenzfunktionen sind auf dem gesamten Definitionsbereich monoton steigend und damit umkehrbar. Diese Herangehensweise bedeutet, dass man damit ungerade Wurzeln aus negativen reellen Zahlen zulässt. Oft wird aus formalen Gründen jedoch ebenso die Lehrmeinung vertreten, dass für Wurzelfunktionen mit ungeraden Exponenten der Definitionsbereich mit $x \geq 0$ einzuschränken ist; dabei wird zugrunde gelegt, dass aus streng mathematischer Sicht auch Wurzeln mit ungeradem Exponenten aus negativen reellen Zahlen in $\mathbb{R}$ nicht erklärt sind.

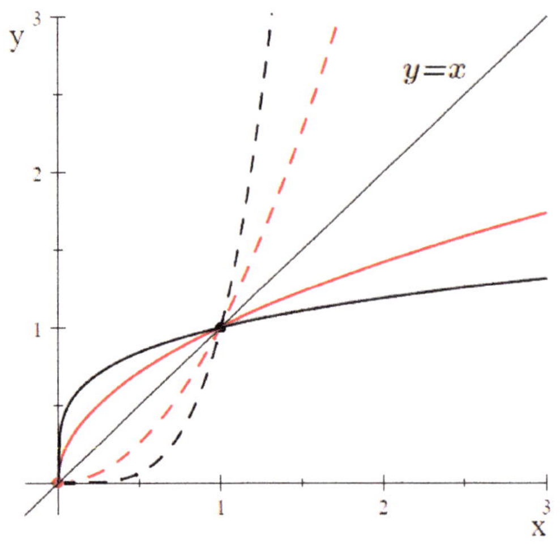

Abb. 9.3 Wurzelfunktionen (durchgezogene Kurve) für gerade n als Umkehrfunktion der Potenzfunktionen (gestrichelt dargestellt)

Wurzelgleichungen

Gleichungen, bei denen in Radikanden von Wurzeltermen eine Variable auftritt, nennt man Wurzelgleichungen. Beim Lösen sucht man die Menge aller Werte der Variablen, für die die Wurzelgleichung erfüllt ist. Der Umgang mit Wurzelgleichungen wird am besten an den nachfolgenden Beispielen deutlich, in denen die Lösung solcher Gleichungen ausführlich erklärt wird.

Erneut muss beachtet werden, dass Wurzelausdrücke mit geraden Exponenten, beispielsweise Quadratwurzeln, im Bereich der reellen Zahlen nur für nichtnegative Radikanden erklärt sind. Deshalb sollte man stets vor der Bestimmung der Lösungsmenge zunächst den entsprechenden Definitionsbereich untersuchen. Es ist möglich, dass der Definitionsbereich nur eine leere Menge bildet und somit keine Lösung berechnet werden muss. Dies gilt beispielsweise für die Gleichung

$$\sqrt{2x-1} = \sqrt{-1-3x}.$$

Damit beide Wurzeln exisieren, müsste

$$\left(x \geq \frac{1}{2}\right) \quad \wedge \quad \left(x \leq -\frac{1}{3}\right)$$

gelten; dies ist ein Widerspruch. Die weitere Berechnung der Lösungsmenge ist daher überflüssig.

Hinweis: Die gefundenen Lösungen müssen bei Wurzelgleichungen immer kontrolliert werden, da das bei der Lösung erforderliche Quadrieren (und Potenzieren mit einem geraden Exponenten allgemein) keine äquivalente Umformung darstellt, d. h., wenn aus der Gleichheit $a = b$ die Gleichheit $a^2 = b^2$ folgt, gilt dies wegen $(-a)^2 = a^2$ nicht in umgekehrter Richtung! Aus diesem Grund können beim Lösen bzw. beim Quadrieren von Wurzelgleichungen „Scheinlösungen" produziert werden.

9.2 Beispiele

9.2.1 Beispiel

Gesucht ist die Umkehrfunktion für die Funktion

$$y = f(x) = x^2 - 1, \quad x \geq 0.$$

Bestimmen Sie den Definitionsbereich der Umkehrfunktion und skizzieren Sie deren Graphen.

Lösungsweg:

Zuerst muss die Funktionsgleichung nach x umgestellt werden:

$$\begin{aligned} y &= x^2 - 1, \\ y + 1 &= x^2, \\ \pm\sqrt{y+1} &= x. \end{aligned}$$

Weil $x \geq 0$ gilt, wird nur $+\sqrt{y+1}$ verwendet. Als Nächstes werden die Variablen vertauscht.

Somit lautet die Umkehrfunktion $y = f^{-1}(x) = \sqrt{x+1}$ (s. Abb. 9.4).

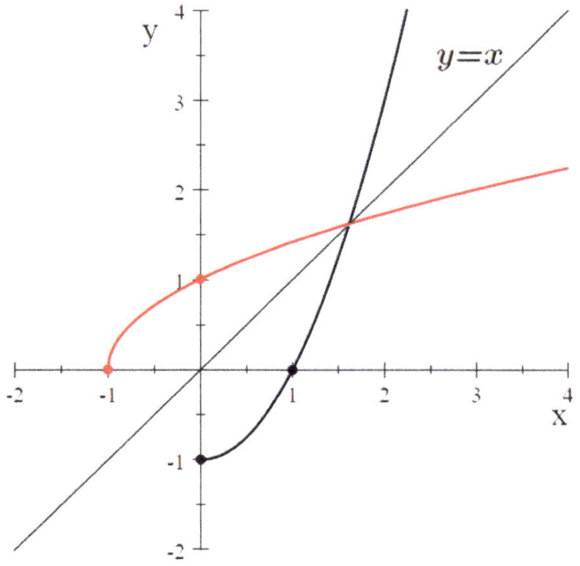

Abb. 9.4 Umkehrfunktion $y = \sqrt{x+1}$, $x \geq -1$ für $y = x^2 - 1$, $x \geq 0$

Zum Schluss wird der Definitionsbereich ermittelt. Für $\sqrt{x+1}$ muss $x + 1 \geq 0$ gelten, weil der Radikand $x + 1$ nicht negativ sein darf (damit der Wert der Wurzel reell bleibt):

$$x + 1 \geq 0 \quad \Rightarrow \quad x \geq -1.$$

Der Definitionsbereich lautet $\mathsf{D} = [-1,\infty)$.

9.2.2 Beispiel

Lösen Sie die Gleichung

$$\sqrt{x+5} - 4 = 1.$$

Lösungsweg:

Zuerst sollte der Definitionsbereich bestimmt werden:

$$x + 5 \geq 0 \quad \Rightarrow \quad x \geq -5.$$

Der Definitionsbereich lautet $\mathsf{D} = [-5,\infty)$.

Als Nächstes wird die Gleichung gelöst. Durch Quadrieren kann die Wurzel beseitigt werden. In diesem Beispiel ist es jedoch nicht sinnvoll, die Gleichung auf beiden Seiten in der ursprünglichen Form zu quadrieren, weil sonst links eine binomische Formel angewendet werden müsste. Deshalb wird die Gleichung zunächst umgeformt:

$$\begin{aligned} \sqrt{x+5} - 4 &= 1, \\ \sqrt{x+5} &= 5. \end{aligned}$$

Nun kann die Gleichung quadriert werden:

$$\left(\sqrt{x+5}\right)^2 = 5^2.$$

Durch Anwendung der Potenzgesetze $((\sqrt{a})^2 = a)$ erhält man

$$\begin{aligned} x + 5 &= 25, \\ x &= 20. \end{aligned}$$

Dieses Ergebnis gehört zum Definitionsbereich der Gleichung. Zuletzt setzt man den gefundenen Wert zur Probe in die Ausgangsgleichung ein:

$$\begin{aligned} \sqrt{20+5} - 4 &= 1, \\ \sqrt{25} - 4 &= 1, \\ 1 &= 1 \quad \Rightarrow \textit{wahre Aussage}. \end{aligned}$$

Die Lösungsmenge lautet somit $\mathsf{L} = \{20\}$.

9.2.3 Beispiel

Gesucht ist die Lösungsmenge der Gleichung

$$\sqrt{7x+8} = 4 + \sqrt{7x-24}.$$

Lösungsweg:

Zunächst wird der Definitionsbereich bestimmt. Dabei muss gelten:

$$(7x+8 \geq 0) \quad \wedge \quad (7x-24 \geq 0)\,,$$
$$\left(x \geq -\frac{8}{7}\right) \quad \wedge \quad \left(x \geq \frac{24}{7}\right).$$

Daraus folgt für den Definitionsbereich als Schnittmenge beider Bedingungen

$$\mathsf{D} = \left[\frac{24}{7}, \infty\right).$$

Als Nächstes wird die Aufgabe gelöst. In diesem Beispiel kann man keine weitere Vereinfachungen vornehmen. Die Terme auf beiden Seiten werden quadriert, wobei auf der rechten Seite eine binomische Formel verwendet wird:

$$\begin{aligned}
\left(\sqrt{7x+8}\right)^2 &= \left(4+\sqrt{7x-24}\right)^2,\\
7x+8 &= 16+8\sqrt{7x-24}+(7x-24),\\
16 &= 8\sqrt{7x-24}.
\end{aligned}$$

Nun wird in der Gleichung noch einmal auf beiden Seiten quadriert, um die Wurzel zu beseitigen:

$$\begin{aligned}
16^2 &= \left(8\sqrt{7x-24}\right)^2,\\
256 &= 64(7x-24),\\
4 &= 7x-24 \quad \Rightarrow \quad x=4.
\end{aligned}$$

Der Wert ist die Lösung, er liegt in der Definitionsmenge und erfüllt die Ausgangsgleichung:

$$\begin{aligned}
\sqrt{7\cdot 4+8} &= 4+\sqrt{7\cdot 4-24},\\
6 &= 6 \quad \Rightarrow \textit{wahre Aussage}.
\end{aligned}$$

9.3 Übungen

9.3.1 Übung

(10 Min.)

Lösen Sie die Gleichung

$$\sqrt{x-1}+\sqrt{x+1}=\sqrt{2x+1}.$$

→ *Lösung auf Seite 139*

9.3.2 Übung

(10 Min.)

Lösen Sie die Gleichung

$$5\sqrt{3x+4}-3\sqrt{2x-5}=4\sqrt{3x-5}.$$

→ *Lösung auf Seite 140*

9.3.3 Übung

(10 Min.)

Lösen Sie die Gleichung

$$\sqrt{x+5a^2} = 4a - \sqrt{x-3a^2}.$$

→ *Lösung auf Seite 141*

9.3.4 Übung

(10 Min.)

Lösen Sie die Gleichung

$$\sqrt{x-4ab} + \sqrt{9x+4ab} = 4\sqrt{x-ab}, \quad ab > 0.$$

→ *Lösung auf Seite 142*

9.4 Tests

9.4.1 Test

(6 Min.)

Welcher x-Wert ist Lösung und wie lautet der Definitionsbereich der folgenden Gleichung?

$$\sqrt[4]{2x-8} + 5 = 7.$$

1 $x = 6$, $\mathsf{D} = [4,\infty)$, **2** $x = 8$, $\mathsf{D} = [4,\infty)$, **3** $x = 12$, $\mathsf{D} = [4,\infty)$.

→ *Lösung auf Seite 180*

9.4.2 Test

(10 Min.)

Bestimmen Sie die x-Werte der Schnittpunkte der Graphen folgender Funktionen:

$$\begin{aligned} y = f_1(x) &= \sqrt{x^2+3} - 1, \\ y = f_2(x) &= \sqrt{x^2+2x-10}. \end{aligned}$$

1 $x = 6$, **2** $x = 7$, **3** $x = \frac{23}{7}$.

→ *Lösung auf Seite 180*

9.4.3 Test

(12 Min.)

Wie lautet die Umkehrfunktion $y = f^{-1}(x)$ der folgenden Funktion?

$$y = f(x) = \sqrt[3]{1-\sqrt{x}}, \quad x \geq 0.$$

1 $y = (x^3 - 1)^2$, **2** $x = \sqrt[3]{1 - \sqrt{y}}$, **3** $y = (x^2 - 1)^3$.

→ *Lösung auf Seite 181*

9.4.4 Test

(12 Min.)

Wie lautet die Lösung der folgenden Gleichung?

$$\frac{1}{\sqrt{x^4 - 18x^2 + 81}} = \frac{x+2}{(x-3)\sqrt{x^2+5x+6}}.$$

1 $x_{1,2} = -\frac{5}{2} \pm \frac{1}{2}\sqrt{5}$,

2 $x_1 = -2, \quad x_2 = -3$,

3 für die Gleichung existiert keine Lösung.

→ *Lösung auf Seite 182*

Links

1. Loviscach J.: http://www.j3l7h.de/videos.html Webseite. Zugegriffen: 07.07.2017
2. Schneider A.: Portal Mathebibel. http://www.mathebibel.de/. Zugegriffen: 07.07.2017
3. Polster S.: Lexikon Mathematik. http://mathematikalpha.de/. Zugegriffen: 10.10.2017

10 Exponential- und Logarithmusfunktionen

10.1 Theorie

Exponentialfunktionen

Eine Funktion der Form

$$y = f(x) = a^x, \quad a \in \mathbb{R}^+ = (0,\infty)$$

heißt Exponentialfunktion zur Basis a.

Sie besitzt folgende grundlegende Eigenschaften:

- Der Definitionsbereich ist $\mathsf{D}(f) = \mathbb{R}$. Als Wertebereich erhält man $\mathsf{W}(f) = \mathbb{R}^+$.
- Für $a > 1$ ist die Funktion streng monoton steigend (Abb. 10.1a), für $0 < a < 1$ streng monoton fallend (s. Abb. 10.1b). Exponentialfunktionen sind deshalb umkehrbar.
- Alle Graphen enthalten die Punkte $P_1(0;1)$ und $P_2(1;a)$; dies folgt aus $a^0 = 1$, $a^1 = a$.
- Die Funktionsgraphen von $y = a^x$ und $y = a^{-x}$ liegen spiegelsymmetrisch zur y-Achse (vgl. Abschn. 6.1).

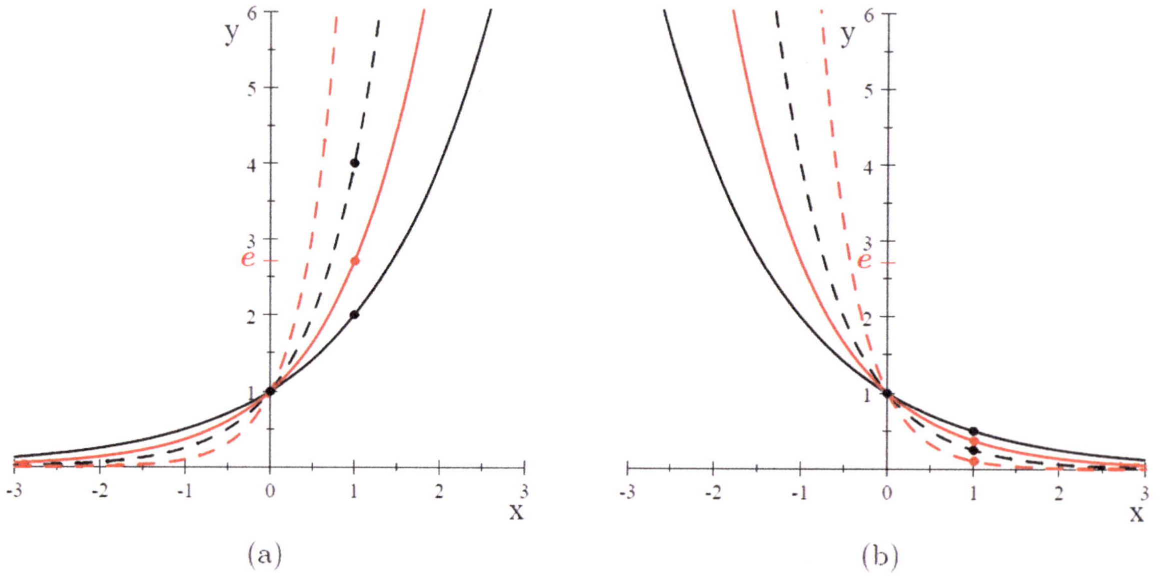

Abb. 10.1 Exponentialfunktionen mit charakteristischen Punkten, **a** $a > 1$, **b** $0 < a < 1$

J. Siegert, *Mathematik trainieren: Brüche, Funktionen und Co.*,
https://doi.org/10.1007/978-3-662-56348-9_10

Bei vielen Anwendungen in Mathematik, Technik und Informatik werden die e-Funktionen mit der (irrationalen) Euler'schen Konstanten $e = 2{,}718281828\ldots$ (bzw. „Euler-Zahl") als Basis verwendet:

$$y = f(x) = e^x \quad \text{oder} \quad y = f(x) = e^{-x}.$$

In Computerprogrammen und in der Literatur wird für die e-Funktionen auch $e^x = \exp(x)$ bzw. $e^{-x} = \exp(-x)$ geschrieben.

Logarithmus und Logarithmusfunktion

Die Schreibweise ***log*** bedeutet folgenden Zusammenhang:

Gegeben ist für positive Werte a und b die Gleichung $a^x = b$. Der Exponent x ist offenbar die Lösung dieser „Exponentialgleichung". Für diesen x-Wert der Gleichung schreibt man symbolisch einen „Logarithmus":

$$a^x = b \quad \Leftrightarrow \quad x = \log_a b, \quad a,\, b \in \mathbb{R}^+,\ x \in \mathbb{R}.$$

Der Logarithmus einer positiven reellen Zahl b zur Basis a ist diejenige Zahl x, mit der man a potenzieren muss, um b zu erhalten. Ein Logarithmus ist nichts anderes als ein Exponent.

Deshalb ist das Logarithmieren neben dem Radizieren eine weitere Umkehrung des Potenzierens, wie die folgenden Beispiele verdeutlichen:

$$\begin{aligned}
2^x &= 8 &\Leftrightarrow\quad x &= \log_2 8 &\Rightarrow\quad x &= 3,\\
3^x &= 27 &\Leftrightarrow\quad x &= \log_3 27 &\Rightarrow\quad x &= 3,\\
4^x &= 64 &\Leftrightarrow\quad x &= \log_4 64 &\Rightarrow\quad x &= 3,\\
5^x &= 125 &\Leftrightarrow\quad x &= \log_5 125 &\Rightarrow\quad x &= 3,\\
6^x &= 216 &\Leftrightarrow\quad x &= \log_6 216 &\Rightarrow\quad x &= 3,\\
7^x &= 343 &\Leftrightarrow\quad x &= \log_7 343 &\Rightarrow\quad x &= 3,\\
8^x &= 512 &\Leftrightarrow\quad x &= \log_8 512 &\Rightarrow\quad x &= 3,\\
9^x &= 729 &\Leftrightarrow\quad x &= \log_9 729 &\Rightarrow\quad x &= 3.
\end{aligned}$$

Hinweis: Offenbar gilt die Gleichung $1^x = 1$ für alle reellwertigen x-Werte. Diese Mehrdeutigkeit wird nicht zugelassen, weshalb grundsätzlich $a \neq 1$ festgelegt wird.

Einige Logarithmen mit speziellen Werten der Basis a treten besonders häufig auf, weshalb dafür kürzere symbolische Schreibweisen eingeführt wurden:

$$\begin{aligned}
a = 10:&\quad \log_{10} b &= \lg b &\quad \text{„dekadischer" Logarithmus},\\
a = e:&\quad \log_e b &= \ln b &\quad \text{„natürlicher" Logarithmus},\\
a = 2:&\quad \log_2 b &= \operatorname{lb} b &\quad \text{„binärer" Logarithmus}.
\end{aligned}$$

Beim Rechnen mit Logarithmen (d. h. mit den Exponenten) werden Logarithmengesetze benötigt, die sich aus den Potenzgesetzen von Abschn. 2.1 ergeben:

$$\log_a(x \cdot y) = \log_a(x) + \log_a(y), \qquad \log_a\left(\frac{x}{y}\right) = \log_a(x) - \log_a(y),$$

$$\log_a(x^y) = y \cdot \log_a(x), \qquad \log_a\left(\sqrt[y]{x}\right) = \frac{1}{y} \cdot \log_a(x),$$

$$\log_a 1 = 0, \qquad \log_a a = 1,$$

$$\log_x b = \frac{\log_a b}{\log_a x} \quad \Leftrightarrow \quad \log_a b = \log_a x \cdot \log_x b.$$

Hinweis: Da die Logarithmengesetze für eine beliebige Basis a, $a \in \mathbb{R}^+ \setminus \{1\}$, gelten, wird diese manchmal in den Gesetzen nicht geschrieben.

Eine Funktion der Form

$$y = f(x) = \log_a x,\ a \in \mathbb{R}^+$$

heißt **Logarithmusfunktion**. Sie ist die Umkehrfunktion für $y = f(x) = a^x$. Der Graph der Logarithmusfunktion entsteht durch Spiegelung des Graphen der Exponentialfunktion an der Winkelhalbierenden im I. und II. Quadranten (Abb. 10.2, vgl. Abb. 6.9c).

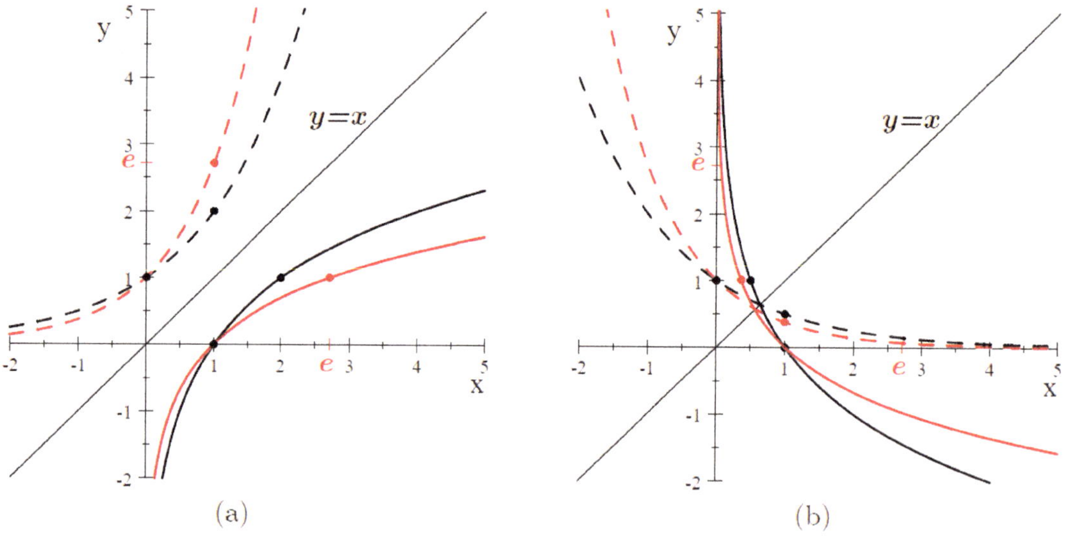

Abb. 10.2 Logarithmusfunktionen (mit durchgezogener Kurve) als Umkehrfunktionen von Exponentialfunktionen (gestrichelt dargestellt), **a** $a > 1$, **b** $0 < a < 1$

Eine Logarithmusfunktion besitzt folgende grundlegende Eigenschaften:

- Der Definitionsbereich ist $\mathbb{R}^+$, der Wertevorrat ergibt sich zu $\mathsf{W}(f) = \mathbb{R}$.
- Alle Graphen der Logarithmusfunktionen haben den gemeinsamen Punkt $P(1;0)$ (Abb. 10.2), da
$$a^0 = 1 \quad \Leftrightarrow \quad \log_a 1 = 0.$$
- Für $a > 1$ ist die Funktion streng monoton steigend und für $0 < a < 1$ streng monoton fallend.

Exponentialgleichungen

Exponentialgleichungen sind Gleichungen, bei denen die Variable ausschließlich im Exponenten auftritt. Solche Gleichungen lassen sich bei gleicher Basis durch Gleichsetzen der Exponenten oder bei unterschiedlicher Basis durch Logarithmieren lösen. Dabei sind die Potenz- bzw. die Logarithmengesetze zu beachten.
Die praktische Lösung dieser Art von Gleichungen wird ausführlich an den nachfolgenden Beispielen erläutert.

Logarithmusgleichungen

Beim Lösen von Logarithmusgleichungen ist zu beachten, dass der Definitionsbereich der Gleichung eingeschränkt sein kann. Deswegen ist es wichtig, zu Beginn den Definitionsbereich zu ermitteln und jede Lösung mit einer abschließenden Proberechnung zu überprüfen.
Allgemein lassen sich logarithmische Gleichungen durch geeignete Umformungen (vor allem durch Anwendung der Logarithmengesetze) lösen. Nachfolgende Beispiele veranschaulichen die grundsätzliche Vorgehensweise.

10.2 Beispiele

10.2.1 Beispiel

Lösen Sie die Gleichung

$$6^{3x+9} = 36^{2x+5}.$$

Lösungsweg:

Zunächst sehen die beiden Basen unterschiedlich aus. Beim genaueren Betrachten fällt auf, dass sich 36 zerlegen lässt:

$$36 = 6 \cdot 6 = 6^2.$$

Umformen ergibt

$$6^{3x+9} = \left(6^2\right)^{2x+5}.$$

Jetzt kann man das Potenzgesetz $(a^n)^m = a^{nm}$ anwenden:

$$6^{3x+9} = 6^{2(2x+5)}.$$

Wenn zwei Potenzen mit gleicher Basis gleich sein sollen, dann müssen auch die Exponenten, d. h. die Logarithmen, übereinstimmen. Unter Beachtung des Logarithmengesetzes $\log_a(b^n) = n \cdot \log_a b$ und $\log_a a = 1$ erhält man

$$\begin{aligned} \log_6 6^{3x+9} &= \log_6 6^{2(2x+5)}, \\ (3x+9) \cdot \log_6 6 &= 2(2x+5) \cdot \log_6 6, \\ 3x+9 &= 2(2x+5). \end{aligned}$$

Diese Vorgehensweise bezeichnet man abgekürzt auch als „Logarithmieren (auf beiden Seiten der Gleichung)“. Nun wird weiter umgeformt und x eliminiert. Die Lösung lautet $x = -1$.

Am Schluss sollten Sie durch Einsetzen in die Ausgangsaufgabe eine Probe durchführen:

$$\begin{aligned} 6^{3\cdot(-1)+9} &= 36^{2\cdot(-1)+5}, \\ 6^6 &= 36^3, \\ 46\,656 &= 46\,656 \quad \Rightarrow \textit{wahre Aussage.} \end{aligned}$$

10.2.2 Beispiel

Lösen Sie die Gleichung

$$5^x - 5^{x-1} = 100.$$

Lösungsweg:

Diese Gleichung kann man nicht mit der gleichen Methode wie in Beispiel 10.2.1 lösen, da hier in der linken Seite eine Differenz von Potenzen auftritt und neben den Potenzen noch ein Term ohne Exponenten vorhanden ist. Daher sollte man als Erstes versuchen, die Gleichung so weit wie möglich zu vereinfachen:

$$5^x - 5^x \cdot 5^{-1} = 100.$$

Ausklammern von 5^x führt zu

$$\begin{aligned} 5^x\left(1-\frac{1}{5}\right) &= 100, \\ 5^x \cdot 0{,}8 &= 100, \\ 5^x &= 125, \\ 5^x &= = 5^3. \end{aligned}$$

Als Nächstes wird die Gleichung zur Basis $a = 5$ logarithmiert; sind zwei Exponentialausdrücke bei gleicher Basis gleich, gilt dies auch für die Exponenten:

$$\begin{aligned} \lg 5^x &= \lg 125, \\ x \cdot \lg 5 &= \lg 5^3, \\ x \cdot \lg 5 &= 3 \cdot \lg 5, \\ x &= 3. \end{aligned}$$

Die Probe durch Einsetzen ergibt:

$$\begin{aligned} 5^3 - 5^{3-1} &= 100, \\ 125 - 25 &= 100, \\ 100 &= 100 \quad \Rightarrow \textit{wahre Aussage.} \end{aligned}$$

Deshalb lautet die Lösungsmenge $\mathsf{L} = \{3\}$.

10.2.3 Beispiel

Lösen Sie folgende Gleichung:

$$\log_x 9 = 1 + \log_x 3.$$

Lösungsweg:

Als Erstes sollten Sie die Gleichung umformen, um sie auf die Form $\log_x b = a$ zu bringen:

$$\log_x 9 - \log_x 3 = 1.$$

Jetzt werden Logarithmengesetze verwendet:

$$\begin{aligned} \log_x \left(\frac{9}{3}\right) &= 1, \\ \log_x 3 &= 1. \end{aligned}$$

Weil der Logarithmus ein Exponent ist, ergibt sich

$$3 = x^1 = x.$$

Nun sollten Sie noch eine Probe durchführen:

$$\begin{aligned} \log_3 9 &= 1 + \log_3 3, \\ \log_3 3^2 &= 1 + \log_3 3, \\ 2 \cdot \log_3 3 &= 1 + \log_3 3, \\ 2 &= 2 \quad \Rightarrow \textit{wahre Aussage}. \end{aligned}$$

10.2.4 Beispiel

Lösen Sie die Gleichung

$$\ln\left(x^2 + 4x + 2\right) - \ln(x + 12) = 0.$$

Lösungsweg:

Bei dieser Aufgabe sollte zuerst der Definitionsbereich untersucht werden. Da jeder der beiden Logarithmen nur für positive Größen erklärt ist, muss gelten:

$$(x^2 + 4x + 2 > 0) \wedge (x + 12 > 0).$$

Die Vorgehensweisen zur Auswertung dieser Bedingungen sind in Kap. 8 und Abschn. 7.1 erläutert worden. Die lineare Funktion $y = g(x) = x+12$ ist positiv für $x > -12$ und die nach oben geöffnete Normalparabel $y = f(x) = x^2 + 4x + 2 = (x + 2)^2 - 2$ besitzt die Nullstellen

$$x_{NS_{1,2}} = -2 \pm \sqrt{2}.$$

Die Definitionsmenge ergibt sich aus der Schnittmenge und lautet

$$\mathsf{D} = (-12, -2 - \sqrt{2}) \cup (-2 + \sqrt{2}, \infty).$$

Um die Gleichung zu lösen, formt man zunächst um:

$$\ln\left(x^2 + 4x + 2\right) = \ln(x + 12).$$

Für beliebige Ausdrücke oder Funktionen $f(x) > 0$ und $g(x) > 0$ gilt

$$\log_a f(x) = \log_a g(x) \quad \Leftrightarrow \quad f(x) = g(x).$$

Deshalb ergibt sich eine quadratische Gleichung:

$$\begin{aligned} x^2 + 4x + 2 &= x + 12. \\ x^2 + 3x - 10 &= 0. \end{aligned}$$

Diese wird durch Anwendung der p-q-Formel gelöst:

$$x_{1,2} = -1{,}5 \pm \sqrt{2{,}25 + 10}.$$

$$x_1 = -5, \qquad x_2 = 2.$$

Beide Werte gehören zur Definitionsmenge. Zuletzt wird noch die Probe durchgeführt:

$x_1 = -5:$	$x_2 = 2:$
$\ln(25 - 20 + 2) - \ln(-5 + 12) = 0,$	$\ln(4 + 8 + 2) - \ln(2 + 12) = 0,$
$\ln 7 - \ln 7 = 0,$	$\ln 14 - \ln 14 = 0.$

Für beide Werte erhält man eine wahre Aussage, die Lösungsmenge lautet demnach

$$\mathsf{L} = \{-5; 2\}.$$

10.3 Übungen

10.3.1 Übung

(6 Min.)

Lösen Sie die Gleichung

$$2^{2x+3} + 3 \cdot 2^{2x} = 22.$$

→ *Lösung auf Seite 142*

10.3.2 Übung

(6 Min.)

Lösen Sie die Gleichung

$$\sqrt{a^{3x-7}} = \sqrt[3]{a^{4x-3}}.$$

→ *Lösung auf Seite 143*

10.3.3 Übung

(10 Min.)

Lösen Sie die Gleichung

$$4^{x+3} - 13 \cdot 4^{x+1} = 2^{3x-1} - 2^{3x-3}.$$

→ *Lösung auf Seite 143*

10.3.4 Übung

(10 Min.)

Lösen Sie die Gleichung

$$32^{\frac{2x+1}{x+2}} = 4^{\frac{6x-1}{4x-1}}, \quad x \neq -2, \quad x \neq 0{,}25.$$

→ *Lösung auf Seite 143*

10.3.5 Übung

(6 Min.)

Lösen Sie die Gleichung

$$\lg(2x+3) = \lg(x+1) + 1.$$

→ *Lösung auf Seite 144*

10.3.6 Übung

(8 Min.)

Lösen Sie die Gleichung

$$\log_x \sqrt{2} + \log_x 4 = \frac{1}{2}.$$

→ *Lösung auf Seite 145*

10.3.7 Übung

(8 Min.)

Bestimmen Sie die Definitionsmenge und alle x-Werte, für die folgende Gleichung erfüllt ist:

$$\frac{1}{2} \lg(2x-1) + \lg \sqrt{x-9} = 1.$$

→ *Lösung auf Seite 145*

10.3.8 Übung

(12 Min.)

Lösen Sie die Gleichung nach x auf:

$$3 \cdot \sqrt{\lg(x)} - \lg(x) = 2.$$

→ *Lösung auf Seite 146*

10.4 Tests

10.4.1 Test

(6 Min.)

Berechnen Sie alle positiven x-Werte, für die folgende Gleichung erfüllt ist:

$$\log_3(\log_2 x) = 5.$$

1 $x = 30,$ **2** $x = \frac{5}{6},$ **3** $x = 2^{243}.$

→ *Lösung auf Seite 183*

10.4.2 Test

(8 Min.)

Bestimmen Sie ohne Anwendung des Taschenrechners den Wert von

$$A = \log_5(125) - 4\log_2\left(\sqrt{2}\right) + \left[\log_3\left(\frac{1}{27}\right)\right] \cdot \left(\log_7 \sqrt[3]{49}\right).$$

1 $A = 1,$ **2** $A = -2,$ **3** $A = -1.$

→ *Lösung auf Seite 184*

10.4.3 Test

(8 Min.)

Welche x-Werte sind die Lösung(en) der folgenden Gleichung:

$$\log_3\left(x^2 - 1\right) = 1 + \log_3(x + 3).$$

1 $x_1 = \frac{1+\sqrt{29}}{2},$ $x_2 = \frac{1-\sqrt{29}}{2},$

2 $x = 9,$

3 $x_1 = 5,$ $x_2 = -2.$

→ *Lösung auf Seite 184*

10.4.4 Test

(10 Min.)

Lösen Sie die folgende Gleichung:

$$\lg(8x) - \lg\left(1 + \sqrt{x}\right) = 2.$$

1 $x_1 \approx 12{,}188,$ $x_2 \approx 13{,}076,$

2 $x_1 \approx 180{,}384,$ $x_2 \approx 0{,}866,$

3 $x \approx 10^{\frac{17}{4}},$

4 $x \approx 180{,}384.$

→ *Lösung auf Seite 186*

Links

1. sofatutor.com: Exponential- und Logarithmusfunktionen. http://elearning-material.htw-berlin.de/KM2/Videos/ExponemtialLogarFunktionen.ogv. Zugegriffen: 07.07.2017
2. sofatutor.com: Exponemtialgleichungen 1. http://elearning-material.htw-berlin.de/KM2/Videos/Exponemtialgleichungen1.ogv. Zugegriffen: 07.07.2017
3. sofatutor.com: Exponemtialgleichungen 2. http://elearning-material.htw-berlin.de/KM2/Videos/Exponemtialgleichungen2.ogv. Zugegriffen: 07.07.2017
4. sofatutor.com: Exponemtialgleichungen 3. http://elearning-material.htw-berlin.de/KM2/Videos/Exponemtialgleichungen3.ogv. Zugegriffen: 07.07.2017
5. sofatutor.com: Exponemtialgleichungen 4. http://elearning-material.htw-berlin.de/KM2/Vidcos/Exponemtialgleichungen4.ogv. Zugegriffen: 07.07.2017
6. sofatutor.com: Logarithmusbegriff. http://elearning-material.htw-berlin.de/KM2/Videos/Logarithmen1.ogv. Zugegriffen: 07.07.2017
7. sofatutor.com: Logarithmengesetze. http://elearning-material.htw-berlin.de/KM2/Videos/LogarithmenRechenregeln.ogv. Zugegriffen: 07.07.2017
8. sofatutor.com: Logarithmen Übung. http://elearning-material.htw-berlin.de/KM2/Videos/Logarithmen2.ogv. Zugegriffen: 07.07.2017
9. sofatutor.com: Logarithmische Gleichungen 1. http://elearning-material.htw-berlin.de/KM2/Videos/LogGleich1.ogv. Zugegriffen: 07.07.2017
10. sofatutor.com: Logarithmische Gleichungen 2. http://elearning-material.htw-berlin.de/KM2/Videos/LogGleich2.ogv. Zugegriffen: 07.07.2017
11. sofatutor.com: Logarithmische Gleichungen 3. http://elearning-material.htw-berlin.de/KM2/Videos/LogGleich3.ogv. Zugegriffen: 07.07.2017
12. Loviscach J.: Webseite. http://www.j3l7h.de/videos.html. Zugegriffen: 07.07.2017
13. Schneider A.: Portal Mathebibel. http://www.mathebibel.de/. Zugegriffen: 07.07.2017
14. Polster S.: Lexikon Mathematik. http://mathematikalpha.de/. Zugegriffen: 10.10.2017

11 Trigonometrische Funktionen

11.1 Theorie

Winkeleinheiten

Jeder Winkel kann durch einen Punkt auf einem Einheitskreis (d. h. ein Kreis mit dem Mittelpunkt $M(0;0)$ im kartesischen Koordinatensystem und dem Radius $r = 1$) dargestellt werden.

Teilt man den Kreis in 360 gleiche Teile, wird jedes einzelne Stück des Vollwinkels als Winkelmaß mit Grad bezeichnet (Notation: $1°$). Dabei dreht man von der positiven x-Achse um diesen Anteil entgegen dem Uhrzeigersinn („in mathematisch positiver Drehrichtung").

Das Bogenmaß ist eine weitere Möglichkeit zur Messung von Winkeln, dabei gilt:

$$360° \mathrel{\widehat{=}} 2\pi.$$

Die Winkeleinheit im Bogenmaß ist „rad" (Radiant), diese wird i. d. R. weggelassen.

Für die Umrechnung sind folgende Beziehungen nutzbar:

$$\begin{aligned} 1° &\mathrel{\widehat{=}} \frac{2\pi}{360} = \frac{\pi}{180}, \\ 1 &\mathrel{\widehat{=}} \frac{360°}{2\pi} = \frac{180°}{\pi}. \end{aligned}$$

Hinweis: Bei Berechnungen mit dem Taschenrechner muss man stets auf die richtige Einstellung achten: DEG steht für Grad (Degree) und RAD für Radiant! Dies darf nicht mit der Einstellung Neugrad verwechselt werden. Auf Neugrad wird in diesem Kurs nicht weiter eingegangen.

Beziehungen am rechtwinkligen Dreieck

In einem rechtwinkligen Dreieck bezeichnet man die dem rechten Winkel gegenüberliegende (längste) Seite als „Hypotenuse" c (s. Abb. 11.1). Die beiden anderen Seiten werden „Katheten" genannt: Für den Winkel α ist a die Gegenkathete und b die Ankathete. Es gilt

$$\alpha + \beta = 90°.$$

Der Winkel β ist der „Komplementwinkel" zum Winkel α.

Der Satz des Pythagoras ist ein besonders wichtiger Zusammenhang:

$$a^2 + b^2 = c^2.$$

J. Siegert, *Mathematik trainieren: Brüche, Funktionen und Co.*,
https://doi.org/10.1007/978-3-662-56348-9_11

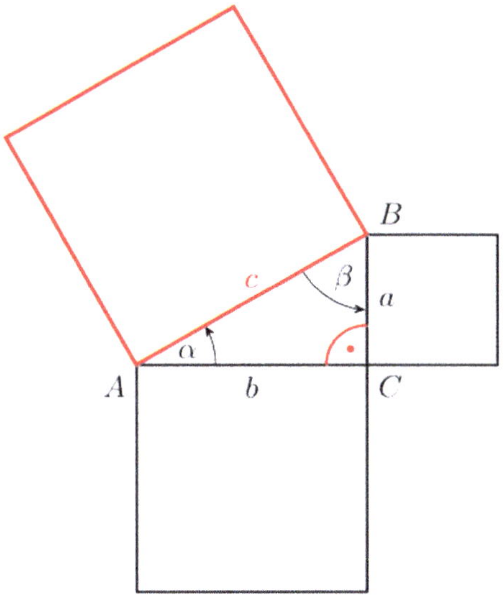

Abb. 11.1 Satz des Pythagoras am rechtwinkligen Dreieck

Das Verhältnis zweier Seiten kann mit Winkelfunktionen in Abhängigkeit eines Winkels dargestellt werden. Beispielsweise gilt für den Winkel α:

$$\begin{aligned}
&\text{Sinus:} && \sin\alpha = \frac{\text{Gegenkathete}}{\text{Hypotenuse}} &&= \frac{a}{c},\\
&\text{Kosinus:} && \cos\alpha = \frac{\text{Ankathete}}{\text{Hypotenuse}} &&= \frac{b}{c},\\
&\text{Tangens:} && \tan\alpha = \frac{\text{Gegenkathete}}{\text{Ankathete}} &&= \frac{a}{b},\\
&\text{Kotangens:} && \cot\alpha = \frac{\text{Ankathete}}{\text{Gegenkathete}} &&= \frac{b}{a}.
\end{aligned}$$

Diese Definitionen lassen sich gut am Einheitskreis veranschaulichen (s. Abb. 11.2).

Offenbar gelten die folgenden „Winkelbeziehungen am Einheitskreis“:

$$\begin{aligned}
\sin(180^\circ - \alpha) &= \sin\alpha,\\
\cos(180^\circ - \alpha) &= -\cos\alpha,\\[1ex]
\sin(180^\circ + \alpha) &= -\sin\alpha,\\
\cos(180^\circ + \alpha) &= -\cos\alpha,\\[1ex]
\sin(360^\circ - \alpha) &= -\sin\alpha,\\
\cos(360^\circ - \alpha) &= \cos\alpha.
\end{aligned}$$

Hinweis: Wenn mit dem Sinus oder einem anderen trigonometrischen Funktionswert einer Summe (oder Differenz) zweier Winkel gearbeitet wird, darf die Klammer nicht vergessen werden, da sich i. d. R. für beliebige Winkel α und β mit und ohne Klammer jeweils andere Werte ergeben:

$$\sin(\alpha \pm \beta) \neq \sin\alpha \pm \beta,$$
$$\cos(\alpha \pm \beta) \neq \cos\alpha \pm \beta.$$

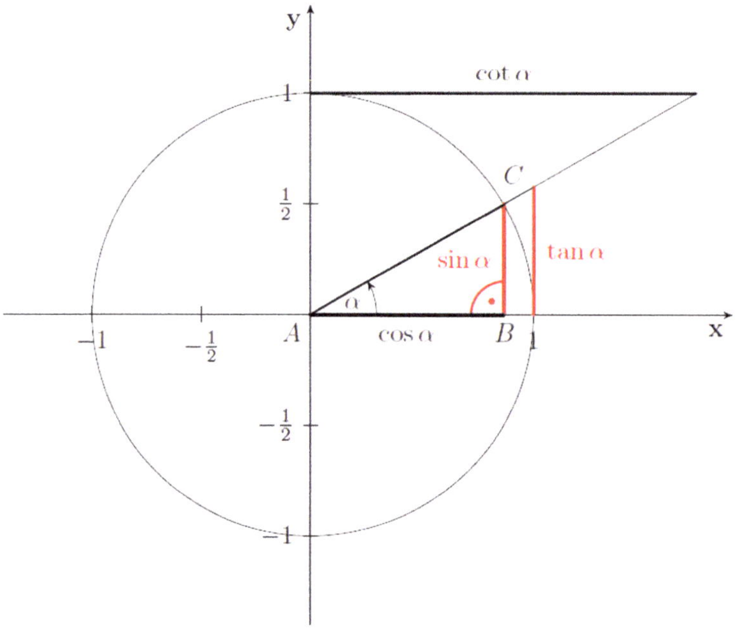

Abb. 11.2 Darstellung der Winkelfunktionen am Einheitskreis (Tantau T.: TeXample.net. http://www.texample. net/tikz/examples/tutorial/. Zugegriffen 11.12.2017)

Verwendet man am Einheitskreis die Winkel $\alpha + k \cdot 360°$, $k \in \mathbb{N}$, gelangt man jeweils zum gleichen Punkt, weil damit eine Drehung von α um ein ganzes Vielfaches des Vollwinkels 360° (oder 2π) in mathematisch positiver Richtung (entgegen dem Uhrzeigersinn) verbunden ist. Gleiches gilt in umgekehrter Drehrichtung. Deshalb sind die Winkelfunktionen alle periodisch (s. Absch. 6.1).

Stellt man den Satz des Pythagoras am Einheitskreis unter Beachtung der Winkelfunktionen auf, so erhält man den „trigonometrischen Pythagoras“ (s. Abb. 11.3)

$$a^2 + b^2 = c^2 \quad \Rightarrow \quad \sin^2\alpha + \cos^2\alpha = 1^2 = 1.$$

Für den Komplementärwinkel β von α zu 90° gilt

$$\beta = 90° - \alpha \quad \Rightarrow \quad \sin\beta = \cos\alpha, \quad \sin\alpha = \cos\beta,$$

weshalb der Satz des Pythagoras am Einheitskreis auch folgendermaßen geschrieben werden kann:

$$\cos^2\alpha + \cos^2\beta = 1.$$

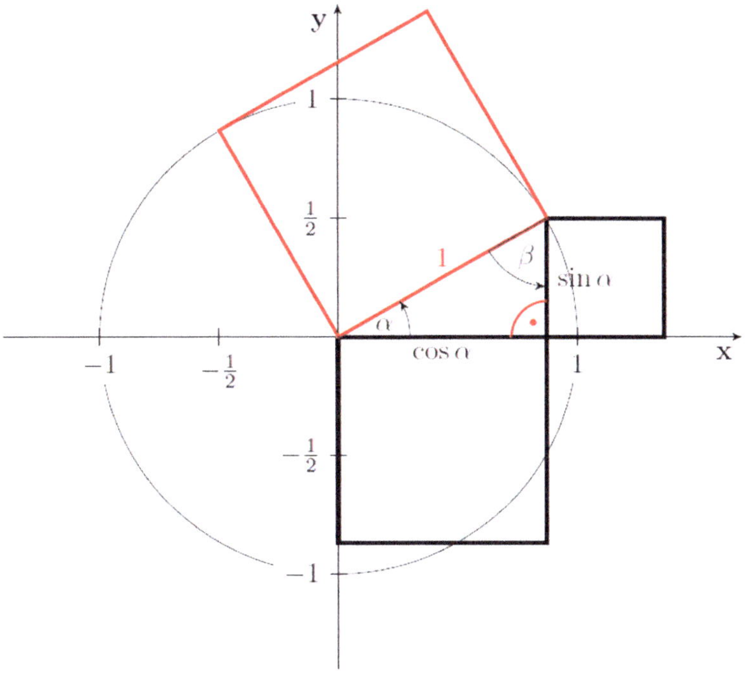

Abb. 11.3 Satz des Pythagoras am Einheitskreis

Eigenschaften der Sinus- und Kosinusfunktion

Die trigonometrischen Funktionen werden oft in Abhängigkeit von x betrachtet. Die Angabe des Arguments erfolgt dabei i. d. R. in Bogenmaß (s. Abb. 11.4). An den Funktionsgraphen lassen sich grundlegende Eigenschaften erkennen:

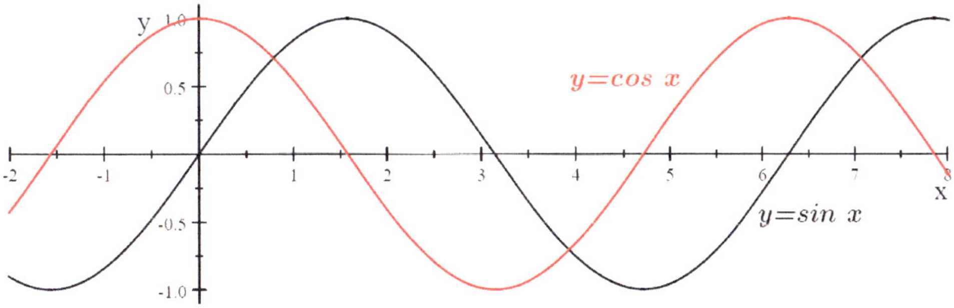

Abb. 11.4 Graphen der Sinus- und Kosinusfunktion

- Beide Funktionen besitzen als Definitionsbereich $\mathbb{R}$ und als Wertebereich das Intervall $[-1,1]$.
- Beide Funktionen sind periodisch, die kleinste Periode beträgt 2π:

$$\sin x = \sin(x + 2\pi), \qquad \cos x = \cos(x + 2\pi).$$

- Die Graphen bestehen aus Monotonieintervallen.
- Die Sinusfunktion ist ungerade, ihr Graph ist punktsymmetrisch:

$$\sin(-x) = -\sin x.$$

- Die Kosinusfunktion ist gerade, ihr Graph ist symmetrisch zur y-Achse:

$$\cos(-x) = \cos x.$$

- Sinus- und Kosinusfunktion sind wie folgt miteinander verknüpft:

$$\begin{aligned} \sin x &= \cos\left(x - \frac{\pi}{2}\right), \\ \cos x &= \sin\left(x + \frac{\pi}{2}\right). \end{aligned}$$

Darüber hinaus sollten Sie folgende grundlegenden Eigenschaften kennen und ohne Verwendung einer Formelsammlung stets parat haben:

- Die Funktionswerte von $\sin x$ und $\cos x$ für ausgewählte Winkel $\alpha \in \left[0; \frac{\pi}{2}\right]$, die in der folgenden Tab. 11.1 enthalten sind.

Tab. 11.1 Werte von sin und cos für ausgewählte Winkel

Bogenmaß	0	$\frac{\pi}{6}$	$\frac{\pi}{4}$	$\frac{\pi}{3}$	$\frac{\pi}{2}$
Winkel	$0°$	$30°$	$45°$	$60°$	$90°$
$\sin x$	0	$\frac{1}{2}$	$\frac{\sqrt{2}}{2}$	$\frac{\sqrt{3}}{2}$	1
$\cos x$	1	$\frac{\sqrt{3}}{2}$	$\frac{\sqrt{2}}{2}$	$\frac{1}{2}$	0

Hinweis: Es ist von Vorteil, diese Funktionswerte auswendig zu lernen und dann mithilfe der Winkelbeziehungen auf die anderen Bereiche des Einheitskreises zu übertragen (s. Abb. 11.5). Oft kürzen sich die Wurzelwerte bei einer Rechnung heraus, während die Benutzung des Taschenrechners zu Ungenauigkeiten durch Rundungsfehler führen kann.

- Die „Formeln für den doppelten Winkel“:

$$\begin{aligned} \sin(2x) &= 2\sin x \cdot \cos x, \\ \cos(2x) &= \cos^2 x - \sin^2 x. \end{aligned}$$

Hinweis: Beachten Sie die Klammer um das Argument; obwohl diese oft nicht geschrieben wird, muss damit gerechnet werden:

$$\sin(2x) \neq \sin 2 \cdot x = x \cdot \sin 2,$$
$$\cos(2x) \neq \cos 2 \cdot x = x \cdot \sin 2.$$

- „Additionstheoreme“ als Verallgemeinerung der Formeln für den doppelten Winkel:

$$\sin(x \pm y) = \sin x \cdot \cos y \pm \sin y \cdot \cos x,$$
$$\cos(x \pm y) = \cos x \cdot \cos y \mp \sin x \cdot \sin y.$$

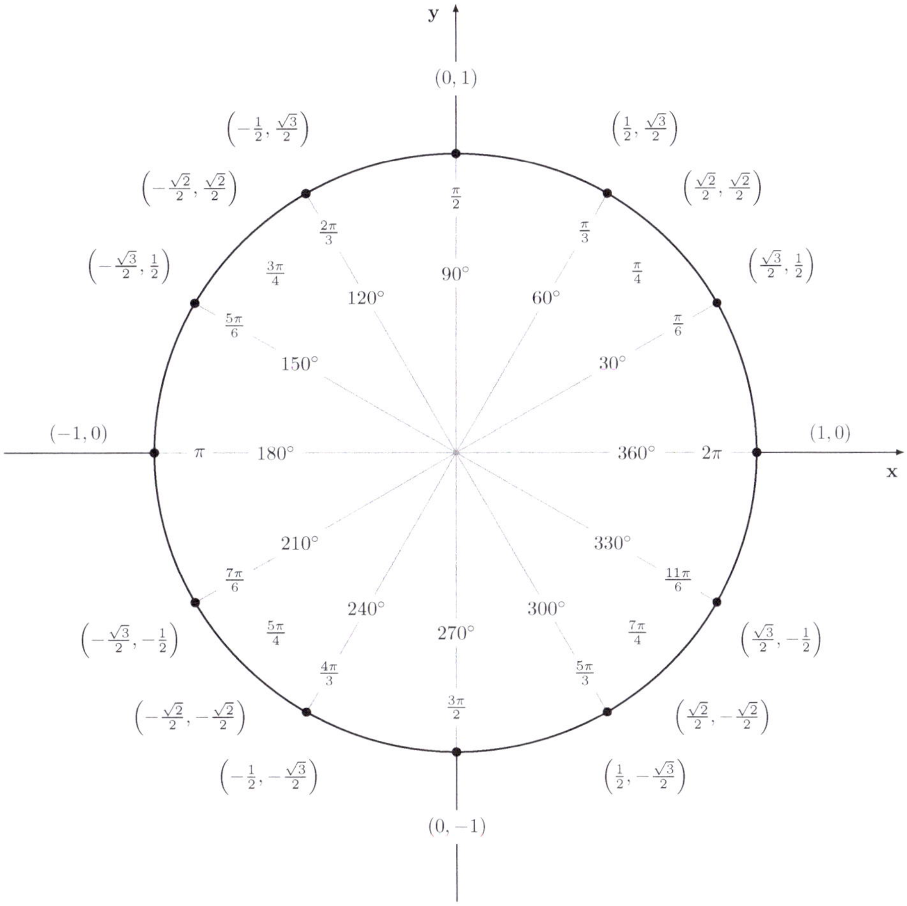

Abb. 11.5 Sinus- und Kosinuswerte am Einheitskreis (Aryal S.: TeXample.net. http://www.texample.net/tikz/examples/author/supreme-aryal/. Zugegriffen 11.12.2017)

Umkehrfunktionen für die Sinus- und Kosinusfunktion

Die trigonometrischen Funktionen sind nicht im gesamten Definitionsbereich streng monoton. Für jedes Intervall mit strenger Monotonie kann man jeweils eine entsprechende Umkehrfunktion erklären, die man Arcusfunktionen nennt.

Betrachtet man beispielsweise den Verlauf des Graphen der Sinusfunktion, bietet sich das „Grundintervall“ $\left[-\frac{\pi}{2},\frac{\pi}{2}\right]$ für $g(x) = f^{-1}(x)$ an, weil die Sinusfunktion in diesem Intervall streng monoton steigt. Man schreibt dafür

$$y = \arcsin x = \sin^{-1} x.$$

Der Definitionsbereich der Umkehrfunktion lautet $[-1,1]$, der Wertebereich ergibt sich durch die Spiegelung an $y = x$ zu $\left[-\frac{\pi}{2},\frac{\pi}{2}\right]$ (s. Abb. 11.6).

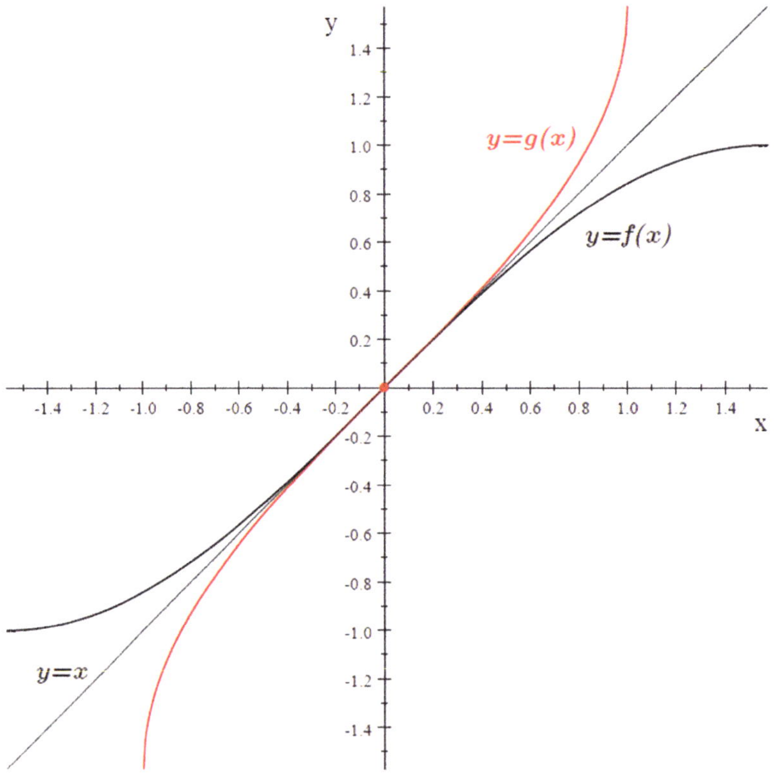

Abb. 11.6 Graph von $g(x) = f^{-1}(x) = \arcsin x$

Für die Kosinusfunktion kann man das Grundintervall $[0,\pi]$ wählen, da die Funktion in diesem Abschnitt streng monoton fällt (s. Abb. 11.7). Die entsprechende Umkehrfunktion wird mit

$$f(x) = \arccos x = \cos^{-1} x$$

bezeichnet. Der Definitionsbereich dieser Funktion ist $[-1,1]$, der Wertebereich ergibt sich zu $[0,\pi]$.

Oft wählt man zur besonderen Kennzeichnung für die Umkehrfunktion im entsprechenden Grundintervall die Schreibweisen $y = Arc\sin x$ bzw. $y = Arc\cos x$.

Hinweis: Die Ausdrücke $\sin^{-1} x = \arcsin x$ und $\cos^{-1} x = \arccos x$ bezeichnen keine Anwendung der Potenzrechnung mit dem Exponenten -1; sie dürfen nicht mit den reziproken Werten verwechselt werden:

$$\sin^{-1} x \neq (\sin x)^{-1} = \frac{1}{\sin x},$$

$$\cos^{-1} x \neq (\cos x)^{-1} = \frac{1}{\cos x}.$$

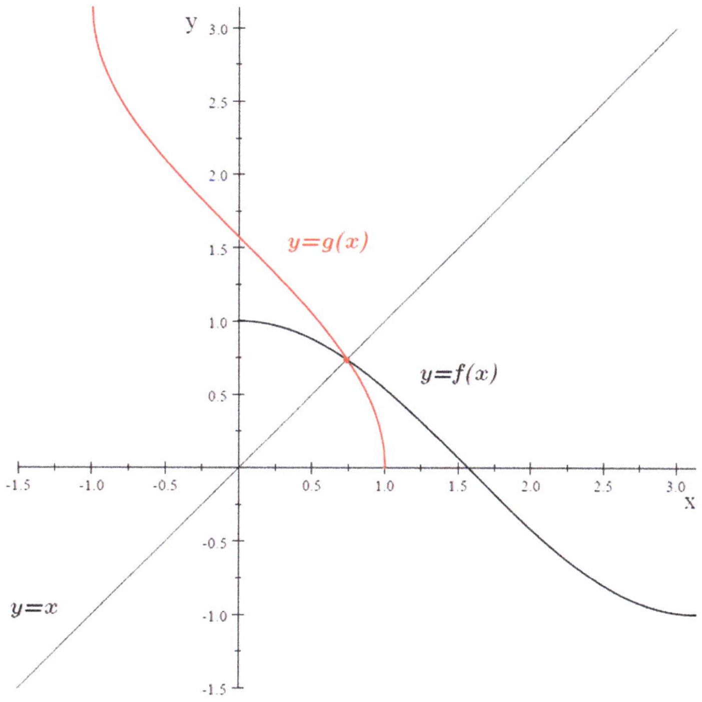

Abb. 11.7 Graph von $g(x) = f^{-1}(x) = \arccos x$

11.2 Beispiele

11.2.1 Beispiel

Gesucht sind alle Lösungen x der Gleichung

$$\sin \frac{x}{3} = \frac{\sqrt{3}}{2}.$$

Lösungsweg:

Für die Lösung derartiger trigonometrischer Gleichungen benötigt man trigonometrische Funktionen und ihre Eigenschaften, besonders die Periodizität ist zu beachten. Falls der Definitionsbereich von x nicht eingeschränkt ist, muss die Lösungsmenge entsprechend periodisch erweitert werden.

Als Erstes ermittelt man die zwei Winkel, deren Sinuswert $\frac{\sqrt{3}}{2}$ beträgt. Das geschieht entweder durch Berechnung oder durch einen Blick auf Abb. 11.5. Man erhält:

$$\alpha = \frac{x_1}{3} = \frac{\pi}{3}, \quad \beta = \frac{x_2}{3} = \frac{2\pi}{3}.$$

Nach Umstellen der Gleichung ist leicht ersichtlich, dass

$$x_1 = \pi, \quad x_2 = 2\pi.$$

Damit sind jedoch nicht alle möglichen x-Werte bestimmt. Wird die Periodizität der Sinusfunktion für die Winkel α und β berücksichtigt, gibt es weitere (unendlich viele) Lösungen:

$$\alpha_k = \frac{x_{1_k}}{3} = \frac{\pi}{3} \pm 2k\pi, \quad \beta_k = \frac{x_{2_k}}{3} = \frac{2\pi}{3} \pm 2k\pi, \quad k \in \mathbb{N}.$$

Die Lösungsmenge umfasst die Werte

$$x_{1_k} = \pi + 6k\pi, \quad x_{2_k} = 2\pi + 6k\pi, \quad k \in \mathbb{N}.$$

Hinweis: Bitte beachten Sie bei der Lösung derartiger Aufgaben stets die Periodizitätseigenschaft. Manchmal wird die Menge der gesuchten Werte jedoch von vornherein eingeschränkt, sodass die Periodizität irrelevant ist.

11.2.2 Beispiel

Gesucht sind alle Lösungen x im Intervall $[0{,}2\pi]$ der Gleichung

$$2\sin x + \sin(2x) = 0.$$

Lösungsweg:

Zunächst sollten Sie die Gleichung vereinfachen. Dazu wird der Ausdruck mit $\sin(2x)$ mithilfe der Formel für den doppelten Winkel (s. Abschn. 11.1) in einen Term mit x umgeschrieben:

$$\sin(2x) = 2\sin x \cdot \cos x \quad \Rightarrow \quad 2\sin x + 2\sin x \cdot \cos x = 0.$$

Nun sollte $2\sin x$ ausgeklammert werden:

$$2\sin x \cdot (1 + \cos x) = 0.$$

Wenn ein Produkt gleich null ist, muss zumindest einer der Faktoren den Wert null annehmen; daraus resultieren zwei Fälle:

$$(2\sin x = 0) \ \wedge \ (1 + \cos x = 0)\,,$$
$$(\sin x = 0) \ \wedge \ (\cos x = -1)\,.$$

Die beiden trigonometrischen Gleichungen werden im vorgegebenen Intervall $[0{,}2\pi]$ gelöst. Die entsprechenden Funktionswerte sollten Sie kennen (vgl.Abb. 11.5):

$$\sin 0 = 0, \quad \sin(2\pi) = 0, \quad \cos\pi = -1.$$

Man erhält $x_1 = 0$, $x_2 = \pi$, $x_3 = 2\pi$. Die Probe durch Einsetzen in die Ausgangsaufgabe liefert für alle drei x-Werte eine wahre Aussage.

11.3 Übungen

11.3.1 Übung

(6 Min.)

Bestimmen Sie im Intervall $[0{,}2\pi]$ die Lösungen folgender Gleichung:

$$\tan x + \sin x = 0.$$

→ *Lösung auf Seite 147*

11.3.2 Übung

(8 Min.)

Lösen Sie im Intervall $[0{,}2\pi]$ die Gleichung

$$\cos^2 x - 2\sin x + 2 = 0.$$

→ *Lösung auf Seite 147*

11.3.3 Übung

(8 Min.)

Vereinfachen Sie den Ausdruck $\sin^4 x + \frac{1}{2}\sin^2(2x) + \cos^4 x$.

→ *Lösung auf Seite 148*

11.3.4 Übung

(6 Min.)

Vereinfachen Sie den Term $\sin^4 x - \cos^4 x$.

→ *Lösung auf Seite 148*

11.4 Tests

11.4.1 Test

(6 Min.)

Berechnen Sie den Betrag von $\sin\frac{\pi}{3}$, wenn $\cos\frac{\pi}{3} = 0{,}5$ vorgegeben ist. Das Ergebnis lautet

[1] $\frac{1}{2}$, [2] $\frac{123}{100}$, [3] $\frac{\sqrt{3}}{2}$.

→ *Lösung auf Seite 187*

11.4.2 Test

(10 Min.)

Welche der folgenden Aussagen ist richtig?

a) $30^\circ \;\widehat{=}\; \frac{\pi}{4}$, b) $60^\circ \;\widehat{=}\; \frac{\pi}{3}$, c) $90^\circ \;\widehat{=}\; \frac{\pi}{3}$,

e) $30^\circ \;\widehat{=}\; \frac{\pi}{6}$, h) $150^\circ \;\widehat{=}\; \frac{5\pi}{6}$, i) $45^\circ \;\widehat{=}\; \frac{\pi}{4}$,

j) $60^\circ = \sin\frac{\pi}{6}$, l) $270^\circ \;\widehat{=}\; \frac{3\pi}{2}$, n) $120^\circ \;\widehat{=}\; \frac{2\pi}{3}$,

r) $\sin\pi = \sin(7\pi)$, t) $\frac{\sqrt{3}}{2} = \cos\frac{\pi}{6}$, w) $\sin 405^\circ = \sin\frac{\pi}{4}$.

1 r-a-t-e-n, **2** h-t-w-b-e-r-l-i-n, **3** w-i-n-t-e-r.

→ *Lösung auf Seite 188*

11.4.3 Test

(15 Min.)

Welche der folgenden Aussagen ist richtig?

a) $\frac{1}{\cos^2 x} - 1 = \tan^2 x$, b) $\frac{1}{\sin x \cot x} = (\cos x)^{-1}$,

c) $\sin x + (\cos x \cdot \cot x) = \frac{1}{\sin x}$, d) $\frac{\tan x - \sin x \cdot \cos x}{\tan x} = \sin^2 x$,

e) $\frac{1}{\cos x} - (\sin x \cdot \tan x) = \cos x$.

1 c-d-e, **2** a-b-c-d-e, **3** a-c-e.

→ *Lösung auf Seite 189*

11.4.4 Test

(14 Min.)

Welche der Aussagen ist richtig?

a) $\sin\left(\cos^{-1}\frac{1}{2}\right) = \frac{\sqrt{3}}{2}$, b) $\sin^{-1}\frac{\sqrt{2}}{2} = \frac{\pi}{4}$,

c) $\sin^{-1} 1 + \sin^{-1}(-1) = 0$, d) $\cos^{-1} 1 + \cos^{-1}(-1) = \pi$,

e) wenn $\cos(3x) = \frac{1}{2}$, dann ist $x = 20^\circ \pm k \cdot 120^\circ$, $k = 0, \pm 1, \pm 2, \dots$.

1 Keine der Aussagen trifft zu. 2 Alle Aussagen sind richtig. 3 a-b-d-e.

→ *Lösung auf Seite 189*

Links

1. sofatutor.com: Winkelbeziehungen. http://elearning-material.htw-berlin.de/KM2/Videos/Winkelbeziehungen.ogv. Zugegriffen: 07.07.2017
2. sofatutor.com: Polarkoordinaten. http://elearning-material.htw-berlin.de/KM2/Videos/Polarkoordinaten.ogv. Zugegriffen: 07.07.2017
3. Loviscach J.: Webseite. http://www.j3l7h.de/videos.html. Zugegriffen: 07.07.2017
4. Schneider A.: Portal Mathebibel. http://www.mathebibel.de/. Zugegriffen: 07.07.2017
5. Polster S.: Lexikon Mathematik. http://mathematikalpha.de/. Zugegriffen: 10.10.2017

12 Funktionen in Polarkoordinaten

12.1 Theorie

Polarkoordinaten

Jeder Punkt in der Ebene kann sowohl mit seinen kartesischen Koordinaten als auch mit Polarkoordinaten beschrieben werden. Vor allem für Aufgaben, die sich auf Kreise bzw. Kreisabschnitte beziehen, ist die Anwendung von Polarkoordinaten oftmals vorteilhafter als die Verwendung kartesischer Koordinaten. Viele Kurven können zudem durch Anwendung von Funktionen mit Polarkoordinaten viel einfacher als mit kartesischen Koordinaten beschrieben und analysiert werden.

Bei den Polarkoordinaten wird ein Strahl, der vom Ursprung $O(0;0)$ in Richtung der positiven x-Achse zeigt, als „Polarachse" bezeichnet. Dann ist jeder Punkt P der Ebene ebenso bestimmt, wenn anstelle der kartesischen Koordinaten $(x;y)$ der Abstand des Punktes P vom Koordinatenursprung, d. h. die Länge der Strecke $r = \overline{OP}$ und der Winkel φ zwischen der Polarachse und dem Strahl von O in Richtung P, benutzt werden (Abb. 12.1). Der Winkel wird i. d. R. in mathematisch positiver Richtung (entgegen dem Uhrzeigersinn) abgetragen und entweder in Grad oder in Bogenmaß angegeben, Letzteres wird bei Funktionen bevorzugt.

Um in die Position des Punktes zu gelangen, könnte zunächst zu φ auch ein beliebiges ganzzahliges Vielfaches des Vollkreises addiert werden. Diese Mehrdeutigkeit ist oft unerwünscht, der Winkel wird deshalb mit $\varphi \in [0°,360°) \mathrel{\widehat{=}} [0,2\pi)$ festgelegt. Dieses Intervall wird „Grundbereich" genannt.

Die Werte r und φ sind die Polarkoordinaten des Punktes in der x-y-Ebene. Die Reihenfolge der Angabe der Polarkoordinaten ist mit $(r;\varphi)$ üblich:

$$P(x;y) \quad \Leftrightarrow \quad P(r;\varphi).$$

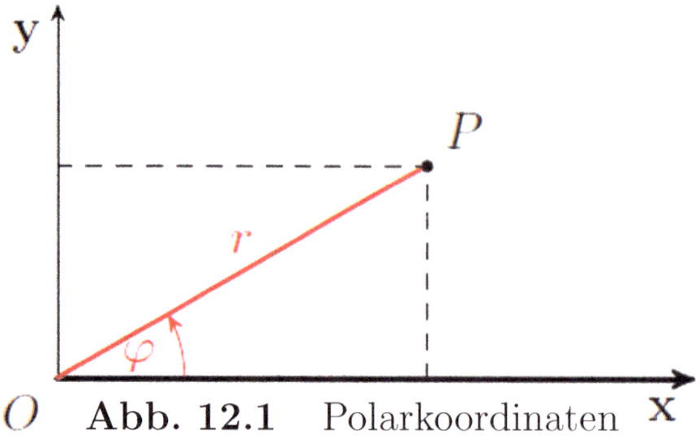

Abb. 12.1 Polarkoordinaten

J. Siegert, *Mathematik trainieren: Brüche, Funktionen und Co.*,
https://doi.org/10.1007/978-3-662-56348-9_12

Zusammenhang zwischen kartesischen und Polarkoordinaten

Polarkoordinaten lassen sich leicht in kartesische Koordinaten umrechnen:

$$x = r \cdot \cos\varphi, \quad y = r \cdot \sin\varphi.$$

Bei gegebenen r und φ sind die kartesischen Koordinaten x und y damit eindeutig definiert. Umgekehrt gilt dies zunächst nicht:

$$r = \sqrt{x^2 + y^2}, \quad \tan\varphi = \frac{y}{x};$$

der Winkel φ ist damit offenbar nicht eindeutig festgelegt. Die Gleichung $\tan\varphi = \frac{y}{x}$ hat wegen der Periodizitätseigenschaft unendlich viele Lösungen. Selbst im Grundbereich $[0{,}2\pi)$ gibt es immer noch zwei Lösungen zur Auswahl. Um sich für den richtigen Winkel entscheiden zu können, berücksichtigt man den Quadranten, in dem der gegebene Punkt liegt, und nutzt die Winkelbeziehungen am Einheitskreis (s. Abschn. 11.1).

Kurvengleichungen

Eine Kurve kann als eine Punktmenge aufgefasst werden. Die Vorschrift zur Bildung einer Kurve wird in Form einer Gleichung mit den Variablen x und y (wenn man ein kartesisches Koordinatensystem verwendet) bzw. mit r und φ (bei der Verwendung der Polarkoordinaten) angegeben.

Ist diese Gleichung nach einer der Variablen aufgelöst, spricht man von einer „expliziten Form der Kurvengleichung", beispielsweise bei der Zuordnungsvorschrift

$$y = f(x) = x^2.$$

Ist die Gleichung nicht nach einer Variablen aufgelöst, spricht man von einer „impliziten Form der Kurvengleichung", beispielsweise bei der Gleichung des Einheitskreises

$$K: \quad x^2 + y^2 - 1 = 0.$$

Viele Kurven, die im x-y-Koordinatensystem keine Funktionsgraphen sind, lassen sich mithilfe von Polarkoordinaten als Funktionen in einem rechtwinkligen r-φ-Koordinatensystem beschreiben und darstellen, wobei stets $r \geq 0$ zu beachten ist: r ist ein Abstand!

Hier im Kurs werden nur einige oft auftretende Arten genannt.

- **Spiralen**:

  $$K_1: \quad r = \varphi, \qquad K_2: \quad r = e^{\varphi}.$$

  Diese Kurven ergeben in einem r-φ-Koordinatensystem die Graphen elementarer (und bekannter) Funktionen in Polarkoordinaten $r = f(\varphi)$; im x-y-Koordinatensystem ist es nicht möglich, die Kurven als Funktionsgraphen mit einer einzigen Zuordnungsvorschrift zu beschreiben. Der Abstand der Punkte beider Kurven vom Koordinatenursprung vergrößert sich mit zunehmenden Winkel φ, weil die Funktionen $r = f(\varphi)$ streng monoton wachsen.

  Die Spirale K_1 für $\varphi \in [0{,}2\pi]$ ist in Abb. 12.2 dargestellt. Diese Kurve wurde bereits von Archimedes entdeckt und nach ihm benannt.

Wählt man den Drehwinkel $\varphi = \frac{7\pi}{4}$, liegt der zugehörige Punkt auf dem entsprechenden Strahl bei

$$r = \frac{7\pi}{4} \approx 5{,}499 \quad \Rightarrow \quad P\left(\frac{7\pi}{8}\sqrt{2}; -\frac{7\pi}{8}\sqrt{2}\right)$$

auf der Winkelhalbierenden im IV. Quadranten.

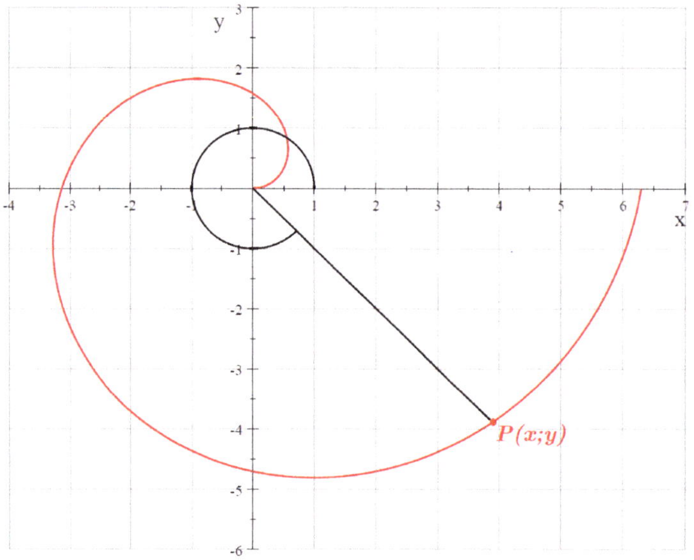

Abb. 12.2 Archimedische Spirale $r = \varphi$

- **Kardioiden (Herzkurven)**: Dies sind Kurven mit einer Gleichung der Form

$$K_3: \quad r = 1 + \cos\varphi.$$

Im r-φ-Koordinatensystem wird damit ein Funktionsgraph der Kosinusfunktion festgelegt, der um eine Einheit in positiver r-Achsenrichtung verschoben ist.

Diese Kurve ist offenbar geschlossen und wird für Winkel außerhalb des Grundbereichs $[0{,}2\pi)$ periodisch durchlaufen: Für $\varphi = 2\pi$ ergibt sich der gleiche Punkt $P(0;2)$ wie für $\varphi = 0$. Würde der Winkel weiter vergrößert werden, entstünden keine neuen Punkte. Gleiches gilt, wenn der Winkel in entgegengesetzter Richtung gedreht würde.

Hinweis: Viele periodische Bewegungsabläufe in der Technik können mit entsprechenden Kurven durch Anwendung trigonometrischer Funktionen mathematisch gut beschrieben werden, beispielsweise Drehbewegungen bei Getrieben im Maschinenbau und in der Fahrzeugtechnik.

Wählt man erneut den Drehwinkel $\varphi = \frac{7\pi}{4}$, liegt der Punkt auf dem entsprechenden Strahl im IV. Quadranten (s. Abb. 12.3) bei

$$r = 1 + \frac{\sqrt{2}}{2} \approx 1{,}707 \quad \Rightarrow \quad P\left(\frac{1+\sqrt{2}}{2}; -\frac{1+\sqrt{2}}{2}\right).$$

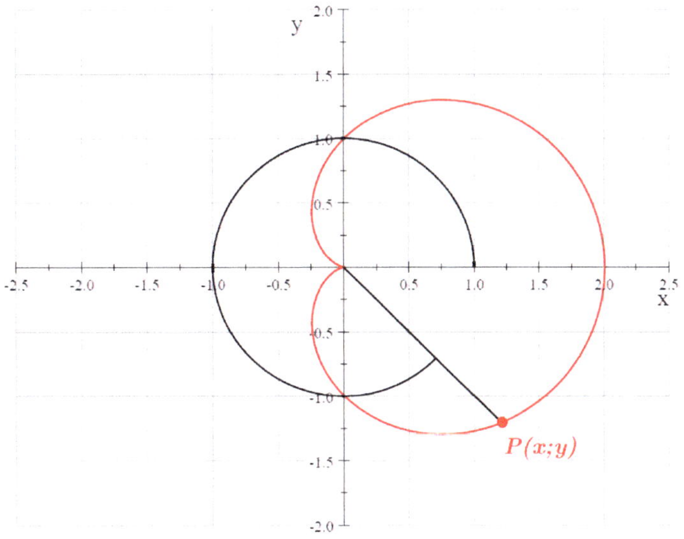

Abb. 12.3 Kardioide

- **Lemniskaten**: Diese Kurven besitzen Gleichungen der Art

$$K_4: \quad r = \cos^2 \varphi.$$

Die Kurve ist offenbar erneut geschlossen und auch periodisch (s. Abb. 12.4).

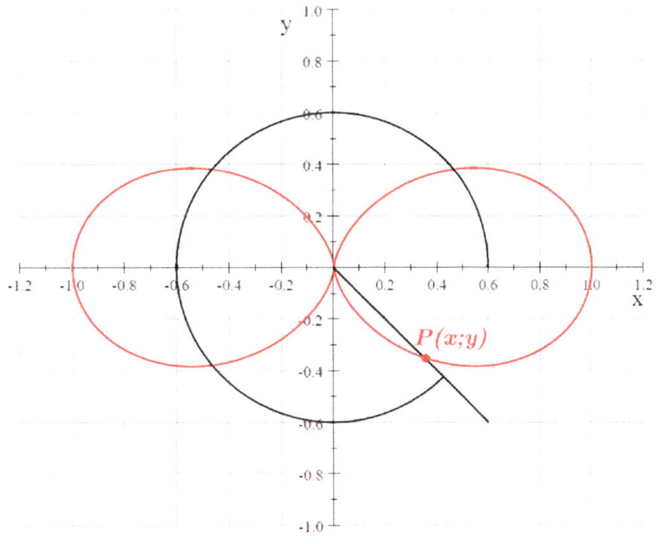

Abb. 12.4 Lemniskate

Für den Drehwinkel $\varphi = \frac{7\pi}{4}$ liegt der zugehörige Punkt auf dem entsprechenden Strahl entlang der Winkelhalbierenden im IV. Quadranten:

$$r = \frac{1}{2} \quad \Rightarrow \quad P\left(\frac{\sqrt{2}}{4}; -\frac{\sqrt{2}}{4}\right).$$

12.2 Beispiele

12.2.1 Beispiel

Wie lauten die kartesischen Koordinaten des Punktes $P(4\sqrt{2}; 225°)$? Überprüfen Sie Ihr Ergebnis an einer Skizze!

Lösungsweg:

Zunächst bemerkt man sofort, dass der Punkt P wegen des gegebenen Winkels im III. Quadranten liegt:

$$\begin{array}{rcl|rcl} x & = & r \cdot \cos\varphi & y & = & r \cdot \sin\varphi \\ & = & 4\sqrt{2} \cdot \cos 225° & & = & 4\sqrt{2} \cdot \sin 225° \\ & = & 4\sqrt{2} \cdot \left(-\frac{\sqrt{2}}{2}\right) & & = & 4\sqrt{2} \cdot \left(-\frac{\sqrt{2}}{2}\right) \\ & = & -4. & & = & -4. \end{array}$$

Der Punkt P hat die kartesischen Koordinaten $P(-4; -4)$ (s. Abb. 12.5a).

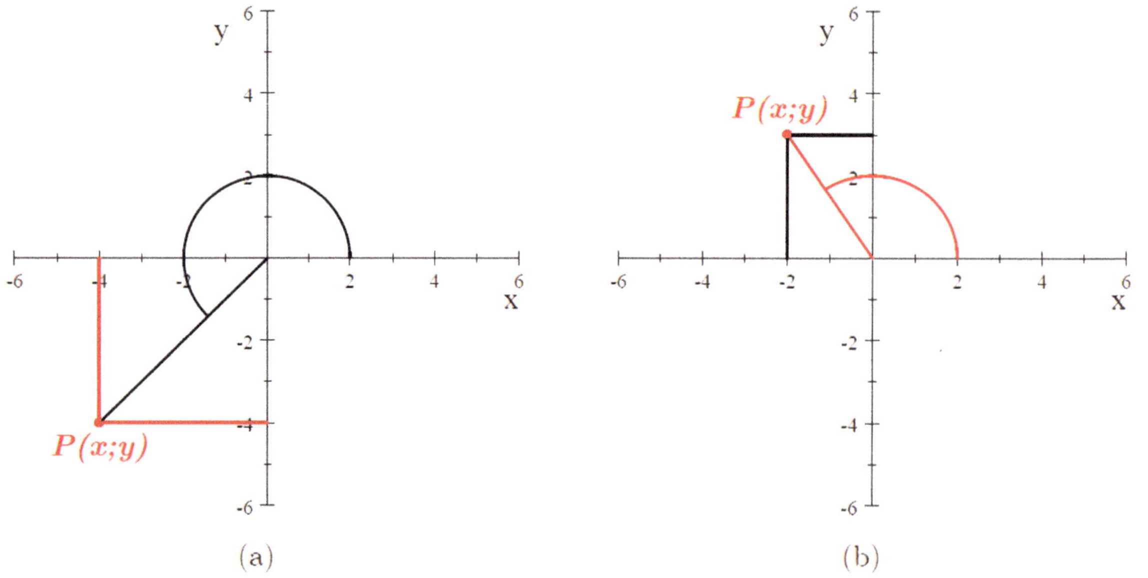

Abb. 12.5 Bestimmung der Lage und der Koordinaten eines Punktes, **a** Polarkoordinaten gegeben, **b** kartesische Koordinaten gegeben

12.2.2 Beispiel

Welche Polarkoordinaten besitzt der Punkt $P(-2; 3)$? Überprüfen Sie Ihr Ergebnis an einer Skizze!

Lösungsweg:

Sie sollten zuerst überlegen, in welchem Quadranten der Punkt liegt. Offenbar gehört er zum II. Quadranten.

$$r = \sqrt{(-2)^2 + 3^2} = \sqrt{13} \approx 3{,}61.$$

$$\tan\varphi = \frac{3}{-2} = -1{,}5.$$

$$\varphi_1 \approx 123{,}69^\circ\,, \qquad \varphi_2 \approx 303{,}69^\circ.$$

Da der gegebene Punkt P im II. Quadranten liegt, entfällt φ_2. Aus φ_1 können die Polarkoordinaten des Punktes berechnet werden; die Lösung lautet $P(3{,}61; 123{,}69^\circ)$ (s. Abb. 12.5b).

12.2.3 Beispiel

Ein Kreis mit dem Radius 5 um den Koordinatenursprung hat in kartesischen Koordinaten folgende Gleichung:

$$K: \quad x^2 + y^2 - 25 = 0.$$

Wie lautet diese Kreisgleichung in Polarkoordinaten?

Lösungsweg:

Mithilfe der Formeln aus Abschn. 12.1

$$x = r \cdot \cos\varphi, \quad y = r \cdot \sin\varphi$$

kann die Kurvengleichung umgeschrieben werden:

$$\begin{aligned}(r\cos\varphi)^2 + (r\sin\varphi)^2 - 25 &= 0,\\ r^2\cos^2\varphi + r^2\sin^2\varphi - 25 &= 0,\\ r^2\left(\cos^2\varphi + sin^2\varphi\right) - 25 &= 0.\end{aligned}$$

Beachtet man $\sin^2\varphi + \cos^2\varphi = 1$, verschwinden die Ausdrücke mit φ:

$$r^2 - 25 = 0.$$

Die Kreisgleichung lautet

$$K: \quad r = r(\varphi) = 5.$$

12.2.4 Beispiel

Wie lautet die Gleichung der folgenden Kurve in kartesischen Koordinaten?

$$K: \quad r = 2\sin\varphi.$$

Lösungsweg:

Zunächst substituiert man für r, φ die Ausdrücke mit x, y (vgl. Abschn. 12.1):

$$r = \sqrt{x^2 + y^2} \quad \Rightarrow \quad \sqrt{x^2 + y^2} = 2 \sin \varphi,$$

$$y = r \cdot \sin \varphi \quad \Rightarrow \quad \sin \varphi = \frac{y}{r} = \frac{y}{\sqrt{x^2 + y^2}}.$$

Damit kann umgeformt werden:

$$\begin{aligned} \sqrt{x^2 + y^2} &= 2 \frac{y}{\sqrt{x^2 + y^2}}, \\ \left(\sqrt{x^2 + y^2}\right)^2 &= 2y, \\ x^2 + y^2 &= 2y, \\ x^2 + y^2 - 2y &= 0. \end{aligned}$$

Die Kurvengleichung in kartesischen Koordinaten in impliziter Form lautet

$$K: \quad x^2 + y^2 - 2y = 0.$$

12.3 Übungen

12.3.1 Übung

(5/5 Min.)

a) Welche Polarkoordinaten besitzen die Punkte $A\,(3; 2)$ und $B\,(-7; -9)$?

b) Wie lauten die kartesischen Koordinaten der Punkte $C\,(5; 30°)$ und $D\,(2{,}5; 270°)$?

→ *Lösung auf Seite 149*

12.3.2 Übung

(7 Min.)

Gesucht ist die Gleichung der folgenden Kurve in Polarkoordinaten:

$$K: \quad \left(x^2 + y^2\right)^2 - \left(x^2 - y^2\right) = 0.$$

→ *Lösung auf Seite 149*

12.3.3 Übung

(7 Min.) Wie lautet die folgende Kurvengleichung in kartesischen Koordinaten?

$$K: \quad r = \frac{a}{b \cos \varphi + c \sin \varphi}.$$

→ *Lösung auf Seite 150*

12.3.4 Übung

(7 Min.)

Stellen Sie die Gleichung der folgenden Kurve in kartesischen Koordinaten auf:

$$K: \quad r^2 = 2e^2 \cos(2\varphi).$$

→ *Lösung auf Seite 150*

12.4 Tests

12.4.1 Test

(4 Min.)

Welche Polarkoordinaten besitzt der Punkt $A\left(\frac{3}{2}; \frac{\sqrt{3}}{2}\right)$?

1 $r = \sqrt{3}, \quad \varphi = 60°,$ **2** $r = \sqrt{3}, \quad \varphi = 30°,$ **3** $r = \frac{\sqrt{3}}{2}, \quad \varphi = 60°.$

→ *Lösung auf Seite 190*

12.4.2 Test

(5 Min.)

Gegeben sei ein Punkt mit seinen Polarkoordinaten $P\left(7; \frac{3\pi}{4}\right)$. Wie groß ist der Abstand des Punktes von der x- und von der y-Achse?

1 $x = -\frac{\sqrt{2}}{2}, \qquad y = \frac{\sqrt{2}}{2},$

2 $x = \frac{7\sqrt{2}}{2}, \qquad y = -\frac{7\sqrt{2}}{2},$

3 $x = -\frac{7\sqrt{2}}{2}, \qquad y = \frac{7\sqrt{2}}{2}.$

→ *Lösung auf Seite 191*

12.4.3 Test

(5 Min.)

Von Punkten einer Kurve kennt man die Polarkoordinate $r = 1{,}5$. Bestimmen Sie die Winkelgrößen φ, wenn die Punkte auf der Kurve mit folgender Gleichung liegen:

$$r = 1 + \cos\varphi.$$

1 $\varphi_{1,2} = \pm 60°,$ **2** $\varphi_{1,2} = \pm 30°,$ **3** $\varphi_{1,2} = \pm 120°.$

→ *Lösung auf Seite 192*

12.4.4 Test

(10 Min.)

Bestimmen Sie im Grundintervall $\varphi \in [0°,360°)$ die Polarkoordinaten der Schnittpunkte der angegebenen Kurven.

$$\begin{aligned} K_1: r &= 4 \cdot (1 + \cos\varphi), \\ K_2: 3 &= r \cdot (1 - \cos\varphi). \end{aligned}$$

1. $\varphi_{1,2} = \pm 60°$, $r_{1,2} = 6$,

2. $\varphi_{1,2} = \pm 120°$, $r_{1,2} = 2$,

3. $\varphi_{1,2} = \pm 60°$, $\varphi_{3,4} = \pm 120°$, $r_{1,2} = 6$, $r_{3,4} = 2$.

→ *Lösung auf Seite 192*

Links

1. sofatutor.com: Polarkoordinaten. http://elearning-material.htw-berlin.de/KM2/Videos/Polarkoordinaten.ogv. Zugegriffen: 07.07.2017
2. sofatutor.com: Funktionen in Polarkoordinaten. http://elearning-material.htw-berlin.de/KM2/Videos/Polarkoordinaten.ogv. Zugegriffen: 07.07.2017
3. Loviscach J.: Webseite. http://www.j3l7h.de/videos.html. Zugegriffen: 07.07.2017
4. Schneider A.: Portal Mathebibel. http://www.mathebibelde/. Zugegriffen: 07.07.2017
5. Polster S.: Lexikon Mathematik. http://mathematikalpha.de/. Zugegriffen: 10.10.2017

13 Hinweise und Lösungen zu den Übungen

13.1 Umstellen von Gleichungen

Zu 1.3.1 Übung

Tipp: Um leichter nach μ umstellen zu können, empfiehlt es sich, die Gleichung so umzuformen, dass μ im Zähler steht:

$$P_{\ddot{U}} \cdot \left(\frac{d}{4} + \mu h\right) = \frac{F}{d\pi}.$$

Tipp: Bringen Sie alle Terme, in denen μ nicht vorkommt, auf die andere Seite der Gleichung:

$$\begin{aligned} \frac{d}{4} + \mu h &= \frac{F}{d\pi P_{\ddot{U}}}, \\ \mu h &= \frac{F}{d\pi P_{\ddot{U}}} - \frac{d}{4}. \end{aligned}$$

Tipp: Es ist immer ratsam, die Terme so weit wie möglich zu vereinfachen (in diesem Fall durch Bilden des Hauptnenners). Schließlich muss noch durch h dividiert werden:

$$\begin{aligned} \mu h &= \frac{F}{d\pi P_{\ddot{U}}} \cdot \frac{4}{4} - \frac{d}{4} \cdot \frac{d\pi P_{\ddot{U}}}{d\pi P_{\ddot{U}}} \\ &= \frac{4F - d^2\pi P_{\ddot{U}}}{4d\pi P_{\ddot{U}}}. \end{aligned}$$

Die Lösung lautet

$$\mu = \frac{4F - d^2\pi P_{\ddot{U}}}{4d\pi P_{\ddot{U}} h}.$$

→ *Zur Aufgabe auf Seite 4*

Zu 1.3.2 Übung

Tipp: Formen Sie die Summen in den Nennern zu einen Bruch um, indem Sie jeweils R mit $j\omega C$ erweitern und anschließend die gleichnamigen Brüche addieren:

J. Siegert, *Mathematik trainieren: Brüche, Funktionen und Co.*,
https://doi.org/10.1007/978-3-662-56348-9_13

$$\boldsymbol{i_1} = \frac{\dfrac{u_1}{R \cdot \dfrac{j\omega C}{j\omega C} + \dfrac{1}{j\omega C}}}{R \cdot \dfrac{j\omega C}{j\omega C} + \dfrac{1}{j\omega C}} = \frac{\dfrac{u_1}{\dfrac{Rj\omega C + 1}{j\omega C}}}{\dfrac{Rj\omega C + 1}{j\omega C}}.$$

Tipp: Vereinfachen lässt sich dieser Ausdruck, indem man den Doppelbruch im Zähler durch Multiplikation mit dem Kehrwert des Nenners eliminiert (s. Abschn. 1.1):

$$\boldsymbol{i_1} = \frac{\dfrac{u_1 j\omega C}{Rj\omega C + 1}}{\dfrac{Rj\omega C + 1}{j\omega C}}.$$

Tipp: Beseitigen Sie nun den letzten Doppelbruch und fassen Sie zum Schluß das Ergebnis zur Lösung zusammen:

$$\begin{aligned} \boldsymbol{i_1} &= \frac{u_1 j\omega C \cdot j\omega C}{(Rj\omega C + 1)(Rj\omega C + 1)} \\ &= \frac{u_1 (j\omega C)^2}{(Rj\omega C + 1)^2}. \end{aligned}$$

→ *Zur Aufgabe auf Seite 4*

Zu 1.3.3 Übung

Tipp: Stellen Sie die Gleichung so um, dass auf der linken Seite nur noch Terme mit $\boldsymbol{x}$ im Zähler stehen:

$$\begin{aligned} \frac{\boldsymbol{x}}{\varrho_{\mathrm{Ag}}} + \frac{10}{\varrho_{\mathrm{Sx}}} - \frac{\boldsymbol{x}}{\varrho_{\mathrm{Sx}}} &= \frac{10}{\varrho_0}, \\ \frac{\boldsymbol{x}}{\varrho_{\mathrm{Ag}}} - \frac{\boldsymbol{x}}{\varrho_{\mathrm{Sx}}} &= \frac{10}{\varrho_0} - \frac{10}{\varrho_{\mathrm{Sx}}}. \end{aligned}$$

Tipp: Durch Ausklammern von x auf der linken Seite wird erreicht, dass $\boldsymbol{x}$ nur noch an einer Stelle der Gleichung vorkommt:

$$\boldsymbol{x}\left(\frac{1}{\varrho_{\mathrm{Ag}}} - \frac{1}{\varrho_{\mathrm{Sx}}}\right) = \frac{10}{\varrho_0} - \frac{10}{\varrho_{\mathrm{Sx}}}.$$

Tipp: Dividieren Sie nun durch den Term $\left(\frac{1}{\varrho_{\mathrm{Ag}}} - \frac{1}{\varrho_{\mathrm{Sx}}}\right)$ und beseitigen Sie anschließend alle Doppelbrüche:

$$\boldsymbol{x} = 10\left(\frac{1}{\varrho_0} - \frac{1}{\varrho_{\mathrm{Sx}}}\right) \cdot \frac{1}{\left(\dfrac{1}{\varrho_{\mathrm{Ag}}} - \dfrac{1}{\varrho_{\mathrm{Sx}}}\right)}.$$

$$\boldsymbol{x} = 10\frac{\varrho_{\mathrm{Sx}} - \varrho_0}{\varrho_0 \cdot \varrho_{\mathrm{Sx}}} \cdot \frac{1}{\frac{\varrho_{\mathrm{Sx}} - \varrho_{\mathrm{Ag}}}{\varrho_{\mathrm{Ag}} \cdot \varrho_{\mathrm{Sx}}}}$$

$$= 10\frac{(\varrho_{\mathrm{Sx}} - \varrho_0)}{\varrho_0 \cdot \varrho_{\mathrm{Sx}}} \cdot \frac{\varrho_{\mathrm{Ag}} \cdot \varrho_{\mathrm{Sx}}}{(\varrho_{\mathrm{Sx}} - \varrho_{\mathrm{Ag}})}.$$

Die Lösung lautet

$$\boldsymbol{x} = 10\frac{\varrho_{\mathrm{Ag}}}{\varrho_0}\frac{(\varrho_{\mathrm{Sx}} - \varrho_0)}{(\varrho_{\mathrm{Sx}} - \varrho_{\mathrm{Ag}})}.$$

→ *Zur Aufgabe auf Seite 4*

Zu 1.3.4 Übung

Tipp: Die Gleichung sollte so umgestellt werden, dass $\boldsymbol{R_1}$ nur an einer Stelle in der Gleichung steht. Dazu empfiehlt es sich, zunächst die Brüche zu beseitigen:

$$U_2 = \frac{R_2}{\boldsymbol{R_1} + R_2}U_1 - \frac{\boldsymbol{R_1}R_2}{\boldsymbol{R_1} + R_2}I_2,$$

$$U_2(\boldsymbol{R_1} + R_2) = R_2U_1 - \boldsymbol{R_1}R_2I_2,$$

$$U_2\boldsymbol{R_1} + U_2R_2 = R_2U_1 - \boldsymbol{R_1}R_2I_2.$$

Tipp: Sortieren Sie nun die Gleichung, indem Sie alle Terme mit $\boldsymbol{R_1}$ auf eine Seite bringen:

$$U_2\boldsymbol{R_1} + \boldsymbol{R_1}R_2I_2 = R_2U_1 - U_2R_2.$$

Tipp: Klammern Sie anschließend $\boldsymbol{R_1}$ sowie R_2 aus:

$$\boldsymbol{R_1}(U_2 + R_2I_2) = R_2(U_1 - U_2).$$

Tipp: Die Gleichung kann nun nach $\boldsymbol{R_1}$ umgestellt werden, und man erhält als Lösung

$$\boldsymbol{R_1} = \frac{R_2(U_1 - U_2)}{U_2 + R_2I_2}.$$

→ *Zur Aufgabe auf Seite 4*

13.2 Potenzen und Wurzeln

Zu 2.3.1 Übung

Tipp: Wenden Sie das Gesetz zur Division bzw. Multiplikation von Potenzen mit gleichen Exponenten (s. Abschn. 2.1) an. Dann ergibt sich folgender Ausdruck:

$$\frac{(a^{-4}b^{-5})^2}{(x^{-1}y^3)^2} \cdot \frac{(a^{-2}x)^{-3}}{(b^3y^2)^{-3}} = \frac{(a^{-4})^2 \cdot (b^{-5})^2}{(x^{-1})^2 \cdot (y^3)^2} \cdot \frac{(a^{-2})^{-3} \cdot x^{-3}}{(b^3)^{-3} \cdot (y^2)^{-3}}.$$

Tipp: Nun kann das Gesetz über das Potenzieren von Potenzen verwendet werden, um den Ausdruck später zu vereinfachen:

$$= \frac{a^{-8}b^{-10}}{x^{-2}y^{6}} \cdot \frac{a^{6}x^{-3}}{b^{-9}y^{-6}}.$$

Tipp: Die Terme können nun multipliziert werden:

$$= \frac{a^{-8}b^{-10}a^{6}x^{-3}}{x^{-2}y^{6}b^{-9}y^{-6}}.$$

Tipp: Wenn nötig sollte der Bruch nun wieder sortiert werden, um anschließend die Gesetze für Potenzen mit gleicher Basis anzuwenden. In der Lösung vermeidet man i. d. R. negative Exponenten:

$$\begin{aligned} &= \frac{a^{-8}a^{6}b^{-10}x^{-3}}{b^{-9}x^{-2}y^{6}y^{-6}} \\ &= a^{-8+6} \cdot b^{-10-(-9)} \cdot x^{-3-(-2)} \cdot y^{-6-(-6)} \\ &= a^{-2} \cdot b^{-1} \cdot x^{-1} \cdot 1 = \frac{1}{a^{2}bx}. \end{aligned}$$

→ *Zur Aufgabe auf Seite 10*

Zu 2.3.2 Übung

Tipp: Schreiben Sie die Wurzeln als Exponenten um:

$$\left(vw^{3}\right)^{\frac{1}{6}} \cdot \left(n^{5}v^{8}w^{-2}\right)^{\frac{1}{4}} \cdot \left(nv^{3}\right)^{\frac{1}{2}}.$$

Tipp: Da die Wurzeln gleiche Exponenten für verschiedene Basen besitzen, kann der Ausdruck umgeformt werden zu:

$$= \left(v^{1}\right)^{\frac{1}{6}} \cdot \left(w^{3}\right)^{\frac{1}{6}} \cdot \left(n^{5}\right)^{\frac{1}{4}} \cdot \left(v^{8}\right)^{\frac{1}{4}} \cdot \left(w^{-2}\right)^{\frac{1}{4}} \cdot \left(n^{1}\right)^{\frac{1}{2}} \cdot \left(v^{3}\right)^{\frac{1}{2}}.$$

Tipp: Nun können die Exponenten zusammengefasst werden:

$$= v^{\frac{1}{6}} \cdot w^{\frac{3}{6}} \cdot n^{\frac{5}{4}} \cdot v^{\frac{8}{4}} \cdot w^{-\frac{2}{4}} \cdot n^{\frac{1}{2}} \cdot v^{\frac{3}{2}}.$$

Tipp: Vereinfachen Sie nun die Ausdrücke, indem Sie das Gesetz zur Multiplikation von Potenzen mit gleicher Basis (s. Abschn. 2.1) verwenden. Zum Schluss ordnet man die Terme alphabetisch und schreibt in Wurzelausdrücke um:

$$\begin{aligned} &= v^{\frac{1}{6}+\frac{8}{4}+\frac{3}{2}} \cdot w^{\frac{3}{6}-\frac{2}{4}} \cdot n^{\frac{5}{4}+\frac{1}{2}} \\ &= v^{\frac{2}{12}+\frac{24}{12}+\frac{18}{12}} \cdot w^{\frac{6}{12}-\frac{6}{12}} \cdot n^{\frac{5}{4}+\frac{2}{4}} \\ &= v^{\frac{44}{12}} \cdot w^{0} \cdot n^{\frac{7}{4}} \\ &= v^{\frac{11}{3}} \cdot n^{\frac{7}{4}} = \sqrt[4]{n^{7}} \cdot \sqrt[3]{v^{11}}. \end{aligned}$$

→ *Zur Aufgabe auf Seite 10*

Zu 2.3.3 Übung

Tipp: Schreiben Sie den Ausdruck so um, dass jede Basis nur einen Exponenten hat:

$$\frac{a^{\frac{x}{2}} \cdot a^{\frac{2x}{3}} \cdot b^{2x}}{a^{\frac{x}{6}} \cdot b^{3x}}.$$

Tipp: Nun können die Potenzgesetze (s. Abschn. 2.1) angewendet werden:

$$\begin{aligned} &= a^{\frac{x}{2}+\frac{2x}{3}-\frac{x}{6}} \cdot b^{2x-3x} \\ &= a^{\frac{3x}{6}+\frac{4x}{6}-\frac{x}{6}} \cdot b^{2x-3x} \\ &= a^x \cdot b^{-x}. \end{aligned}$$

Die Lösung lautet

$$\frac{a^x}{b^x} = \left(\frac{a}{b}\right)^x.$$

→ *Zur Aufgabe auf Seite 11*

13.3 Binomische Formeln und binomischer Lehrsatz

Zu 3.3.1 Übung

Tipp: Wenden Sie als Erstes die Definition des Binomialkoeffizienten an:

$$\binom{90}{87} = \frac{90!}{87! \cdot 3!}.$$

Tipp: Nutzen Sie die Definition der Fakultät, um kürzen zu können:

$$\frac{90!}{87! \cdot 3!} = \frac{90 \cdot 89 \cdot 88 \cdot 87 \cdot \ldots \cdot 1}{(87 \cdot \ldots \cdot 2 \cdot 1) \cdot (3 \cdot 2 \cdot 1)}.$$

Tipp: Kürzen Sie so weit wie möglich. Beachten Sie dabei, dass ein Teil des Zählers ebenfalls im Nenner enthalten ist:

$$= \frac{90 \cdot 89 \cdot 88 \cdot (87 \cdot \ldots \cdot 2 \cdot 1)}{(87 \cdot \ldots \cdot 2 \cdot 1) \cdot (3 \cdot 2 \cdot 1)} = \frac{90 \cdot 89 \cdot 88}{3 \cdot 2 \cdot 1} = 30 \cdot 89 \cdot 44.$$

Die Lösung lautet 117 480.

→ *Zur Aufgabe auf Seite 15*

Zu 3.3.2 Übung

Tipp: Wenden Sie den binomischen Lehrsatz an:

$$(a-b)^4 = \sum_{k=0}^{4} \binom{4}{k} (-1)^k a^{4-k} b^k.$$

Tipp: Schreiben Sie die Summanden einzeln auf:

$$\Rightarrow \quad \binom{4}{0}a^{4-0}\,b^0 - \binom{4}{1}a^{4-1}\,b^1 + \binom{4}{2}a^{4-2}\,b^2 - \binom{4}{3}a^{4-3}\,b^3 + \binom{4}{4}a^{4-4}\,b^4.$$

Tipp: Für $n = 4$ erhält man die Binomialkoeffizienten beispielsweise aus dem Pascal'schen Dreieck (s. Abschn. 3.1). Die Lösung lautet

$$(a-b)^4 = 1a^4 - 4a^3b + 6a^2b^2 - 4ab^3 + 1b^4.$$

→ *Zur Aufgabe auf Seite 16*

Zu 3.3.3 Übung

Tipp: Bei der Lösung dieser Aufgabe ist es vorteilhaft, von Anfang an geschickt umzuformen. Zunächst gestalten Sie die Nenner einfacher, indem Sie Variablen ausklammern und die Nenner als Produkte darstellen:

$$= \frac{4a^2}{(2a-b)(2a+b)} + \left(b^2 - \frac{2ab}{1}\right)\frac{a}{b(b-2a)^2}.$$

Tipp: Versuchen Sie den zweiten Summanden zu vereinfachen, indem Sie ausklammern und kürzen. Vergleichen Sie dafür, wo ähnliche Ausdrücke im zweiten Summanden enthalten sind:

$$\begin{aligned} &= \frac{4a^2}{(2a-b)(2a+b)} + b(b-2a)\frac{a}{b(b-2a)^2} \\ &= \frac{4a^2}{(2a-b)(2a+b)} + \frac{a}{(b-2a)}. \end{aligned}$$

Tipp: Machen Sie die Brüche gleichnamig. Beachten Sie dabei, dass der Nenner des zweiten Terms mit umgekehrtem Vorzeichen auch im Nenner des ersten Summanden enthalten ist:

$$\begin{aligned} &= \frac{4a^2}{(2a-b)(2a+b)} - \frac{a}{2a-b} \\ &= \frac{4a^2}{(2a-b)(2a+b)} - \frac{a(2a+b)}{(2a-b)(2a+b)}. \end{aligned}$$

Tipp: Führen Sie die Rechenoperationen aus und vereinfachen Sie so weit wie möglich:

$$\begin{aligned} &= \frac{4a^2 - a(2a+b)}{(2a-b)(2a+b)} \\ &= \frac{2a^2 - ab}{(2a-b)(2a+b)} \\ &= \frac{a(2a-b)}{(2a-b)(2a+b)}. \end{aligned}$$

Nach dem Kürzen durch $(2a - b)$ ergibt sich die Lösung $\frac{a}{2a+b}$.

→ *Zur Aufgabe auf Seite 16*

Zu 3.3.4 Übung

Tipp: Als Erstes wendet man die binomischen Formeln an und schreibt die Nenner als Produkte:

$$\frac{1}{(a+b)^2}+\frac{1}{(a+b)(a-b)}-\frac{b^2}{a^2(a+b)(a-b)}-\frac{1}{a^2}.$$

Tipp: Bevor die Brüche addiert bzw. subtrahiert werden können, müssen zunächst die Nenner gleichnamig gemacht werden. Ein geeigneter Hauptnenner ist $(a+b)^2a^2(a-b)$:

$$\begin{aligned} &= \frac{a^2(a-b)}{(a+b)^2a^2(a-b)} + \frac{a^2(a+b)}{(a+b)(a-b)a^2(a+b)} \\ &\quad - \frac{b^2(a+b)}{a^2(a+b)(a-b)(a+b)} - \frac{(a+b)^2(a-b)}{a^2(a+b)^2(a-b)} \\ &= \frac{a^2(a-b)+a^2(a+b)-b^2(a+b)-(a+b)^2(a-b)}{(a+b)^2a^2(a-b)}. \end{aligned}$$

Tipp: In Teilen des Zählers kann nun $(a+b)$ ausgeklammert werden:

$$= \frac{a^2(a-b)+(a+b)\left(a^2-b^2-(a+b)(a-b)\right)}{(a+b)^2a^2(a-b)}.$$

Tipp: Nach Anwendung der dritten binomischen Formel innerhalb der letzten Klammer im Zähler ergibt sich der Wert null:

$$\begin{aligned} &= \frac{a^2(a-b)+(a+b)\left(a^2-b^2-(a^2-b^2)\right)}{(a+b)^2a^2(a-b)} \\ &= \frac{a^2(a-b)}{(a+b)^2a^2(a-b)}. \end{aligned}$$

Tipp: Anschließend muss nur noch durch $a^2(a-b)$ gekürzt werden.

Die Lösung lautet $\frac{1}{(a+b)^2}$.

→ *Zur Aufgabe auf Seite 16*

Zu 3.3.5 Übung

Tipp: Der erste Ausdruck lässt sich durch Ausmultiplizieren und der zweite durch Anwenden der binomischen Formeln vereinfachen:

$$\begin{aligned} &\left(1+\left(\left(a^{\frac{2}{3}}-x^{\frac{2}{3}}\right)^{\frac{2}{2}}x^{-\frac{2}{3}}\right)\right)^{-3} - \frac{1}{a^2}\sqrt{a^4+2a^2x^2+x^4}, \\ &\left(1+\left(a^{\frac{2}{3}}x^{-\frac{2}{3}}-x^{\frac{2}{3}}x^{-\frac{2}{3}}\right)\right)^{-3} - \frac{1}{a^2}\sqrt{a^4+2a^2x^2+x^4}. \end{aligned}$$

Tipp: Verwendet man weiter Potenzgesetze und im zweiten Term eine binomische Formel, erhält man nach einigen wenigen Umformungen die Lösung -1:

$$
\begin{aligned}
&\Rightarrow \left(1+\left(a^{\frac{2}{3}}x^{-\frac{2}{3}}-x^{0}\right)\right)^{-3}-\frac{1}{a^{2}}\sqrt{\left(a^{2}+x^{2}\right)^{2}} \\
&= \left(1+a^{\frac{2}{3}}x^{-\frac{2}{3}}-1\right)^{-3}-\frac{1}{a^{2}}\left(a^{2}+x^{2}\right) \\
&= \left(a^{\frac{2}{3}}x^{-\frac{2}{3}}\right)^{-3}-\frac{1}{a^{2}}\left(a^{2}+x^{2}\right) \\
&= \left(a^{-\frac{6}{3}}x^{-\frac{-6}{3}}\right)-\left(\frac{a^{2}}{a^{2}}+\frac{x^{2}}{a^{2}}\right) \\
&= \left(a^{-2}x^{2}\right)-\left(\frac{a^{2}}{a^{2}}+\frac{x^{2}}{a^{2}}\right) \\
&= \left(\frac{x}{a}\right)^{2}-\left(1+\frac{x^{2}}{a^{2}}\right)=-1.
\end{aligned}
$$

→ *Zur Aufgabe auf Seite 16*

13.4 Polynomdivision

Zu 4.3.1 Übung

Tipp: Da die Polynome bereits sortiert sind, können Sie direkt mit der Division beginnen. Dividieren Sie $2x^4$ durch x und multiplizieren Sie das Ergebnis mit dem Divisor. Achten Sie von Anfang an darauf, Potenzen mit gleichem Exponenten geordnet untereinander zu schreiben. Dies erleichtert später die Übersicht.

Tipp: Ermitteln Sie den entstehenden Rest, der noch dividiert werden muss, und führen Sie das Verfahren erneut aus:

$$
\begin{array}{rlllll}
 & (2x^4 & & -\ x^2) & & :(x-5)=2x^3+10x^2+49x+245+\dfrac{1225}{x-5}\,. \\
- & (2x^4 & -\ 10x^3) & & & \\
\hline
(=) & & 10x^3 & -\ x^2 & & \\
 & - & (10x^3 & -\ 50x^2) & & \\
\hline
 & (=) & & 49x^2 & & \\
 & & - & (49x^2 & -\ 245x) & \\
\hline
 & & (=) & & 245x & \\
 & & & - & (245x & -\ 1225) \\
\hline
 & & & (=) & & 1225
\end{array}
$$

Die Lösung lautet

$$
\begin{aligned}
\frac{2x^4-x^2}{x-5} &= 2x^3+10x^2+49x+245+\frac{1225}{x-5}, \\
2x^4-x^2 &= (x-5)\cdot\left(2x^3+10x^2+49x+245\right)+1225.
\end{aligned}
$$

→ *Zur Aufgabe auf Seite 22*

Zu 4.3.2 Übung

Tipp: Ermitteln Sie eine Nullstelle. Ist der Koeffizient bei der höchsten Potenz x^3 gleich 1, sollten Sie die ganzen Teiler des Absolutgliedes probieren. Bei einfachen Beispielen ist oft das Absolutglied (in diesem Fall 8) ein Vielfaches von ganzzahligen Nullstellen. Eine Möglichkeit wäre die Zahl 1, da $1 \cdot 8 = 8$. Die Probe ergibt $1^3 + 1^2 - 10 + 8 = 0$. $x_1 = 1$ ist also eine geeignete Nullstelle.

Tipp: Dividieren Sie nun das Polynom durch $(x - x_1)$ und fahren Sie mit der Polynomdivision fort:

$$\left(x^3 + x^2 - 10x + 8\right) : (x - 1).$$

Tipp: Ermitteln Sie das erste Glied des Ergebnisses, indem Sie x^3 durch x dividieren, und multiplizieren Sie dieses mit dem Divisor:

$$\begin{array}{rl} & \left(x^3 + x^2 - 10x + 8\right) : (x - 1) = x^2. \\ - & \left(x^3 - x^2\right) \end{array}$$

Tipp: Ermitteln Sie den Rest und dividieren Sie diesen wie unter dem vorherigen Tipp beschrieben. Setzen Sie diese Schritte so lange fort, bis kein teilbarer Rest mehr übrig bleibt:

$$\begin{array}{rccccl} & (x^3 & + \; x^2 & -10x & +8) & : (x-1) = x^2 + 2x - 8. \\ - & (x^3 & + \; x^2) & & & \\ \hline (=) & & (2x^2 & -10x) & & \\ & - & (2x^2 & - \; 2x) & & \\ \hline & (=) & & (- \; 8x & +8) & \\ & & - & (- \; 8x & +8) & \\ \hline & & (=) & & 0 & \end{array}$$

Tipp: Berechnen Sie nun die weiteren Nullstellen, indem Sie die p-q-Formel für das quadratische Restpolynom $x^2 + 2x - 8$ anwenden:

$$\begin{aligned} x_{2,3} &= -\frac{2}{2} \pm \sqrt{\left(\frac{2}{2}\right)^2 + 8} \\ &= -1 \pm \sqrt{9}. \end{aligned}$$

$$x_2 = 2, \qquad x_3 = -4.$$

Die Nullstellen sind

$$x_1 = 1, \quad x_2 = 2, \quad x_3 = -4.$$

→ *Zur Aufgabe auf Seite 22*

Zu 4.3.3 Übung

Tipp: Sortieren Sie zunächst den Divisor entsprechend den Exponenten (größte Potenz zuerst). Dividieren Sie dann $3x^4$ durch $-x^2$. Lassen Sie sich nicht davon irritieren, dass der Divisor drei Glieder hat, sondern gehen Sie wie gewohnt vor. Ermitteln Sie dann den Rest und wiederholen

Sie das Verfahren so oft wie nötig:

$$\begin{array}{rrrrrl} & (3x^4 & & -\ 3x^2 & -54x & -54)\ :(-x^2+2x+3) = -3x^2-6x-18. \\ - & (3x^4 & -6x^3 & -\ 9x^2) & & \\ \hline (=) & & 6x^3 & +\ 6x^2 & -54x & \\ & - & (6x^3 & -12x^2 & -18x) & \\ \hline & (=) & & 18x^2 & -36x & -54 \\ & & - & (18x^2 & -36x & -54) \\ \hline & & (=) & & & 0 \end{array}$$

Die Division geht ohne Rest auf und liefert die Lösung

$$\frac{3x^4 - 3x^2 - 54x - 54}{-x^2 + 2x + 3} = -3x^2 - 6x - 18.$$

.

→ *Zur Aufgabe auf Seite 22*

Zu 4.3.4 Übung

Tipp: Zuerst legt man eine Variable fest, bzgl. der dividiert werden soll; die Ausdrücke werden nach Potenzen dieser Variablen sortiert. Wird a gewählt, ergibt sich folgende Schreibweise:

$$\left(a^3 + a^2b + ab^2 - 3b^3\right) : (a - b).$$

Tipp: Teilen Sie a^3 durch a und multiplizieren Sie das Ergebnis mit dem Divisor. Ermitteln Sie dann den Rest und gehen Sie schließlich in gewohnter Weise erneut vor:

$$\begin{array}{rrrrrl} & (a^3 & +\ a^2b & +\ ab^2 & -3b^3) & :(a-b) = a^2+2ab+3b^2. \\ - & (a^3 & -\ a^2b) & & & \\ \hline (=) & & 2a^2b & +\ ab^2 & & \\ & - & (2a^2b & -2ab^2) & & \\ \hline & (=) & & 3ab^2 & -3b^3 & \\ & & - & (3ab^2 & -3b^3) & \\ \hline & & (=) & & 0 & \end{array}$$

Die Division geht erneut ohne Rest auf. Die Lösung lautet

$$\frac{a^3 + a^2b + ab^2 - 3b^3}{a - b} = a^2 + 2ab + 3b^2,$$

$$a^3 + a^2b + ab^2 - 3b^3 = (a - b) \cdot (a^2 + 2ab + 3b^2).$$

Hinweis: Das Ergebnis ist eine weitere binomische Formel, die auch in Formelsammlungen zu finden ist. Alle übrigen binomischen Formeln kann man ebenso mithilfe der Polynomdivision beweisen.

→ *Zur Aufgabe auf Seite 22*

13.5 Mengen

Zu 5.3.1 Übung

Tipp: Offenbar sind mit zwei Buchstaben, beispielsweise **US**, nur die Anordnungen {**US**, **SU**} möglich.

Tipp: Bei drei Buchstaben, beispielsweise **PUS**, kann jeder Buchstabe an erster Stelle stehen. Es gibt in diesem Fall $6 = 3!$ Permutationen {**PUS**, **PSU**, **UPS**, **USP**, **SUP**, **SPU**}.

Tipp: Wird ein weiterer Buchstabe berücksichtigt, treten offenbar $4 \cdot 3! = 4! = 24$ Permutationen auf.

Die Lösung für sechs (verschiedene) Buchstaben ist demnach $6! = 720$. Wer sich die Mühe machen möchte, kann diese alle aufschreiben.

→ *Zur Aufgabe auf Seite 29*

Zu 5.2.2 Übung

Tipp: Die Menge ist eine Produktmenge $\mathsf{A} \times \mathsf{A} \times \mathsf{A} \times \mathsf{A}$ für

$$\mathsf{A} = \{0, 1, 2, 3, 4, 5, 6, 7, 8, 9\}.$$

Jede der vier PIN-Ziffern kann ein Element von A sein.

Es gibt deshalb genau $10 \cdot 10 \cdot 10 \cdot 10 = 10^4$ PINs, wobei auch gleiche Ziffern auftreten dürfen.

→ *Zur Aufgabe auf Seite 29*

13.6 Funktionen

Zu 6.3.1 Übung

a) *Dies ist richtig!*

b) *Falsch!*

Tipp: Die Stauchung in x-Richtung tritt auf, jedoch beträgt die Verschiebung in x-Richtung nicht -7, sondern $-\frac{7}{3}$. Bitte beachten Sie den Hinweis in Abschn. 6.1.

c) *Richtig!*

→ *Zur Aufgabe auf Seite 39*

Zu 6.3.2 Übung

a) *Wahre Aussage!*

Tipp: Offenbar ist $n^2 < (n+1)^2$. Für alle Glieder der Zahlenfolge gilt daher:

$$\frac{1}{n^2} > \frac{1}{(n+1)^2} \quad \forall n \in \mathbb{N}.$$

Wegen $f_n > f_{n+1}$ ist die Folge $1, \frac{1}{4}, \frac{1}{9}, \frac{1}{16}, \frac{1}{25}, \ldots$ streng monoton fallend.

b) *Falsch!*

Tipp: Bei dieser Zahlenfolge wechselt beim jeweils nachfolgenden Glied das Vorzeichen. Diese (alternierende) Folge $-1, \frac{1}{4}, -\frac{1}{9}, \frac{1}{16}, -\frac{1}{25}, \ldots$ ist nicht monoton.

c) *Tipp:* Offenbar gilt $f_n < f_{n+1}$, denn

$$-\frac{1}{n^2} < -\frac{1}{(n+1)^2} \qquad \forall n \in \mathbb{N}.$$

Die Folge $-1, -\frac{1}{4}, -\frac{1}{9}, -\frac{1}{16}, -\frac{1}{25}, \ldots$ ist streng monoton wachsend: *Falsche Aussage*!

→ *Zur Aufgabe auf Seite 39*

13.7 Lineare Funktionen

Zu 7.3.1 Übung

a) Gegeben sind die Steigung und ein Punkt einer Geraden.

Tipp: Verwenden Sie eine geeignete Formel, die die gegebenen Angaben berücksichtigt und setzen Sie die Werte ein:

$$y = m\,(x - x_0) + y_0 \quad \Rightarrow \quad y = 2(x - 0) + 1 = 2x + 1.$$

Tipp: Überprüfen Sie die Skizze (Abb. 13.1) mithilfe eines Steigungsdreiecks.

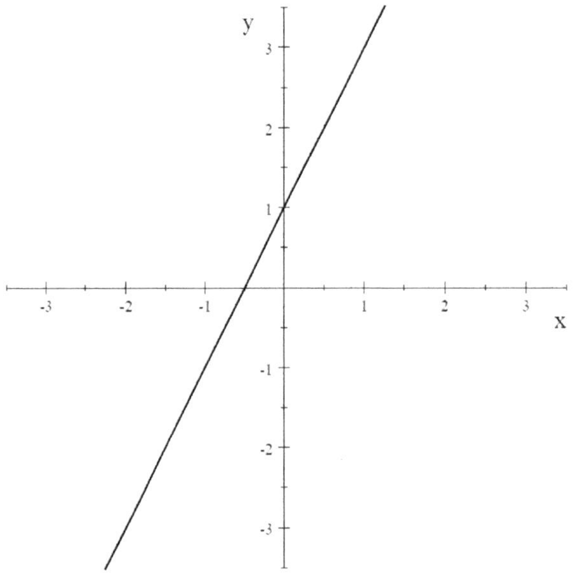

Abb. 13.1 Verlauf der Geraden $y = 2x + 1$

→ *Zur Aufgabe auf Seite 52*

b) Gegeben sind zwei Punkte einer Geraden.

Tipp: Kontrollieren Sie zunächst, ob für die gegebenen Punkte die Definition einer Funktion erfüllt ist. Offenbar wird die Definition einer Funktion verletzt, da dem x-Wert 0 unendlich viele y-Werte zugeordnet werden.

Die Gerade besitzt alle Punkte mit $x = 0$ und liegt deshalb auf der y-Achse.

→ *Zur Aufgabe auf Seite 52*

c) Beginnen Sie mit der Winkelhalbierenden im I. und III. Quadranten $y = x$.

Tipp: Stellen Sie nun die Funktionsgleichung für die um zwei Einheiten in positiver x-Achsenrichtung verschobene Gerade auf (vgl. Abschn. 6.1). Diese Funktion lautet

$$y = (x - 2).$$

Tipp: Der Parameter a, $a < 0$ in einer Funktion $y = a \cdot f(bx + c)$ bewirkt eine Spiegelung an der x-Achse. Die gesuchte Funktionsgleichung hat also die Form

$$y = a \cdot (x - 2).$$

Tipp: Da vorgegeben ist, dass die Spiegelung ohne Stauchung bzw. Streckung erfolgen soll, muss $a = -1$ sein (s. Abb. 13.2).

Die Gleichung der gesuchten Gerade lautet

$$y = -1 \cdot (x - 2) = -x + 2.$$

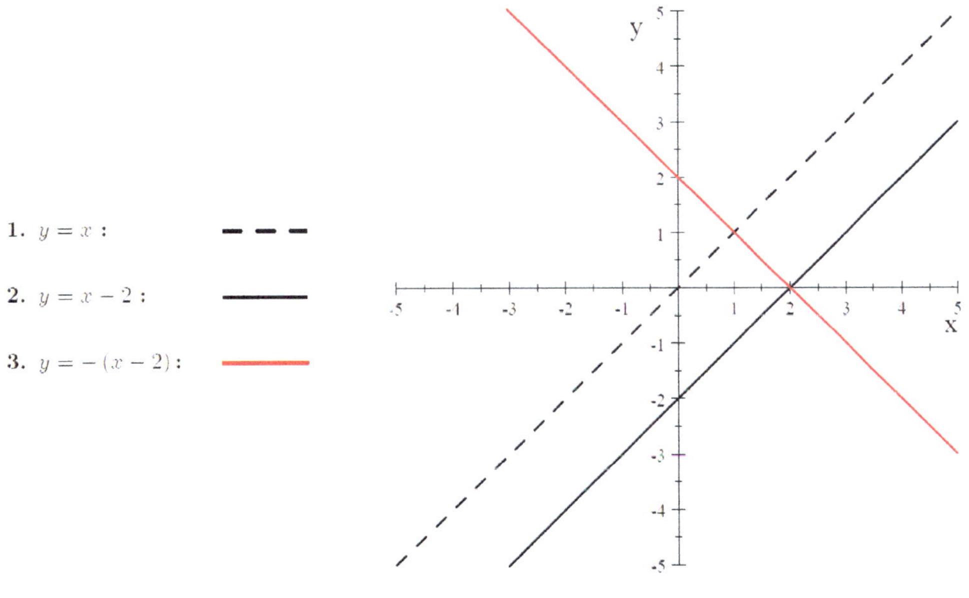

Abb. 13.2 Algorithmus zur Skizze des Graphen von $y = -x + 2$

→ *Zur Aufgabe auf Seite 52*

Zu 7.3.2 Übung

a) Gegeben sind ein Punkt und indirekt auch die Steigung einer Geraden.

Tipp: Berechnen Sie den Anstieg der gesuchten Geraden mithilfe der Formel

$$\begin{aligned} m_1 \cdot m_2 &= -1, \\ 4 \cdot m_2 &= -1 \quad \Rightarrow \quad m_2 = -\frac{1}{4}. \end{aligned}$$

Tipp: Verwenden Sie nun die Punktrichtungsformel:

$$y = -\frac{1}{4}(x-0)+3.$$

Die Lösung lautet

$$y = -\frac{1}{4}x+3.$$

→ *Zur Aufgabe auf Seite 52*

b) Verwenden Sie die Formel für den Abstand zwischen den Punkten $P_1(x_1; y_1), P_2(x_2; y_2)$:

$$d = \overline{P_1P_2} = \sqrt{(x_2-x_1)^2+(y_2-y_1)^2}.$$

Tipp: Setzen Sie nun die nötigen Angaben in die Formel ein. Zum Schluss wird durch Rationalmachen des Nenners der Wurzelausdruck beseitigt:

$$\begin{aligned} d &= \sqrt{\left(\frac{20}{17}-0\right)^2+\left(\frac{46}{17}-3\right)^2} \\ &= \sqrt{\left(\frac{20}{17}\right)^2+\left(\frac{46}{17}-\frac{51}{17}\right)^2} \\ &= \sqrt{\left(\frac{20}{17}\right)^2+\left(\frac{-5}{17}\right)^2} \\ &= \sqrt{\frac{400}{289}+\frac{25}{289}} \\ &= \sqrt{\frac{425}{289}} = \sqrt{\frac{25}{17}} \\ &= \frac{5}{\sqrt{17}} = \frac{5\cdot\sqrt{17}}{17}. \end{aligned}$$

Der Abstand zwischen den Punkten beträgt $\frac{5\cdot\sqrt{17}}{17}$ Längeneinheiten.

→ *Zur Aufgabe auf Seite 52*

c) Der Schnittpunkt kann mit der üblichen Vorgehensweise bestimmt werden.

Tipp: Setzen Sie die y_S-Werte in beiden Geraden gleich und lösen Sie die Gleichung nach x_S auf:

$$\begin{aligned} 4x_S - 2 &= -\frac{1}{4}x_S + 3, \\ 4x_S + \frac{1}{4}x_S &= 3 + 2, \\ \frac{17}{4}x_S &= 5 \quad \Rightarrow \quad x_S = \frac{20}{17}. \end{aligned}$$

Tipp: Setzen Sie den x_S-Wert in eine Gleichung ein, um den y_S-Wert zu berechnen:

$$\begin{aligned} y_S &= 4 \cdot \frac{20}{17} - 2 \\ &= \frac{80}{17} - 2 = \frac{46}{17}. \end{aligned}$$

Der Schnittpunkt lautet $P_S\left(\frac{20}{17}; \frac{46}{17}\right)$.

→ Zur Aufgabe auf Seite 52

Zu 7.3.3 Übung

a) Diese Aufgabe trainiert das Arbeiten mit Ungleichungen.

Tipp: Die Ungleichung stellt man nach x um, beim Dividieren beider Seiten durch 2 bleibt das Ungleichheitszeichen erhalten:

$$2x \leq 4 \quad \Rightarrow \quad x \leq 2.$$

Die Lösungsmenge lautet $\mathsf{L} = \{x \,|\, x \leq 2\}$; die grafische Lösung wird in Abb. 13.3 dargestellt.

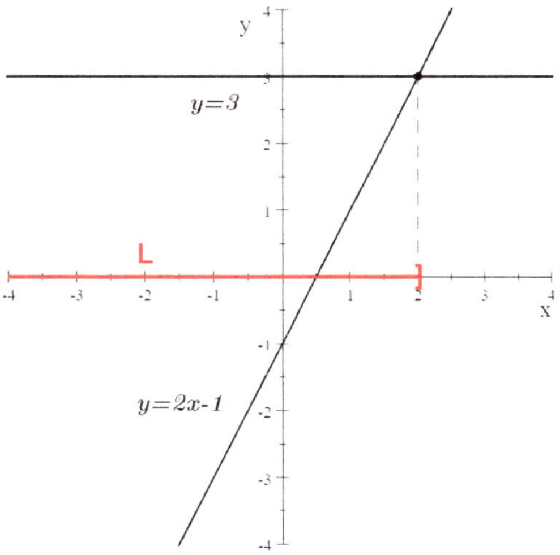

Abb. 13.3 Grafische Lösung der Ungleichung $2x - 1 \leq 3$

Die Lösungsmenge umfasst die x-Werte, deren entsprechender Funktionswert $f(x) = 2x-1$ kleiner oder gleich $y = 3$ ist. Die Lösungsmenge liegt auf der x-Achse. Der Wert $x = 2$ gehört dazu, weil eine schwache Ungleichung zu lösen war.

→ *Zur Aufgabe auf Seite 53*

b) Bei dieser Aufgabe wird das Umformen einer linearen Ungleichung geübt.

Tipp: Beseitigen Sie zuerst die Brüche:

$$\begin{aligned} \frac{4(x+4)}{12} - \frac{3(x-3)}{12} &> \frac{6(x+4)}{12}, \\ 4(x+4) - 3(x-3) &> 6(x+4). \end{aligned}$$

Tipp: Fassen Sie die Terme zusammen und stellen Sie die Ungleichung nach x um:

$$\begin{aligned} 4x + 16 - 3x + 9 &> 6x + 24, \\ -5x &> -1. \end{aligned}$$

Tipp: Sie sollten beachten, dass sich das Ungleichheitszeichen bei der Division beider Seiten der Ungleichung durch eine negative Zahl analog wie bei der Multiplikation mit einer negativen Zahl umdreht. Somit ergibt sich

$$x < \frac{1}{5}.$$

Die Lösung lautet in Mengenschreibweise

$$\mathsf{L} = \left\{ x \,|\, x < \frac{1}{5} \right\}.$$

→ *Zur Aufgabe auf Seite 53*

c) Bei dieser Aufgabe wird erneut das Umformen von Ungleichungen trainiert.

Tipp: Wenden Sie die binomische Formel an und fassen Sie dann die Ausdrücke zusammen:

$$\begin{aligned} x^2 - 6x + 9 - \left(x^2 + 4x + 4\right) &< 3(2-x), \\ x^2 - 6x + 9 - x^2 - 4x - 4 &< 6 - 3x, \\ -10x + 5 &< 6 - 3x. \end{aligned}$$

Tipp: Bei dieser Aufgabe haben sich die quadratischen Ausdrücke aufgehoben; anderenfalls wäre eine quadratische Ungleichung weiter zu lösen. Stellen Sie die Ungleichung nun nach x um:

$$x > -\frac{1}{7}.$$

Tipp: Notieren Sie die Lösung in Mengenschreibweise.

Als Ergebnis erhalten Sie

$$\mathsf{L} = \left\{ x \,|\, x > -\frac{1}{7} \right\}.$$

→ *Zur Aufgabe auf Seite 53*

Zu 7.3.4 Übung

a) Die lineare Ungleichung enthält einen Parameter.

Tipp: Fassen Sie die Terme, welche ein x enthalten, auf einer Seite der Gleichung zusammen:

$$\begin{aligned} -ax + 2ax &\geq 10 - 5, \\ ax &\geq 5. \end{aligned}$$

Tipp: Untersuchen Sie die drei möglichen Fälle $a = 0$, $a > 0$ und $a < 0$; die Reihenfolge ist dabei beliebig:

1. Fall ($a = 0$): $0 \geq 5 \quad \Rightarrow \quad \textit{falsche Aussage} \quad \Rightarrow \quad \mathsf{L}_1 = \emptyset = \{\}$,

2. Fall ($a > 0$): $x \geq \dfrac{5}{a} \quad \Rightarrow \quad \mathsf{L}_2 = \left\{x \,|\, \left(x \geq \dfrac{5}{a}\right) \wedge (a > 0)\right\}$,

3. Fall ($a < 0$): $x \leq \dfrac{5}{a} \quad \Rightarrow \quad \mathsf{L}_3 = \left\{x \,|\, \left(x \leq \dfrac{5}{a}\right) \wedge (a < 0)\right\}$.

Tipp: Fassen Sie nun die einzelnen Lösungsmengen der drei Fälle zusammen. Die Lösungsmenge umfasst die Vereinigungsmenge der beiden nichtleeren Teilmengen; sie ist nur für $a \neq 0$ erklärt:

$$\mathsf{L} = \mathsf{L}_2 \cup \mathsf{L}_3.$$

→ *Zur Aufgabe auf Seite 53*

b) In der Ungleichung sind zwei Parameter vorhanden, daraus resultieren Fallunterscheidungen.

Tipp: Verwenden Sie die binomischen Formeln, um zusammenzufassen:

$$\begin{aligned} a^2x^2 + 2abx + b^2 - \left(a^2x^2 - 2abx + b^2\right) &\leq 5, \\ a^2x^2 + 2abx + b^2 - a^2x^2 + 2abx - b^2 &\leq 5, \\ abx &\leq \frac{5}{4}. \end{aligned}$$

Tipp: Als Nächstes kann man die Fälle $ab = 0$, $ab > 0$ und $ab < 0$ untersuchen:

1. Fall ($ab = 0$): Mindestens einer der beiden Parameter a oder b muss gleich null sein.

$$\mathsf{L}_1 = \{x \,|\, (x \in \mathbb{R}) \wedge (a = 0 \vee b = 0)\}.$$

2. Fall ($ab > 0$): Beide Parameter besitzen das gleiche Vorzeichen.

$$x \leq \frac{5}{4ab} \quad \Rightarrow \quad \mathsf{L}_2 = \left\{x \,|\, \left(x \leq \frac{5}{4ab}\right) \wedge ((a > 0 \wedge b > 0) \vee (a < 0 \wedge b < 0))\right\}.$$

3. Fall ($ab < 0$): Die beiden Parameter besitzen nicht das gleiche Vorzeichen.

$$x \geq \frac{5}{4ab} \quad \Rightarrow \quad \mathsf{L}_3 = \left\{x \,|\, \left(x \geq \frac{5}{4ab}\right) \wedge ((a < 0 \wedge b > 0) \vee (a > 0 \wedge b < 0))\right\}.$$

Tipp: Die Reihenfolge der Abarbeitung der Fälle ist frei wählbar. Fassen Sie die Ergebnisse der Fallunterscheidungen zusammen. Die Lösung lautet

$$\mathsf{L} = \mathsf{L}_1 \cup \mathsf{L}_2 \cup \mathsf{L}_3.$$

→ *Zur Aufgabe auf Seite 53*

13.8 Quadratische Funktionen

Zu 8.3.1 Übung

a) In dieser Aufgabe werden Parabeln geübt, die aus $y = x^2$ entstehen.

Tipp: Skizzieren Sie zuerst $y = (x-1)^2$. Dabei handelt es sich um die Normalparabel, die um eine Einheit nach rechts verschoben wurde (s. Abb. 13.4).

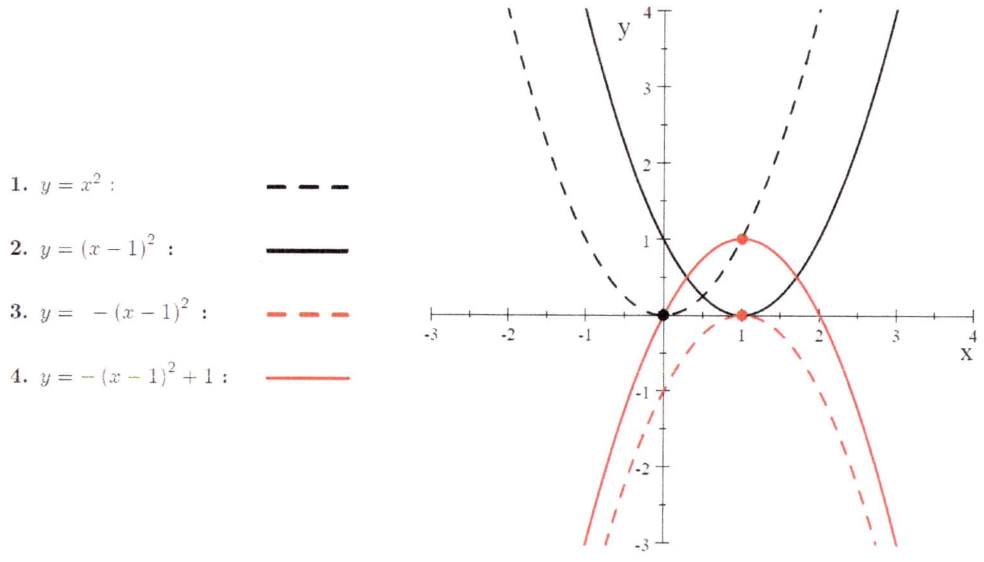

Abb. 13.4 Algorithmus zur Skizze des Graphen von $y = -(x-1)^2 + 1$

Tipp: Skizzieren Sie $y = -(x-1)^2$, indem Sie den Funktionsgraphen von $y = (x-1)^2$ an der x-Achse spiegeln (s. Abb. 13.4).

Tipp: Zum Schluss wird die Funktion $y = -(x-1)^2$ um eine Einheit in positiver y-Achsenrichtung verschoben (s. Abb. 13.4).

→ *Zur Aufgabe auf Seite 67*

b) Erneut wird mit der Normalparabel begonnen.

Tipp: Skizzieren Sie die Funktion $y = -x^2 + 1$ schrittweise (s. Abb. 13.5).

Tipp: Spiegeln Sie die Teile des Graphen unterhalb der x-Achse nach oben.

Tipp: Die Betragsfunktion wird noch um zwei Einheiten nach unten verschoben (s. Abb. 13.5).

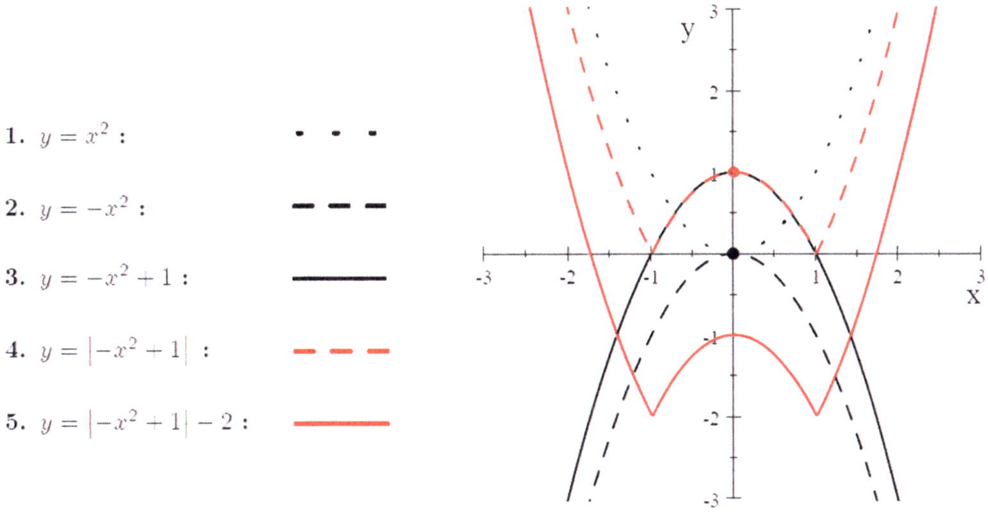

Abb. 13.5 Algorithmus der Skizze des Graphen von $y = |-x^2 + 1| - 2$

→ *Zur Aufgabe auf Seite 67*

c) In dieser Aufgabe trainiert man die Scheitelpunktform.

Tipp: Da vor x^2 der Koeffizient 1 steht, kann die Funktionsvorschrift $y = x^2 + 14x + 52$ mit einer binomischen Formel der Art

$$1 \cdot x^2 + 2xb + b^2 = (x + b)^2.$$

umgeschrieben werden. Dafür benötigt man

$$2b = 14 \quad \Rightarrow \quad b = 7.$$

Zu den ersten zwei Summanden gehört deshalb die quadratische Ergänzung $b^2 = 7^2 = 49$, die man vom Absolutglied 52 gewinnen kann:

$$\begin{aligned} y &= x^2 + 14x + 52 \\ &= x^2 + 2 \cdot 7x + (7^2 + 3) \\ &= \left(x^2 + 2 \cdot 7x + 7^2\right) + 3. \end{aligned}$$

Tipp: Nachdem $b = 7$ bekannt ist, kann eine binomische Formel angewendet und der Term in der Klammer als (vollständige) binomische Formel umgeschrieben werden; dies ergibt die Scheitelpunktform

$$y = (x + 7)^2 + 3.$$

Tipp: Skizzieren Sie mithilfe der Scheitelpunktform den Graphen, indem Sie die Normalparabel um sieben Einheiten nach links und um drei Einheiten nach oben verschieben. Die Lösung wird in Abb. 13.6 dargestellt. Die Plausibilität der Skizze kann man prüfen, indem man die jeweilige Lage des Scheitelpunkts beachtet.

→ *Zur Aufgabe auf Seite 67*

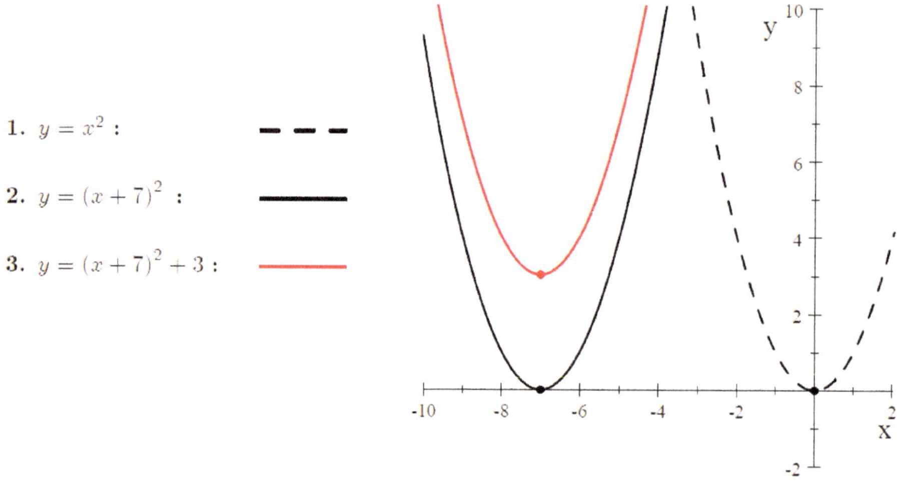

Abb. 13.6 Algorithmus zur Skizze des Graphen von $y = x^2 + 14x + 52$

d) Bei dieser Aufgabe wird erneut die quadratische Ergänzung trainiert.

Tipp: Schreiben Sie die Funktion in die Scheitelpunktform um. Klammern Sie dazu zunächst 5 aus, damit in der Klammer die Normalform entsteht:

$$y = 5\left(1 \cdot x^2 - 6x + \frac{2}{5}\right).$$

Hinweis: Wenn Sie 5 nicht ausklammern würden, müssten Sie berücksichtigen, dass die binomische Formel die Form $5x^2 - 2\sqrt{5}ax + a^2$ hat. Dadurch wäre die Lösung etwas komplizierter.

Tipp: Stellen Sie nun in der Klammer auf der Grundlage der ersten zwei Summanden für $b = 3$ die binomische Formel auf. Die quadratische Ergänzung lautet $3^2 = 9$. Damit wird als Nächstes eine (komplette) binomische Formel aufgestellt, indem man formal $0 = +3^2 - 3^2$ eingefügt; eine derartige Vorgehensweise wurde bereits in Abschn. 8.2 erläutert:

$$\begin{aligned} y &= 5\left(x^2 - 2 \cdot 3x + \underbrace{0}_{=+3^2-3^2} + \frac{2}{5}\right) \\ &= 5\left(\underbrace{x^2 - 2 \cdot 3x + 3^2}_{=(x-3)^2} - 3^2 + \frac{2}{5}\right). \end{aligned}$$

Tipp: Zum Schluss wird die binomische Formel angewendet und der zu Beginn ausgeklammerte Koeffizient 5 zurückmultipliziert:

$$y = 5\left(x^2 - 6x + 9\right) - 5 \cdot \frac{43}{5}.$$

Tipp: Unter Beachtung der Scheitelpunktform kann der Graph dieser Funktion $y = 5(x-3)^2 - 43$ mit wenigen Schritten skizziert werden (s. Abb. 13.7).

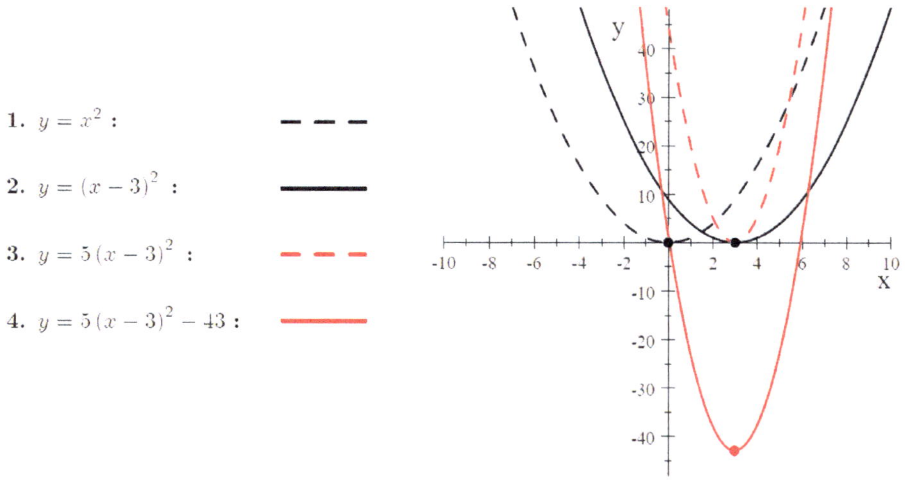

Abb. 13.7 Algorithmus zur Skizze des Graphen von $y = 5x^2 - 30x + 2$

Hinweis: Hierbei handelt sich offenbar um ein Beispiel, das nur mit eingeschränkter Genauigkeit darstellbar ist. Die Achsen sind zudem ungleich skaliert. Um Unklarheiten zu vermeiden, sollten Sie darauf achten, dass bei Ihren manuellen Skizzen stets die Skalierung der Achsen angeben ist.

→ *Zur Aufgabe auf Seite 67*

Zu 8.3.2 Übung

a) Bei der Lösung dieser Aufgabe verwendet man die p-q-Formel nicht.

Tipp: Die Nullstellen sind stets dadurch definiert, dass der entsprechende y-Wert gleich null ist. Deshalb muss als Erstes die Funktion gleich null gesetzt werden:

$$5x^2 - 10x + 5 = 0.$$

Tipp: Dividieren Sie die Gleichung durch 5, damit die Normalform entsteht:

$$x^2 - 2x + 1 = 0.$$

Tipp: Offenbar ist eine binomische Formel gegeben, weshalb die p-q-Formel nicht erforderlich ist:

$$x^2 - 2x + 1 = (x-1)^2 = 0.$$

Die Nullstellen ergeben sich zu $x_1 = x_2 = 1$. Die doppelte Nullstelle bedeutet, dass der Scheitelpunkt der Parabel auf der x-Achse liegt.

→ *Zur Aufgabe auf Seite 67*

b) Die Funktion ist in der Produktschreibweise dargestellt.

Tipp: Es ist nicht notwendig, das Produkt auszumultiplizieren. Setzen Sie die Funktion stattdessen gleich null:

$$(x+5) \cdot (x-2) = 0.$$

Tipp: Ein Produkt ergibt null, wenn einer der Faktoren gleich null ist. Deswegen genügt es, die Faktoren einzeln zu untersuchen; es ist keine weitere Rechnung erforderlich:

$$x + 5 = 0 \quad \Rightarrow \quad x = -5,$$
$$x - 2 = 0 \quad \Rightarrow \quad x = 2.$$

Die Funktion hat daher zwei Nullstellen und besitzt die Punkte $P_1(-5; 0)$, $P_2(2; 0)$.

→ *Zur Aufgabe auf Seite 67*

c) Diese Funktion enthält die unbekannten Parameter a und m. Bei diesem Beispiel handelt es sich um eine „Funktionsschar“.

Tipp: Gehen Sie dennoch wie gewohnt vor, indem Sie die Funktion gleich null setzen:

$$ax^2 - \left(a^2 m - m\right) x - am^2 = 0.$$

Tipp: Nun kann die Gleichung so umgeformt werden, dass die p-q-Formel anwendbar ist:

$$\begin{aligned} ax^2 - m\left(a^2 - 1\right) x - am^2 &= 0, \\ x^2 - \frac{m\left(a^2-1\right)}{a} x - m^2 &= 0. \end{aligned}$$

Tipp: Wenden Sie die p-q-Formel an und vereinfachen Sie bereits in den Zwischenschritten so weit wie möglich, um optimal zusammenfassen zu können:

$$\begin{aligned} x_{1,2} &= \frac{\frac{m\left(a^2-1\right)}{a}}{2} \pm \sqrt{\left(\frac{\frac{m\left(a^2-1\right)}{a}}{2}\right)^2 + m^2} \\ &= \frac{m\left(a^2-1\right)}{2a} \pm \sqrt{\frac{m^2\left(a^2-1\right)^2}{(2a)^2} + m^2} \\ &= \frac{m\left(a^2-1\right)}{2a} \pm \sqrt{\frac{m^2\left(a^2-1\right)^2 + 4a^2m^2}{4a^2}}, \end{aligned}$$

$$\begin{aligned} x_{1,2} &= \frac{m\left(a^2-1\right)}{2a} \pm \sqrt{\frac{m^2\left(a^4 - 2a^2 + 1 + 4a^2\right)}{4a^2}} \\ &= \frac{m\left(a^2-1\right)}{2a} \pm \sqrt{\frac{m^2\left(a^4 + 2a^2 + 1\right)}{4a^2}} \\ &= \frac{m\left(a^2-1\right)}{2a} \pm \sqrt{\frac{m^2\left(a^2+1\right)^2}{4a^2}}. \end{aligned}$$

Tipp: Da unter der Wurzel für $a, m \in \mathbb{R}^+$, quadratische Ausdrücke entstehen, ist der Term positiv und die Wurzel kann nun gezogen werden:

$$x_{1,2} = \frac{m\,(a^2-1)}{2a} \pm \frac{m\,(a^2+1)}{2a}.$$

$$\begin{aligned} x_1 &= \frac{m\,(a^2-1)}{2a} + \frac{m\,(a^2+1)}{2a} \\ &= \frac{m\,(a^2-1)+m\,(a^2+1)}{2a} \\ &= \frac{m\,(a^2-1+a^2+1)}{2a} \\ &= \frac{m\cdot 2a^2}{2a} = m\cdot a. \end{aligned}$$

$$\begin{aligned} x_2 &= \frac{m\,(a^2-1)}{2a} - \frac{m\,(a^2+1)}{2a} \\ &= \frac{m\,(a^2-1)-m\,(a^2+1)}{2a} \\ &= \frac{m\,(a^2-1-a^2-1)}{2a} \\ &= \frac{m\cdot(-2)}{2a} = -\frac{m}{a}. \end{aligned}$$

Die Funktionsschar besitzt Nullstellen in den Punkten $P_1(ma;0)$, $P_2\left(-\frac{m}{a};0\right)$.

→ *Zur Aufgabe auf Seite 67*

Zu 8.3.3 Übung

a) Bei dieser Aufgabe wird die p-q-Formel trainiert.

Tipp: Setzen Sie beide Funktionen gleich, da ein Schnittpunkt den gleichen y-Wert in beiden Funktionen annimmt. Zur besseren Übersichtlichkeit wird auf den Index S verzichtet:

$$4x^2 + 10x - 3 = 5x + 2.$$

Tipp: Formen Sie anschließend die Gleichung so um, dass die Normalform entsteht:

$$\begin{aligned} 4x^2 + 10x - 5x - 3 - 2 &= 0, \\ 4x^2 + 5x - 5 &= 0, \\ x^2 + \frac{5}{4}x - \frac{5}{4} &= 0. \end{aligned}$$

Tipp: Mithilfe der p-q-Formel können die x-Koordinaten der Schnittpunkte berechnet werden:

$$\begin{aligned} x_{1,2} &= -\frac{5}{8} \pm \sqrt{\left(\frac{5}{8}\right)^2 + \frac{5}{4}} \\ &= -\frac{5}{8} \pm \sqrt{\frac{25}{64} + \frac{80}{64}} \\ &= -\frac{5}{8} \pm \sqrt{\frac{105}{64}}. \end{aligned}$$

$$x_1 = -\frac{5}{8} + \frac{\sqrt{105}}{8} = \frac{-5+\sqrt{105}}{8} \approx 0{,}66,$$
$$x_2 = -\frac{5}{8} - \frac{\sqrt{105}}{8} = \frac{-5-\sqrt{105}}{8} \approx -1{,}91.$$

Tipp: Die y-Koordinaten der Schnittpunkte werden ermittelt, indem man die x-Werte in eine der Funktionen einsetzt. Es bietet sich an, dazu die Geradengleichung zu verwenden:

$$\begin{aligned} f\left(\frac{-5+\sqrt{105}}{8}\right) &= 5\cdot\left(\frac{-5+\sqrt{105}}{8}\right)+2 \\ &= \frac{-25+5\sqrt{105}}{8}+\frac{16}{8} \\ &= \frac{-9+5\sqrt{105}}{8} \approx 5{,}28, \end{aligned}$$

$$\begin{aligned} f\left(\frac{-5-\sqrt{105}}{8}\right) &= 5\cdot\left(\frac{-5-\sqrt{105}}{8}\right)+2 \\ &= \frac{-25-5\sqrt{105}}{8}+\frac{16}{8} \\ &= \frac{-9-5\sqrt{105}}{8} \approx -7{,}53. \end{aligned}$$

Die Funktionen schneiden sich näherungsweise in den Punkten $P_1(0{,}66; 5{,}28)$, $P_2(-1{,}91; -7{,}53)$.

→ *Zur Aufgabe auf Seite 67*

b) Bei der Lösung dieser Aufgabe wird die p-q-Formel trainiert.

Tipp: Setzen Sie die Funktionen gleich (der Index S wird erneut weggelassen) und stellen Sie die Normalform her:

$$\begin{aligned} 4x^2+10x-3 &= x^2+x+3, \\ 4x^2-x^2+10x-x-3-3 &= 0, \\ 3x^2+9x-6 &= 0, \\ x^2+3x-2 &= 0. \end{aligned}$$

Tipp: Als Nächstes wenden Sie die p-q-Formel an:

$$\begin{aligned} x_{1,2} &= -\frac{3}{2} \pm \sqrt{\left(\frac{3}{2}\right)^2+2} \\ &= -\frac{3}{2} \pm \sqrt{\frac{9}{4}+\frac{8}{4}}. \end{aligned}$$

$$\begin{aligned} x_{1,2} &= -\frac{3}{2} \pm \sqrt{\frac{17}{4}} \\ &= -\frac{3}{2} \pm \frac{\sqrt{17}}{2}. \end{aligned}$$

$$x_1 = \frac{-3+\sqrt{17}}{2} \approx 0{,}56, \qquad x_2 = \frac{-3-\sqrt{17}}{2} \approx -3{,}56.$$

Tipp: Zur Berechnung der y-Koordinaten der Schnittpunkte setzen Sie die x-Koordinaten in eine der beiden Funktionsvorschriften ein, beispielsweise bietet sich die zweite an. Die Ausdrücke werden gleichnamig gemacht und zusammengefasst:

$$\begin{aligned} f\left(\frac{-3+\sqrt{17}}{2}\right) &= \frac{\left(-3+\sqrt{17}\right)^2}{4} + \frac{-3+\sqrt{17}}{2} + 3 \\ &= \frac{9-6\sqrt{17}+17}{4} + \frac{-6+2\sqrt{17}}{4} + \frac{12}{4} \\ &= \frac{9+17-6+12-6\sqrt{17}+2\sqrt{17}}{4} \\ &= \frac{32-4\sqrt{17}}{4} \approx 3{,}88. \end{aligned}$$

$$\begin{aligned} f\left(\frac{-3-\sqrt{17}}{2}\right) &= \frac{\left(-3-\sqrt{17}\right)^2}{4} + \frac{-3-\sqrt{17}}{2} + 3 \\ &= \frac{9+6\sqrt{17}+17}{4} + \frac{-6-2\sqrt{17}}{4} + \frac{12}{4} \\ &= \frac{9+17-6+12+6\sqrt{17}-2\sqrt{17}}{4} \\ &= \frac{32+4\sqrt{17}}{4} \approx 12{,}12. \end{aligned}$$

Die Parabeln schneiden sich näherungsweise in den Punkten $P_1(0{,}56; 3{,}88)$, $P_2(-3{,}56; 12{,}12)$.

→ *Zur Aufgabe auf Seite 67*

c) Diese Aufgabe enthält den Parameter a, deshalb ist eine „Kurvenschar“ von Parabeln gegeben.

Tipp: Gehen Sie wie gewohnt vor, indem Sie die Funktionsvorschriften gleichsetzen:

$$4x^2 + 10x - 3 = 3x^2 + (10-2a)x - 2 + 2a.$$

Tipp: Formen Sie die Gleichung um:

$$4x^2 - 3x^2 + 10x - 10x + 2ax - 3 + 2 - 2a = 0,$$

$$x^2 + 2ax - 1 - 2a = 0.$$

Tipp: Bestimmen Sie die Lösungen mit der die p-q-Formel:

$$\begin{aligned} x_{1,2} &= -\frac{2a}{2} \pm \sqrt{a^2 + 2a + 1} \\ &= -a \pm \sqrt{(a+1)^2}. \end{aligned}$$

Tipp: Es muss gesichert sein, dass der Term unter der Wurzel nicht negativ ist. Dies ist wegen des quadratischen Ausdrucks in diesem Fall garantiert, sodass folgt:

$$x_{1,2} = -a \pm (a+1).$$

$$\begin{aligned} x_1 &= -a + (a+1) = -a + a + 1 = 1, \\ x_2 &= -a - (a+1) = -a - a - 1 = -2a - 1. \end{aligned}$$

Tipp: Nun werden die y-Werte ermittelt:

$$f(1) = 4 \cdot 1^2 + 10 \cdot 1 - 3 = 11.$$

$$\begin{aligned} f(-2a-1) &= 4(-2a-1)^2 + 10(-2a-1) - 3 \\ &= 4\left(4a^2 + 4a + 1\right) - 20a - 10 - 3 \\ &= 16a^2 + 16a - 20a + 4 - 10 - 3, \\ &= 16a^2 - 4a - 9. \end{aligned}$$

Die Parabel schneidet die Parabelschar in den Punkten $P_1(1; 11), P_2(-2a - 1; 16a^2 - 4a - 9)$.

→ *Zur Aufgabe auf Seite 67*

Zu 8.3.4 Übung

a) Bei der Lösung dieser quadratischen Ungleichung wird ebenfalls die p-q-Formel angewendet.

Tipp: Vereinfachen Sie die Ungleichung, um die Normalform anwenden zu können:

$$\begin{aligned} x^2 + 2x^2 + 3x + 3x - 2 - 7 &< 0, \\ 3x^2 + 6x - 9 &< 0, \\ x^2 + 2x - 3 &< 0. \end{aligned}$$

Tipp: Bestimmen Sie mithilfe der p-q-Formel zunächst die Nullstellen von $x^2 + 2x - 3 = 0$:

$$x_{1,2} = -\frac{2}{2} \pm \sqrt{\left(\frac{2}{2}\right)^2 + 3}$$

$$x_{1,2} = -1 \pm \sqrt{4}.$$

$$x_1 = 1, \qquad x_2 = -3.$$

Tipp: Um den Graphen besser skizzieren zu können, sollte man die Scheitelpunktform der Parabel herstellen:

$$\begin{aligned} f(x) &= x^2 + 2x - 3 \\ &= x^2 + 2 \cdot 1 \cdot x + 1^2 - 4 \\ &= (x+1)^2 - 4. \end{aligned}$$

Tipp: Skizzieren Sie die Funktion. Die Lösungsmenge umfasst alle x-Werte, zu denen negative Funktionswerte zugeordnet sind, die Parabel liegt dann unter der x-Achse (Abb. 13.8). Die Nullstellen sind keine Elemente der Lösungsmenge

$$\mathsf{L} = \{x \mid -3 < x < 1\}.$$

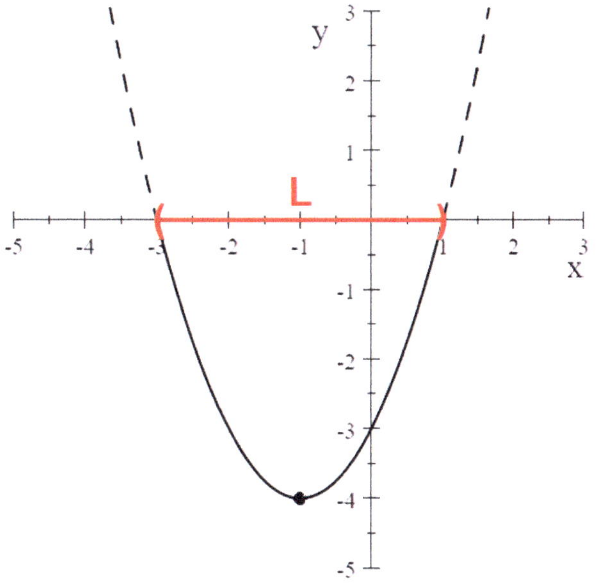

Abb. 13.8 Lösungsmenge einer quadratischen Ungleichung

→ *Zur Aufgabe auf Seite 68*

b) Bei der Lösung dieser Aufgabe wird das Umformen von quadratischen Ungleichungen trainiert.

Tipp: Ungleichungen kann man fast wie Gleichungen umformen. Beseitigen Sie zuerst die Brüche:

$$\begin{aligned} \frac{3x(x+2)}{15} - \frac{x+3}{15} &> \frac{5x+25}{15}, \\ 3x(x+2) - x - 3 &> 5x + 25. \end{aligned}$$

Tipp: Die Ungleichung sollten Sie weiter vereinfachen und alle Terme auf einer Seite sortieren:

$$\begin{aligned} 3x^2 + 6x - x - 3 &> 5x + 25, \\ 3x^2 + 6x - x - 5x - 3 - 25 &> 0, \\ 3x^2 - 28 &> 0, \\ x^2 - \frac{28}{3} &> 0. \end{aligned}$$

Tipp: Nun können die Nullstellen ermittelt werden. Dafür ist hier keine p-q-Formel notwendig:

$$\begin{aligned} x_1 &= \sqrt{\frac{28}{3}} &\approx& \quad 3{,}06, \\ x_2 &= -\sqrt{\frac{28}{3}} &\approx& \quad -3{,}06. \end{aligned}$$

Tipp: Entweder Sie nutzen nun Ihre Kenntnis vom Verlauf der nach oben geöffneten Normalparabel $y = x^2 - \frac{28}{3}$, oder Sie setzen einen beliebigen Testwert zwischen $-\sqrt{\frac{28}{3}}$ und $\sqrt{\frac{28}{3}}$ ein, um zu ermitteln, wo die Funktionswerte größer null sind.

Wählt man als Testwert $x_* = 0$, lautet der y-Wert

$$f(0) = 0^2 - \frac{28}{3} = -\frac{28}{3}.$$

Die Funktion ist daher im Intervall zwischen den Nullstellen kleiner null; dieser Bereich gehört nicht zur Lösungsmenge:

$$\mathsf{L} = \left(-\infty; -\sqrt{\frac{28}{3}}\right) \cup \left(\sqrt{\frac{28}{3}}, +\infty\right).$$

→ *Zur Aufgabe auf Seite 68*

c) Bei der Lösung dieser Aufgabe wird erneut die p-q-Formel angewendet.

Tipp: Stellen Sie die Ungleichung um und versuchen Sie, möglichst geschickt vorzugehen. Beispielsweise könnte eine binomische Formel (s. Abschn. 3.1) verwendet werden:

$$\begin{aligned} (2x + 8) \cdot (2x - 8) &= (2x)^2 - 8^2, \\ \Rightarrow \quad 4x^2 - 64 &< 4x. \end{aligned}$$

Tipp: Als Nächstes wird die Ungleichung in die Normalform überführt:

$$\begin{aligned} 4x^2 - 64 - 4x &< 0, \\ x^2 - x - 16 &< 0. \end{aligned}$$

Tipp: Ermitteln Sie nun die Nullstellen der entsprechenden quadratischen Gleichung:

$$\begin{aligned} x_{1,2} &= \frac{1}{2} \pm \sqrt{\left(\frac{1}{2}\right)^2 + 16} \\ &= \frac{1}{2} \pm \sqrt{0{,}25 + 16} \\ &= \frac{1}{2} \pm \sqrt{16{,}25}. \end{aligned}$$

$$\begin{aligned} x_1 &= \frac{1}{2} + \sqrt{16{,}25} &\approx& \quad 4{,}53, \\ x_2 &= \frac{1}{2} - \sqrt{16{,}25} &\approx& \quad -3{,}53. \end{aligned}$$

Tipp: Untersuchen Sie, ob die Funktionswerte von $f(x) = x^2 - x - 16$ im Intervall zwischen oder außerhalb der Nullstellen negativ sind. Sie können diese Untersuchung mit einem der beiden Verfahren aus den Teilaufgaben **a)** und **b)** durchführen.

Beispielsweise ergibt sich beim Einsetzen des Testwerts $x_* = 0$

$$f(0) = 0^2 - 0 - 16 = -16.$$

Die Funktion ist daher im Intervall zwischen den Nullstellen negativ. Die Lösungsmenge lautet

$$\mathsf{L} = \left\{ x \mid \frac{1}{2} - \sqrt{16{,}25} < x < \frac{1}{2} + \sqrt{16{,}25} \right\}.$$

→ *Zur Aufgabe auf Seite 68*

13.9 Potenz- und Wurzelfunktionen, Wurzelgleichungen

Zu 9.3.1 Übung

Tipp: Als Erstes empfiehlt es sich, die Definitionsmenge zu bestimmen. Dabei muss gelten:

$$\begin{aligned} (x - 1 \geq 0) \quad &\wedge \quad (x + 1 \geq 0) \quad \wedge \quad (2x + 1 \geq 0), \\ (x \geq 1) \quad &\wedge \quad (x \geq -1) \quad \wedge \quad \left(x \geq -\frac{1}{2}\right). \end{aligned}$$

Somit ergibt sich die Definitionsmenge als Schnittmenge der drei Teilmengen, d. h. aus der stärksten Bedingung $x \geq 1$:

$$\mathsf{D} = [1, +\infty).$$

Tipp: Nun sollte man die Gleichung auf beiden Seiten quadrieren. Dabei ist zu beachten, dass auf der linken Seite eine binomische Formel verwendet werden kann:

$$\begin{aligned}\left(\sqrt{x-1}+\sqrt{x+1}\right)^2 &= \left(\sqrt{2x+1}\right)^2,\\ x-1+2\sqrt{x^2-1}+x+1 &= 2x+1.\end{aligned}$$

Tipp: Im nächsten Schritt kann man die Gleichung so umformen, dass auf einer Seite nur die Wurzel steht und auf der anderen die restlichen Terme:

$$\sqrt{x^2-1}=\frac{1}{2}.$$

Tipp: Die Gleichung quadriert man noch einmal auf beiden Seiten:

$$x^2-1=\frac{1}{4},\ x^2=\frac{5}{4}.$$

Zur Lösung gehört jedoch nur

$$x=\frac{\sqrt{5}}{2},$$

da der zweite Wert $x=-\frac{\sqrt{5}}{2}$ eine Scheinlösung ist; er liegt nicht in der Definitionsmenge.

→ *Zur Aufgabe auf Seite 77*

Zu 9.3.2 Übung

Tipp: Bestimmen Sie zunächst den Definitionsbereich für x:

$$(3x+4\geq 0)\quad\wedge\quad(2x-5\geq 0)\quad\wedge\quad(3x-5\geq 0),$$

$$\left(x\geq -\frac{4}{3}\right)\quad\wedge\quad\left(x\geq\frac{5}{2}\right)\quad\wedge\quad\left(x\geq\frac{5}{3}\right).$$

Damit lautet der Definitionsbereich

$$\mathsf{D}=\left[\frac{5}{2},+\infty\right).$$

Tipp: Anschließend sollten Sie die Gleichung wieder auf beiden Seiten quadrieren und auf der linken Seite eine binomische Formel verwenden:

$$75x+100-30\sqrt{3x+4}\sqrt{2x-5}+18x-45=48x-80.$$

Tipp: Nun können Sie die Gleichung so umformen, dass die Wurzel auf einer Seite steht und die restlichen Terme auf der anderen:

$$-30\sqrt{6x^2-7x-20}=-45x-135.$$

Tipp: Um die Wurzel zu beseitigen, wird die Gleichung noch einmal quadriert:

$$\begin{aligned}900\left(6x^2-7x-20\right) &= (-45x-135)^2\\ 5\,400x^2-6\,300x-18\,000 &= 2\,025x^2+12\,150x+18\,225.\end{aligned}$$

Als Nächstes sollten Sie die entstandene quadratische Gleichung unter Beachtung der Zerlegungen in Primfaktoren vereinfachen und in die Normalform umschreiben:

$$\begin{aligned} 3\,375x^2 - 18\,450x - 36\,225 &= 0, \\ x^2 - \frac{18\,450}{3\,375}x - \frac{36\,225}{3\,375} &= 0, \\ x^2 - \frac{2 \cdot 3^2 \cdot 5^2 \cdot 41}{3^3 \cdot 5^3}x - \frac{3^2 \cdot 5^2 \cdot 7 \cdot 23}{3^3 \cdot 5^3} &= 0, \\ x^2 - \frac{82}{15}x - \frac{161}{15} &= 0. \end{aligned}$$

$$\begin{aligned} x_{1,2} &= \frac{41}{15} \pm \sqrt{\left(\frac{41}{15}\right)^2 + \frac{161}{15}} \\ &= \frac{41}{15} \pm \sqrt{\frac{4\,096}{225}} \\ &= \frac{41}{15} \pm \frac{64}{15}. \end{aligned}$$

Die Lösungsmenge umfasst jedoch nur $x_1 = 7$. Dieser Wert liegt im Definitionsbereich und erfüllt die Ausgangsgleichung. Dagegen ist der Wert $x_2 = -\frac{23}{15}$ eine Scheinlösung; x_2 gehört nicht zur Definitionsmenge.

→ *Zur Aufgabe auf Seite 77*

Zu 9.3.3 Übung

Tipp: Bestimmen Sie zunächst wie gewohnt den Definitionsbereich für x. Aufgrund des Quadrates bleibt der Term a^2 unter der Wurzel immer positiv:

$$\left(x + 5a^2 \geq 0\right) \quad \wedge \quad \left(x - 3a^2 \geq 0\right).$$

Damit lautet der Definitionsbereich

$$\mathsf{D} = \left[3a^2, \infty\right).$$

Tipp: Nun kann die Gleichung auf beiden Seiten quadriert werden. Dabei ist auf der rechten Seite zu beachten, dass dort eine binomische Formel auftritt:

$$x + 5a^2 = 16a^2 - 8a\sqrt{x - 3a^2} + x - 3a^2.$$

Tipp: Analog zu den vorherigen Übungen wird die Gleichung nun so umgeformt, dass die Wurzel auf einer Seite der Gleichung isoliert ist:

$$a = \sqrt{x - 3a^2}.$$

Tipp: Anschließend wird der Ausdruck noch einmal quadriert und die Formel nach x umgestellt:

$$a^2 = x - 3a^2 \quad \Rightarrow \quad x = 4a^2.$$

Dieser x-Wert ist die Lösung, er liegt in der Definitionsmenge und erfüllt die Ausgangsgleichung.

→ *Zur Aufgabe auf Seite 78*

Zu 9.3.4 Übung

Tipp: Bestimmen Sie zunächst den Definitionsbereich der Gleichung:

$$(x - 4ab \geq 0) \quad \wedge \quad (9x + 4ab \geq 0) \quad \wedge \quad (x - ab \geq 0).$$

Der Definitionsbereich lautet somit

$$\mathsf{D} = [4ab, \infty).$$

Tipp: Die Gleichung wird nun auf beiden Seiten quadriert. Dabei sollte wiederum auf der linken Seite eine binomische Formel verwendet werden:

$$x - 4ab + 2\sqrt{x - 4ab}\sqrt{9x + 4ab} + 9x + 4ab = 16x - 16ab.$$

Tipp: In gewohnter Vorgehensweise wird die Wurzel auf einer Seite der Gleichung isoliert:

$$\sqrt{9x^2 - 32abx - 16a^2b^2} = 3x - 8ab.$$

Tipp: Jetzt müssen Sie die Gleichung nur noch ein weiteres Mal quadrieren und unter Beachtung von $ab > 0$ zum Schluss nach x auflösen:

$$\begin{aligned} 9x^2 - 32abx - 16a^2b^2 &= 9x^2 - 48abx + 64a^2b^2, \\ 16abx &= 80a^2b^2 \\ x &= 5ab. \end{aligned}$$

Die Lösungsmenge lautet $\mathsf{L} = \{5ab\}$.

→ *Zur Aufgabe auf Seite 78*

13.10 Exponential- und Logarithmusfunktionen

Zu 10.3.1 Übung

Tipp: Wenden Sie die Potenzgesetze an und formen Sie die Gleichung entsprechend um:

$$2^{2x}\left(2^3 + 3\right) = 22.$$

Tipp: Vereinfachen Sie nun die Exponentialgleichung:

$$2^{2x} = 2^1.$$

Tipp: Man kann auf beiden Seiten logarithmieren; bei gleicher Basis müssen die Exponenten gleich sein. Die Lösung lautet somit $x = \frac{1}{2}$.

→ *Zur Aufgabe auf Seite 86*

Zu 10.3.2 Übung

Tipp: Wenden Sie zunächst wieder die Definition der Wurzeln an:

$$a^{\frac{3x-7}{2}} = a^{\frac{4x-3}{3}}.$$

Tipp: Bei gleicher Basis müssen auch die Exponenten gleich sein:

$$\frac{3x-7}{2} = \frac{4x-3}{3}.$$

Zuletzt muss die Gleichung nur noch nach x umgestellt werden. Die Lösung lautet $x = 15$.

→ *Zur Aufgabe auf Seite 86*

Zu 10.3.3 Übung

Tipp: Wenden Sie zunächst das entsprechende Potenzgesetz an und formen Sie die Gleichung um:

$$4^x \left(4^3 - 13 \cdot 4\right) = 2^{3x} \left(2^{-1} - 2^{-3}\right).$$

Tipp: Vereinfachen Sie anschließend den Term:

$$32 \cdot 4^x = 2^{3x}.$$

Tipp: An dieser Stelle können Sie die Gleichung entweder logarithmieren und mithilfe der Logarithmengesetze vereinfachen:

$$\begin{aligned} x \cdot \lg 4 + \lg 32 &= 3x \cdot \lg 2, \\ x \cdot \lg 2^2 + \lg 2^5 &= 3x \cdot \lg 2, \\ 2 \cdot \lg 2 \cdot x + 5 \cdot \lg 2 &= 3 \cdot \lg 2 \cdot x, \\ 2x + 5 &= 3x, \end{aligned}$$

oder weiter unter Beachtung von $32 = 2^5$ und $4 = 2^2$ zusammenfassen, um dann zu logarithmieren:

$$2^{5+2x} = 2^{3x}.$$

Beide Rechenwege führen zur Lösung $x = 5$.

→ *Zur Aufgabe auf Seite 87*

Zu 10.3.4 Übung

Tipp: Da die Basis der Exponentialausdrücke auf beiden Seiten der Gleichung verschieden ist, sollten Sie zuerst logarithmieren, beispielsweise mit dem dekadischen Logarithmus:

$$\frac{2x+1}{x+2} \lg 32 = \frac{6x-1}{4x-1} \lg 4.$$

Tipp: Die Gleichung sollten Sie nun so umformen, dass die Logarithmen auf einer Seite stehen und Brüche auf der anderen. Dann wenden Sie die Logarithmengesetze an:

$$\frac{2x+1}{x+2} \cdot \frac{4x-1}{6x-1} = \frac{\lg 4}{\lg 32} = \frac{2 \cdot \lg 2}{5 \cdot \lg 2} = \frac{2}{5} = 0{,}4.$$

Tipp: Nun können Sie die Gleichung weiter umformen und vereinfachen:

$$(2x+1)\,(4x-1) \quad = \quad 0{,}4\,(x+2)\,(6x-1)\,.$$

Schreibt man alle Terme auf die linke Seite und multipliziert mit $\frac{10}{56}$, erhält man die Normalform mit exakten Koeffizienten:

$$\begin{aligned} 56x^2 - 24x - 2 &= 0, \\ x^2 - \frac{24}{56}x - \frac{2}{56} &= 0, \\ x^2 - \frac{6}{14}x - \frac{128}{56} &= 0. \end{aligned}$$

Tipp: Die entstandene quadratische Gleichung lässt sich in gewohnter Weise lösen:

$$\begin{aligned} x_{1,2} &= \frac{3}{14} \pm \sqrt{\left(\frac{3}{14}\right)^2 + \frac{1}{28}} \\ &= \frac{3}{14} \pm \sqrt{\frac{16}{196}} \\ &= \frac{3}{14} \pm \frac{4}{14}. \end{aligned}$$

Tipp: Abschließend sollten Sie die Probe nicht vergessen. Die Lösung lautet

$$\mathsf{L} = \left\{\frac{1}{2}, -\frac{1}{14}\right\}.$$

→ *Zur Aufgabe auf Seite 87*

Zu 10.3.5 Übung

Tipp: Beide Logarithmen müssen existieren, die Schnittmenge aus den entsprechenden Bedingungen ergibt die Definitionsmenge:

$$\left(x > -\frac{3}{2}\right) \wedge (x > -1) \quad \Rightarrow \quad \mathsf{D} = (-1{,}\infty).$$

Tipp: Stellen Sie die Gleichung so um, dass alle logarithmischen Ausdrücke auf einer Seite stehen:

$$\lg(2x+3) - \lg(x+1) = 1.$$

Tipp: Wenden Sie nun das betreffende Logarithmengesetz an, um die Terme zusammenzufassen:

$$\lg\left(\frac{2x+3}{x+1}\right) = 1.$$

Tipp: Da es sich um einen dekadischen Logarithmus handelt, folgt:

$$\frac{2x+3}{x+1} = 10^1 = 10.$$

Tipp: Nun müssen Sie die Gleichung nur noch nach x auflösen:

$$x = -\frac{7}{8}.$$

Zum Schluss sollten Sie eine Probe durchführen. Die Lösung lautet

$$\mathsf{L} = \left\{-\frac{7}{8}\right\}.$$

→ *Zur Aufgabe auf Seite 87*

Zu 10.3.6 Übung

Tipp: Fassen Sie zunächst die beiden logarithmischen Ausdrücke zusammen:

$$\log_x\left(4\sqrt{2}\right) = \frac{1}{2}.$$

Tipp: Lösen Sie den Logarithmus auf:

$$4\sqrt{2} = x^{\frac{1}{2}} = \sqrt{x}.$$

Tipp: Nun können Sie die Gleichung auf beiden Seiten quadrieren.

Als Lösung erhalten Sie $x = 32$.

→ *Zur Aufgabe auf Seite 87*

Zu 10.3.7 Übung

Tipp: Beide Logarithmen müssen existieren, der Definitionsbereich lautet daher

$$\mathsf{D} = \{x \in \mathbb{R} | \, x > 9\}.$$

Tipp: Vereinfachen Sic dic Gleichung nun mithilfe der Logarithmengesetze:

$$\frac{1}{2}\lg\big((2x-1)(x-9)\big) = 1.$$

Tipp: Multiplizieren Sie mit 2 und wenden Sie die Definition des dekadischen Logarithmus an:

$$\lg\big((2x-1)(x-9)\big) = 2 \cdot \lg 10,$$
$$(2x-1)(x-9) = 10^2.$$

Tipp: Die entstandene Gleichung lässt sich nun mithilfe der p-q-Formel auflösen:

$$\begin{aligned} 2x^2 - 19x + 9 &= 10^2, \\ x^2 - \frac{19}{2}x - \frac{91}{2} &= 0, \end{aligned}$$

$$\begin{aligned} x_{1,2} &= \frac{19}{4} \pm \sqrt{\left(\frac{19}{4}\right)^2 + \frac{91}{2}} \\ &= \frac{19}{4} \pm \sqrt{\frac{361}{16} + \frac{728}{16}} \\ &= \frac{19}{4} \pm \frac{33}{4}. \end{aligned}$$

$$x_1 = 13, \quad x_2 = -3{,}5.$$

Da $x_2 = -3{,}5$ nicht in der Definitionsmenge liegt, ist dieser Wert eine Scheinlösung und entfällt. Die Lösungsmenge lautet $\mathsf{L} = \{13\}$.

→ *Zur Aufgabe auf Seite 87*

Zu 10.3.8 Übung

Tipp: Der Definitionsbereich umfasst die Menge aller positiven reellen Zahlen $\mathbb{R}^+$.

Tipp: Logarithmengesetze sind bei dieser Aufgabe nicht weiter anwendbar. Schreiben Sie die Gleichung zunächst um:

$$3\big(\lg(x)\big)^{\frac{1}{2}} - \lg(x) = 2.$$

Tipp: In dieser Situation bietet sich eine Substitution der Form $z = \lg(x)$ an:

$$3 \cdot \sqrt{z} - z = 2.$$

Tipp: Stellen Sie die entstandene Wurzelgleichung nun so um, dass der Wurzelausdruck auf einer Seite isoliert ist:

$$3 \cdot \sqrt{z} = 2 + z.$$

Tipp: Nun können Sie die Gleichung quadrieren und erhalten bzgl. der Hilfsgröße z eine quadratische Gleichung. Mithilfe der p-q-Formel können Sie zunächst die z-Werte bestimmen:

$$\begin{aligned} z^2 + 4z + 4 &= 9z, \\ z^2 - 5z + 4 &= 0, \end{aligned}$$

$$z_{1,2} = \frac{5}{2} \pm \sqrt{\left(\frac{5}{2}\right)^2 - 4}.$$

Die z-Werte lauten $z_1 = 1$, $z_2 = 4$.

Tipp: Schließlich müssen Sie mit den z-Werten die Ausdrücke resubstituieren:

$$\lg(x_1) = 1, \quad \lg(x_2) = 4.$$

Die Lösungen lauten $x_1 = 10$, $x_2 = 10000$. Zum Schluß sollten Sie noch die Probe durchführen.

→ *Zur Aufgabe auf Seite 87*

13.11 Trigonometrische Funktionen

Zu 11.3.1 Übung

Tipp: Ersetzen Sie zunächst $\tan x$:

$$\tan x = \frac{\sin x}{\cos x} \quad \Rightarrow \quad \frac{\sin x}{\cos x} + \sin x = 0.$$

Tipp: Klammern Sie nun $\sin x$ aus:

$$\sin x \left(\frac{1}{\cos x} + 1 \right) = 0.$$

Tipp: Bei einem Produkt, das gleich null ist, muss mindestens einer der Faktoren ebenfalls den Wert null annehmen:

$$(\sin x = 0) \quad \vee \quad \left(\frac{1}{\cos x} + 1 = 0 \right).$$

Tipp: Nun können Sie beide Gleichungen separat lösen:

$$(\sin x = 0) \quad \vee \quad (\cos x = -1).$$

Die Lösungen lauten $x_1 = 0$, $x_2 = \pi$, $x_3 = 2\pi$.

→ *Zur Aufgabe auf Seite 99*

Zu 11.3.2 Übung

Tipp: Wenn Sie den trigonometrischen Satz des Pythagoras (s. Abschn. 11.1)

$$\sin^2 x + \cos^2 x = 1$$

anwenden, kann der Term mit dem Kosinus ersetzt werden:

$$\begin{aligned} \Rightarrow \quad \left(1 - \sin^2 x\right) - 2\sin x + 2 &= 0, \\ -\sin^2 x - 2\sin x + 3 &= 0. \end{aligned}$$

Tipp: Diese Gleichung wird als Nächstes mithilfe einer Substitution $\sin x = u$, $u \in [-1{,}1]$ und der p-q-Formel gelöst:

$$-u^2 - 2u + 3 = 0 \quad \Rightarrow \quad u^2 + 2u - 3 = 0.$$

$$u_1 = \sin x_1 = -3, \qquad u_2 = \sin x_2 = 1.$$

Der Wert $u_1 = \sin x_1 = -3$ entfällt, da $\sin x_1 = -3 \notin [-1{,}1]$.

Tipp: Durch Resubstituieren, d. h. durch Umkehrung der vorherigen Substitution, erhält man im vorgegebenen Intervall die Lösung

$$u_2 = \sin x_2 \quad \Rightarrow \quad x_2 = \frac{\pi}{2}.$$

→ *Zur Aufgabe auf Seite 99*

Zu 11.3.3 Übung

Tipp: Sie sollten folgende Formel für den doppelten Winkel mit der Sinusfunktion verwenden (s. Abschn. 11.1):

$$\sin(2x) = 2\sin x \cos x.$$

Im gegebenen Term kann für $\sin^2(2x)$ substituiert und die erste binomische Formel verwendet werden:

$$\Rightarrow \quad \sin^4 x + \frac{1}{2} \cdot 4\sin^2 x \cos^2 x + \cos^4 x \quad = \quad \left(\sin^2 x + \cos^2 x\right)^2.$$

Tipp: Jetzt können Sie den trigonometrischen Pythagoras nutzen, der Ausdruck vereinfacht sich und liefert letztendlich als Ergebnis 1.

→ *Zur Aufgabe auf Seite 99*

Zu 11.3.4 Übung

Tipp: Mithilfe des Satzes des Pythagoras erhalten Sie

$$\left(1 - \cos^2 x\right)^2 - \cos^4 x.$$

Tipp: Nun sollten Sie den ersten Term mithilfe einer binomischen Formel umschreiben:

$$\Rightarrow \quad 1 - 2\cos^2 x + \cos^4 x - \cos^4 x = 1 - 2\cos^2 x.$$

Tipp: Die nochmalige Anwendung des Satzes des Pythagoras ergibt

$$\Rightarrow \quad \sin^2 x + \cos^2 x - 2\cos^2 x = \sin^2 x - \cos^2 x = -\left(-\sin^2 x + \cos^2 x\right).$$

Tipp: Zum Schluss verwendet man die Formel für den doppelten Winkel mit der Kosinusfunktion (s. Abschn. 11.1) und beachtet das Minuszeichen:

$$\cos(2x) = \cos^2 x - \sin^2 x.$$

Die Lösung lautet $-\cos(2x)$.

→ *Zur Aufgabe auf Seite 99*

13.12 Funktionen in Polarkoordinaten

Zu 12.3.1 Übung

a) *Tipp:* Der Winkel φ_A liegt im I. Quadranten, der Winkel φ_B befindet sich im III. Quadranten.

Tipp: Nutzen Sie die Formeln für die Umrechnung der Koordinaten (s. Abschn. 12.1) und setzen Sie die Werte ein:

$$r = \sqrt{x^2 + y^2}, \quad \tan\varphi = \frac{y}{x}.$$

Die Lösung lautet $A(3{,}61; 33{,}69^\circ)$, $B(11{,}4; 232{,}13^\circ)$.

→ *Zur Aufgabe auf Seite 108*

b) *Tipp:* Der Punkt C liegt im I. Quadranten, der Punkt D auf der y-Achse, d. h. in keinem der Quadranten.

Tipp: Die Werte für r und φ kann man in die Formeln zur Umrechnung der Koordinaten einsetzen (s. Abschn. 12.1):

$$x = r \cdot \cos\varphi, \quad y = r \cdot \sin\varphi.$$

Die Lösung lautet demnach $C(4{,}33; 2{,}5)$, $D(0; -2{,}5)$.

→ *Zur Aufgabe auf Seite 108*

Zu 12.3.2 Übung

Tipp: Zur Umformung werden erneut die Formeln zur Umrechnung der Polarkoordinaten verwendet (s. Abschn. 12.1) und in die gegebene Kurvengleichung eingesetzt:

$$\left(r^2\cos^2\varphi + r^2\sin^2\varphi\right)^2 - \left(r^2\cos^2\varphi - r^2\sin^2\varphi\right) = 0.$$

Tipp: Klammern Sie nun r aus beiden Ausdrücken aus:

$$\begin{aligned} \left(r^2\left(\cos^2\varphi + \sin^2\varphi\right)\right)^2 - r^2\left(\cos^2\varphi - \sin^2\varphi\right) &= 0, \\ r^4\left(\cos^2\varphi + \sin^2\varphi\right)^2 - r^2\left(\cos^2\varphi - \sin^2\varphi\right) &= 0. \end{aligned}$$

Tipp: Beachten Sie die Formeln

$$\sin^2\varphi + \cos^2\varphi = 1, \quad \cos(2\varphi) = \cos^2\varphi - \sin^2\varphi,$$

dann erhalten Sie folgende Vereinfachung:

$$r^4 - r^2\cos(2\varphi) = 0.$$

Tipp: Dividieren Sie die Gleichung durch r^2 und stellen Sie diese dann nach r um.

Die Lösung lautet

$$K: r = \sqrt{\cos(2\varphi)}.$$

→ *Zur Aufgabe auf Seite 108*

Zu 12.3.3 Übung

Tipp: Unter der Bedingung $r = \sqrt{x^2+y^2} > 0$ kann man die Formeln zur Umrechnung der Koordinaten (s. Abschn. 12.1) nach $\cos\varphi$ und $\sin\varphi$ umstellen:

$$\cos\varphi = \frac{x}{\sqrt{x^2+y^2}}, \quad \sin\varphi = \frac{y}{\sqrt{x^2+y^2}}.$$

Diese Ausdrücke setzen Sie in die ursprüngliche Formel ein:

$$\sqrt{x^2+y^2} = \frac{a}{b\cdot\frac{x}{\sqrt{x^2+y^2}} + c\cdot\frac{y}{\sqrt{x^2+y^2}}}.$$

Tipp: Nun fassen Sie die beiden Terme im Nenner zusammen und beseitigen den Doppelbruch:

$$\begin{aligned}\sqrt{x^2+y^2} &= \frac{a}{\frac{bx+cy}{\sqrt{x^2+y^2}}},\\ \sqrt{x^2+y^2} &= \frac{a\sqrt{x^2+y^2}}{bx+cy}.\end{aligned}$$

Tipp: Die Gleichung können Sie als Nächstes auf beiden Seiten mit $bx+cy$ multiplizieren und anschließend durch $\sqrt{x^2+y^2}$ dividieren:

$$(bx+cy)\cdot\sqrt{x^2+y^2} = a\sqrt{x^2+y^2},$$

$$bx+cy = a.$$

Zum Schluss schreiben Sie alles so um, dass auf einer Seite null entsteht. Die Lösung lautet

$$K: \quad bx+cy-a=0.$$

→ *Zur Aufgabe auf Seite 108*

Zu 12.3.4 Übung

Tipp: Substituiert man für $\cos(2\varphi)$, ergibt sich

$$r^2 = 2e^2\left(\cos^2\varphi - \sin^2\varphi\right).$$

Tipp: Aus den Formeln zur Umrechnung der Koordinaten (s. Abschn. 12.1) können Sie die Terme für $\cos\varphi$ und $\sin\varphi$ herleiten. Diesen Schritt haben Sie bereits in Aufgabe 12.3.3 geübt. Nun setzen Sie die Ausdrücke in die gegebene Gleichung ein und multiplizieren beide Seiten mit x^2+y^2:

$$\left(\sqrt{x^2+y^2}\right)^2 = 2e^2\left(\frac{x^2}{\left(\sqrt{x^2+y^2}\right)^2} - \frac{y^2}{\left(\sqrt{x^2+y^2}\right)^2}\right),$$

$$x^2 + y^2 = 2e^2 \cdot \frac{x^2 - y^2}{x^2 + y^2},$$

$$\left(x^2 + y^2\right)^2 = 2e^2 \cdot \left(x^2 - y^2\right).$$

Tipp: Zum Schluß schreiben Sie die Gleichung in die Grundform um, indem Sie alle Terme auf einer Seite separieren. Die Lösung lautet demnach

$$K: \quad \left(x^2 + y^2\right)^2 - 2e^2 \left(x^2 - y^2\right) = 0.$$

→ *Zur Aufgabe auf Seite 109*

14 Hinweise und Lösungen zu den Tests

14.1 Umstellen von Gleichungen

Zu 1.4.1 Test

$\boxed{1}$ $\boldsymbol{g} = y \cdot \left(\frac{R_3 \cdot R_2}{R_4} - \frac{R_0 \cdot 10 \cdot x^2}{C_4 \cdot R_3}\right)$

Falsch! Sie haben wahrscheinlich mit dem Klammerausdruck multipliziert, man muss jedoch dividieren.

$\boxed{2}$ $\boldsymbol{g} = \frac{y \cdot R_3 \cdot R_4 \cdot C_4}{C_4 \cdot {R_3}^2 \cdot R_2 - R_4 \cdot R_0 \cdot 10 \cdot x^2}$

Richtige Lösung!

$\boxed{3}$ $\boldsymbol{g} = \frac{C_4 \cdot R_3^2 \cdot R_2 - R_4 \cdot R_0 \cdot 10 \cdot x^2}{y \cdot R_3 \cdot R_4 \cdot C_4}$

Falsch! Sie haben vermutlich einen Fehler beim Beseitigen der Doppelbrüche gemacht.

$\boxed{4}$ $\boldsymbol{g} = \frac{y}{\frac{R_3 \cdot R_2}{R_4} - \frac{R_0 \cdot 10 \cdot x^2}{C_4 \cdot R_3}}$

Richtige Lösung! Diese Lösung ist jedoch noch nicht in der üblichen Schreibweise; es sollten die Doppelbrüche beseitigt werden, um auf die Form $\boxed{2}$ zu kommen.

Lösungsweg:

$$\begin{aligned} y &= \frac{\boldsymbol{g}^2 \cdot R_3 \cdot R_2}{\boldsymbol{g} \cdot R_4} - \frac{R_0 \cdot 10 \cdot x^2 \cdot \boldsymbol{g}}{C_4 \cdot R_3} \\ &= \frac{\boldsymbol{g} \cdot R_3 \cdot R_2}{R_4} - \frac{R_0 \cdot 10 \cdot x^2 \cdot \boldsymbol{g}}{C_4 \cdot R_3} \\ &= \boldsymbol{g} \cdot \left(\frac{R_3 \cdot R_2}{R_4} - \frac{R_0 \cdot 10 \cdot x^2}{C_4 \cdot R_3}\right). \end{aligned}$$

$$\boldsymbol{g} = \frac{y}{\frac{R_3 \cdot R_2}{R_4} - \frac{R_0 \cdot 10 \cdot x^2}{C_4 \cdot R_3}}.$$

J. Siegert, *Mathematik trainieren: Brüche, Funktionen und Co.*,
https://doi.org/10.1007/978-3-662-56348-9_14

$$\begin{aligned} \boldsymbol{g} &= \frac{y}{\dfrac{C_4 \cdot R_2 \cdot R_3{}^2 - R_0 \cdot R_4 \cdot 10 \cdot x^2}{R_3 \cdot R_4 \cdot C_4}} \\ &= \frac{y \cdot R_3 \cdot R_4 \cdot C_4}{C_4 \cdot R_2 \cdot R_3{}^2 - R_0 \cdot R_4 \cdot 10 \cdot x^2}. \end{aligned}$$

→ Zur Aufgabe auf Seite 5

Zu 1.4.2 Test

1 $\boldsymbol{f_L} = \left((m_1 - \sqrt[3]{a^5} - u_t) \cdot \beta\right)^2$

Falsch! Sie haben vielleicht nicht beachtet, dass bei der Division der Gleichung durch β dieser Parameter in den Nenner der Gleichung gelangt.

2 $\boldsymbol{f_L} = \left(\dfrac{m_1 - \sqrt[3]{a^5} - u_t}{\beta}\right)^2$

Falsch! Wahrscheinlich haben Sie nicht berücksichtigt, dass beim Umkehren des Ausdrucks $\frac{1}{\sqrt{\boldsymbol{f_L}}}$ dies auch mit der anderen Seite gemacht werden muss.

3 $\boldsymbol{f_L} = \left(\dfrac{\beta}{m_1 - \sqrt[3]{a^5} - u_t}\right)^2$

Richtige Lösung!

4 $\boldsymbol{f_L} = \left((m_1 + \sqrt[3]{a^5} + u_t) \cdot \beta\right)^2$

Falsch! Sie haben vermutlich zusätzlich zu dem Fehler in **1** noch einen Vorzeichenfehler zugelassen. Bitte wiederholen Sie Ihre Lösung und vergleichen Sie beide Rechnungen Schritt für Schritt.

Lösungsweg:

$$\begin{aligned} m_1 - \sqrt[3]{\alpha^5} - u_t &= \beta \cdot \left(\frac{1}{\sqrt{\boldsymbol{f_L}}}\right), \\ \frac{m_1 - \sqrt[3]{\alpha^5} - u_t}{\beta} &= \frac{1}{\sqrt{\boldsymbol{f_L}}}, \\ \sqrt{\boldsymbol{f_L}} &= \frac{\beta}{m_1 - \sqrt[3]{\alpha^5} - u_t}, \\ \boldsymbol{f_L} &= \left(\frac{\beta}{m_1 - \sqrt[3]{\alpha^5} - u_t}\right)^2. \end{aligned}$$

→ Zur Aufgabe auf Seite 5

Zu 1.4.3 Test

1 $\boldsymbol{c} = U_d \cdot \dfrac{1}{-\dfrac{U_a - U_b}{f} + \dfrac{U_c}{A}}$

Falsch! Der Ausdruck $\frac{U_c}{A} - \frac{U_d}{\boldsymbol{c}}$ muss mit f multipliziert werden. Sie haben aber vermutlich den genannten Ausdruck durch f geteilt.

2 $\quad \boldsymbol{c} = U_d \cdot \dfrac{1}{-\dfrac{U_a - U_b}{f} + \dfrac{U_c}{A}}$

Richtige Lösung! Sie sollten allerdings noch die Doppelbrüche beseitigen, um auf die Form **3** zu kommen.

3 $\quad \boldsymbol{c} = \dfrac{U_d \cdot f \cdot A}{(U_b - U_a) \cdot A + U_c \cdot f}$

Richtige Lösung!

4 $\quad \boldsymbol{c} = \dfrac{(U_a - U_d) \cdot f}{(U_a - U_b) \cdot A}$

Falsch! Wahrscheinlich haben Sie einen Fehler beim Bilden des gemeinsamen Nenners gemacht:

$$\frac{U_c}{A} - \frac{U_d}{\boldsymbol{c}} \neq \frac{U_c - U_d}{A \cdot \boldsymbol{c}}.$$

Lösungsweg:

$$\begin{aligned}
f \cdot \left(\frac{U_c}{A} - \frac{U_d}{\boldsymbol{c}}\right) &= U_a - U_b, \\
\frac{U_c}{A} - \frac{U_d}{\boldsymbol{c}} &= \frac{U_a - U_b}{f}, \\
-\frac{U_d}{\boldsymbol{c}} &= \frac{U_a - U_b}{f} - \frac{U_c}{A}, \\
\frac{U_d}{\boldsymbol{c}} &= -\frac{U_a - U_b}{f} + \frac{U_c}{A}, \\
\frac{1}{\boldsymbol{c}} &= \frac{1}{U_d}\left(-\frac{U_a - U_b}{f} + \frac{U_c}{A}\right).
\end{aligned}$$

Zum Schluss wird $\boldsymbol{c}$ eliminiert und der Term auf der rechten Seite zusammengefasst:

$$\begin{aligned}
\boldsymbol{c} &= U_d \cdot \frac{1}{\left(-\dfrac{U_a - U_b}{f} + \dfrac{U_c}{A}\right)} \\
&= U_d \cdot \frac{1}{\left(\dfrac{-(U_a - U_b)A + f \cdot U_c}{fA}\right)} \\
&= U_d \cdot \frac{fA}{(-(U_a - U_b)A + f \cdot U_c)}.
\end{aligned}$$

$$\boldsymbol{c} = \frac{U_d \cdot f \cdot A}{(U_b - U_a) \cdot A + f \cdot U_c}.$$

→ *Zur Aufgabe auf Seite 5*

Zu 1.4.4 Test

1 $\boldsymbol{r_2} = \left(\frac{A \cdot Q_1 \cdot r_0 \cdot r_1 \cdot r_3}{-4 \cdot \phi \cdot \pi \cdot \varepsilon \cdot r_1 \cdot d \cdot r_3 + Q_1 \cdot d \cdot r_3 + r_0 \cdot Q_1 \cdot r_1}\right)^2 - B$

Richtige Lösung!

2 $\boldsymbol{r_2} = \left(-\frac{4\phi\pi\varepsilon}{Q_1} + \frac{1}{r_1} + \frac{r_0}{d \cdot r_3}\right)^2 \cdot \left(\frac{r_0 A}{d}\right)^2 + B$

Falsch! Diese Lösung ist leider nicht korrekt. Wahrscheinlich ist Ihnen ein Vorzeichenfehler unterlaufen.

Lösungsweg:

$$\frac{4\phi\pi\varepsilon}{Q_1} = \frac{1}{r_1} - \frac{r_0}{d}\frac{A}{\sqrt{\boldsymbol{r_2} + B}} + \frac{r_0}{d \cdot r_3},$$

Zur besseren Übersicht sollten Sie die Seiten vertauschen und den Term mit $\boldsymbol{r_2}$ eliminieren:

$$\begin{aligned}
-\frac{r_0}{d}\frac{A}{\sqrt{\boldsymbol{r_2} + B}} &= \frac{4\phi\pi\varepsilon}{Q_1} - \frac{1}{r_1} - \frac{r_0}{d \cdot r_3}, \\
\frac{r_0}{d}\frac{A}{\sqrt{\boldsymbol{r_2} + B}} &= -\frac{4\phi\pi\varepsilon}{Q_1} + \frac{1}{r_1} + \frac{r_0}{d \cdot r_3}, \\
\frac{1}{\sqrt{\boldsymbol{r_2} + B}} &= \left(-\frac{4\phi\pi\varepsilon}{Q_1} + \frac{1}{r_1} + \frac{r_0}{d \cdot r_3}\right) \cdot \frac{d}{r_0 A}, \\
\sqrt{\boldsymbol{r_2} + B} &= \frac{1}{\left(-\frac{4\phi\pi\varepsilon}{Q_1} + \frac{1}{r_1} + \frac{r_0}{d \cdot r_3}\right)} \cdot \frac{r_0 A}{d}, \\
\boldsymbol{r_2} + B &= \frac{1}{\left(-\frac{4\phi\pi\varepsilon}{Q_1} + \frac{1}{r_1} + \frac{r_0}{d \cdot r_3}\right)^2} \cdot \left(\frac{r_0 A}{d}\right)^2.
\end{aligned}$$

Als Nächstes sollten Sie die Terme auf der rechten Seite zusammenfassen:

$$\begin{aligned}
\boldsymbol{r_2} &= \frac{1}{\left(-\frac{4\phi\pi\varepsilon}{Q_1} + \frac{1}{r_1} + \frac{r_0}{d \cdot r_3}\right)^2} \cdot \left(\frac{r_0 A}{d}\right)^2 - B \\
&= \frac{1}{\left(\frac{-4 \cdot \phi \cdot \pi \cdot \varepsilon \cdot r_1 \cdot d \cdot r_3 + Q_1 \cdot d \cdot r_3 + r_0 \cdot Q_1 \cdot r_1}{Q_1 \cdot r_1 \cdot d \cdot r_3}\right)^2} \cdot \left(\frac{r_0 A}{d}\right)^2 - B.
\end{aligned}$$

$$\boldsymbol{r_2} = \left(\frac{Q_1 \cdot r_1 \cdot d \cdot r_3}{-4 \cdot \phi \cdot \pi \cdot \varepsilon \cdot r_1 \cdot d \cdot r_3 + Q_1 \cdot d \cdot r_3 + r_0 \cdot Q_1 \cdot r_1}\right)^2 \cdot \left(\frac{r_0 A}{d}\right)^2 - B$$
$$= \left(\frac{A \cdot Q_1 \cdot r_0 \cdot r_1 \cdot r_3}{-4 \cdot \phi \cdot \pi \cdot \varepsilon \cdot r_1 \cdot d \cdot r_3 + Q_1 \cdot d \cdot r_3 + r_0 \cdot Q_1 \cdot r_1}\right)^2 - B.$$

→ *Zur Aufgabe auf Seite 6*

14.2 Potenzen und Wurzeln

Zu 2.4.1 Test

1 $y = \alpha^{k-m-f+l-4} \cdot \beta^{k-\frac{7}{2}} \cdot \mu^{\frac{3}{2}} \cdot \psi^{m+2} \cdot \gamma^{-5} \cdot \Omega$

Falsch! Sie haben vielleicht in der Aufgabenstellung die Division übersehen.

2 $y = \alpha^{\frac{k-3}{(m+f)(l-1)}} \cdot \beta^{\frac{k-3}{2}} \cdot \mu \cdot \psi^{m+2} \cdot \gamma^{-5} \cdot \Omega$

Falsch! Wenn zwei Ausdrücke mit gleicher Basis multipliziert bzw. dividiert werden, dann werden die Potenzen miteinander addiert bzw. voneinander subtrahiert. Sie haben aber wahrscheinlich multipliziert bzw. dividiert.

3 $y = \alpha^{k-m-f-l-2} \cdot \beta^{k-\frac{5}{2}} \cdot \mu^{\frac{5}{2}} \cdot \psi^{m+2} \cdot \gamma^{-5} \cdot \Omega^{-1}$

Richtige Lösung!

4 $y = \alpha^{k+m+f+l-4} \cdot \beta^{k-\frac{5}{2}} \cdot \mu^{\frac{5}{2}} \cdot \psi^{m+2} \cdot \gamma^{-5} \cdot \Omega^{-1}$

Falsch! Sie haben vermutlich vergessen, dass der positive Exponent im Nenner negativ wird, wenn man den entsprechenden Ausdruck in den Zähler schreibt. Statt $a^{k-3} \cdot a^{-(m+f)}$ wurde mit $a^{k-3} \cdot a^{+(m+f)}$ gerechnet.

Lösungsweg:

$$y = \frac{\alpha^{k-3} \cdot \beta^{k-3} \cdot \mu^2 \cdot \psi^{m+2}}{\alpha^{m+f} \cdot \gamma^5} : \frac{\Omega \cdot \alpha^{l-1}}{\beta^{\frac{1}{2}} \cdot \mu^{\frac{1}{2}}}$$
$$= \frac{\alpha^{k-3} \cdot \beta^{k-3} \cdot \mu^2 \cdot \psi^{m+2}}{\alpha^{m+f} \cdot \gamma^5} \cdot \frac{\beta^{\frac{1}{2}} \cdot \mu^{\frac{1}{2}}}{\Omega \cdot \alpha^{l-1}}$$
$$= \alpha^{k-3} \cdot \alpha^{-(m+f)} \cdot \alpha^{-(l-1)} \cdot \beta^{k-3} \cdot \beta^{\frac{1}{2}} \cdot \mu^2 \cdot \mu^{\frac{1}{2}} \cdot \psi^{m+2} \cdot \gamma^{-5} \cdot \Omega^{-1}$$
$$= \alpha^{k-m-f-l-2} \cdot \beta^{k-\frac{5}{2}} \cdot \mu^{\frac{5}{2}} \cdot \psi^{m+2} \cdot \gamma^{-5} \cdot \Omega^{-1}.$$

→ *Zur Aufgabe auf Seite 11*

Zu 2.4.2 Test

1 $\boldsymbol{r} = \pm\sqrt{\frac{y^{m+1}}{a^{pq}}}$

Sie haben die Aufgabe richtig gelöst!

2 $\boldsymbol{r} = \pm\sqrt{\frac{y}{a^{pq}}}$

Falsch! Falls Sie diese Lösung erhalten haben, wurde wahrscheinlich bei der Multiplikation von y mit y^m ein Fehler gemacht.

3 $\boldsymbol{r} = \pm\sqrt[2n]{\frac{y^{m+1}}{a^{pq}}}$

Falsch! Wahrscheinlich haben Sie die Exponenten von $\boldsymbol{r}^{n+1}$ und $\boldsymbol{r}^{n-1}$ addiert, statt diese aufgrund des Potenzgesetzes voneinander zu subtrahieren.

4 $\frac{\boldsymbol{r}^n - \boldsymbol{r}}{\boldsymbol{r}^n + \boldsymbol{r}} = \frac{a^{pq}}{y^{m+1}}$

Falsch! Vermutlich haben Sie einen Fehler in der Anwendung der Potenzgesetze bzw. bei der Berechnung der Potenzen gemacht. Bitte beachten Sie:

$$\boldsymbol{r}^{n-1} \neq \boldsymbol{r}^n - \boldsymbol{r}, \qquad \boldsymbol{r}^{n-1} \neq \boldsymbol{r}^n + \boldsymbol{r}.$$

Lösungsweg:

$$\begin{aligned} y &= \frac{\boldsymbol{r}^{n+1} \cdot a^{pq}}{\boldsymbol{r}^{n-1} \cdot y^m}, \\ y^{m+1} &= \boldsymbol{r}^{n-n+1+1} \cdot a^{pq}, \\ \boldsymbol{r}^2 &= a^{-pq} \cdot y^{m+1}, \\ \boldsymbol{r}^2 &= \frac{y^{m+1}}{a^{pq}}, \\ \boldsymbol{r} &= \pm\sqrt{\frac{y^{m+1}}{a^{pq}}}. \end{aligned}$$

→ *Zur Aufgabe auf Seite 12*

Zu 2.4.3 Test

1 $y = \frac{b^2}{a^4}$

Falsch! Diese Antwort ist falsch, weil Sie wahrscheinlich die Division nicht berücksichtigt haben.

2 $y = \frac{a^8}{b^4}$

Richtige Lösung!

3 $y = \frac{a^2}{b}$

Falsch! Sie haben vermutlich Potenzen mit verschiedener Basis gekürzt.

4 $y = a \cdot b^2$

Falsch! Sie haben wahrscheinlich folgende Fehler gemacht:

$$\frac{a^{\frac{1}{2}}}{b^{\frac{1}{4}}} \neq (ab)^{\frac{1}{2}-\frac{1}{4}},$$
$$\frac{(ab)^{\frac{1}{3}}}{a} \neq \frac{b^{\frac{1}{3}}}{1}.$$

Lösungsweg:

$$\begin{aligned}
y &= \sqrt[3]{\sqrt{\left(\frac{a^{0,5}}{b^{\frac{1}{4}}}\right)^{24}}} : \sqrt[3]{\sqrt[3]{\left(\frac{\sqrt[3]{b \cdot a}}{a}\right)^{81}}} \\
&= \sqrt[3]{\sqrt{\frac{a^{12}}{b^6}}} : \sqrt[3]{\sqrt[3]{\left(\frac{(b \cdot a)^{\frac{1}{3}}}{a}\right)^{81}}} \\
&= \sqrt[3]{\frac{a^{\frac{12}{2}}}{b^{\frac{6}{2}}}} : \sqrt[3]{\sqrt[3]{\frac{(b \cdot a)^{27}}{a^{81}}}} \\
&= \sqrt[3]{\frac{a^6}{b^3}} : \sqrt[3]{\frac{(b \cdot a)^{\frac{27}{3}}}{a^{\frac{81}{3}}}} \\
&= \frac{a^{\frac{6}{3}}}{b^{\frac{3}{3}}} : \sqrt[3]{\frac{(b \cdot a)^9}{a^{27}}} \\
&= \frac{a^2}{b} : \frac{(b \cdot a)^{\frac{9}{3}}}{a^{\frac{27}{3}}} \\
&= \frac{a^2}{b} : \frac{(b \cdot a)^3}{a^9} \\
&= \frac{a^2}{b} \cdot \frac{a^9}{b^3 \cdot a^3}.
\end{aligned}$$

Die Lösung lautet

$$y = \frac{a^8}{b^4} = \left(\frac{a^2}{b}\right)^4.$$

→ *Zur Aufgabe auf Seite 12*

Zu 2.4.4 Test

1 $\boldsymbol{h}^{\frac{131}{84}} = \alpha^{\frac{33}{7}} \beta^{-24} x^{19} \lambda^{-\frac{3}{4}} \quad \Leftrightarrow \quad \boldsymbol{h} = \alpha^{\frac{2772}{917}} \cdot \beta^{-\frac{2016}{131}} \cdot x^{\frac{1596}{131}} \cdot \lambda^{-\frac{63}{131}}$

Falsch! Sie sollten beachten, dass die Zähler in den folgenden zwei Gleichungen nicht übereinstimmen; die dritten Wurzeln fehlen in der rechten Gleichung:

$$\frac{\sqrt[3]{\alpha^4\cdot\beta^5}}{\sqrt[4]{\frac{\lambda^3}{\boldsymbol{h}^7}}}=\frac{\sqrt[3]{(x\cdot\beta)^6\cdot\sqrt[7]{\frac{\boldsymbol{h}^4}{\alpha^5}}}}{\sqrt[5]{(x\cdot\beta)^{125}}}\quad\not\Leftrightarrow\quad\frac{\alpha^4\cdot\beta^5}{\sqrt[4]{\frac{\lambda^3}{\boldsymbol{h}^7}}}=\frac{(x\cdot\beta)^6\cdot\sqrt[7]{\frac{\boldsymbol{h}^4}{\alpha^5}}}{\sqrt[5]{(x\cdot\beta)^{125}}}.$$

2 $\boldsymbol{h}^{-\frac{131}{84}}=\alpha^{\frac{11}{7}}\cdot\beta^{\frac{74}{3}}\cdot x^{23}\cdot\lambda^{-\frac{3}{4}}\quad\Leftrightarrow\quad\boldsymbol{h}=\alpha^{-\frac{132}{131}}\cdot\beta^{-\frac{2072}{131}}\cdot x^{-\frac{1932}{131}}\cdot\lambda^{\frac{63}{131}}$

Richtige Lösung!

3 $\boldsymbol{h}=\alpha^{\frac{63}{262}}\cdot\beta^{\frac{1344}{655}}\cdot x^{\frac{4536}{131}}\cdot\lambda^{-\frac{273}{131}}$

Falsch! Wahrscheinlich ist Ihnen ein Fehler in der Anwendung der Potenzgesetze unterlaufen.

4 $\boldsymbol{h}=\alpha^{\frac{924}{917}}\cdot\beta^{\frac{1344}{655}}\cdot x^{\frac{1932}{131}}\cdot\lambda^{-\frac{273}{131}}$

Falsch! Sie haben wahrscheinlich einen Fehler in der Zusammenfassung der Exponenten.

Lösungsweg:

$$\frac{\alpha^{\frac{4}{3}}\cdot\beta^{\frac{5}{3}}}{\frac{\lambda^{\frac{3}{4}}}{\boldsymbol{h}^{\frac{7}{4}}}}=\frac{\sqrt[3]{(x\cdot\beta)^6\cdot\frac{\boldsymbol{h}^{\frac{4}{7}}}{\alpha^{\frac{5}{7}}}}}{(x\cdot\beta)^{\frac{125}{5}}},$$

$$\frac{\alpha^{\frac{4}{3}}\cdot\beta^{\frac{5}{3}}}{\frac{\lambda^{\frac{3}{4}}}{\boldsymbol{h}^{\frac{7}{4}}}}=\frac{(x\cdot\beta)^{\frac{6}{3}}\cdot\left(\frac{\boldsymbol{h}^{\frac{4}{7}}}{\alpha^{\frac{5}{7}}}\right)^{\frac{1}{3}}}{(x\cdot\beta)^{\frac{125}{5}}},$$

$$\frac{\alpha^{\frac{4}{3}}\cdot\beta^{\frac{5}{3}}}{\frac{\lambda^{\frac{3}{4}}}{\boldsymbol{h}^{\frac{7}{4}}}}=\frac{(x\cdot\beta)^2\cdot\frac{\boldsymbol{h}^{\frac{4}{21}}}{\alpha^{\frac{5}{21}}}}{(x\cdot\beta)^{25}},$$

$$\frac{\alpha^{\frac{4}{3}}\cdot\beta^{\frac{5}{3}}}{\lambda^{\frac{3}{4}}\cdot\boldsymbol{h}^{-\frac{7}{4}}}=\frac{(x\cdot\beta)^2\cdot\boldsymbol{h}^{\frac{4}{21}}\cdot\alpha^{-\frac{5}{21}}}{(x\cdot\beta)^{25}},$$

$$\frac{\alpha^{\frac{4}{3}}\cdot\beta^{\frac{5}{3}}\cdot(x\cdot\beta)^{25}}{\lambda^{\frac{3}{4}}\cdot(x\cdot\beta)^2\cdot\alpha^{-\frac{5}{21}}}=\boldsymbol{h}^{\frac{4}{21}}\cdot\boldsymbol{h}^{-\frac{7}{4}}.$$

$$\boldsymbol{h}^{\frac{4}{21}}\boldsymbol{h}^{-\frac{7}{4}}=\left(\alpha^{\frac{4}{3}}\alpha^{\frac{5}{21}}\right)\cdot\left(\beta^{\frac{5}{3}}\beta^{25}\beta^{-2}\right)\cdot\left(x^{25}x^{-2}\right)\cdot\lambda^{-\frac{3}{4}},$$

$$\boldsymbol{h}^{-\frac{131}{84}}=\alpha^{\frac{11}{7}}\cdot\beta^{\frac{74}{3}}\cdot x^{23}\cdot\lambda^{-\frac{3}{4}}.$$

Die Lösung lautet

$$\boldsymbol{h} = \alpha^{-\frac{132}{131}} \cdot \beta^{-\frac{2072}{131}} \cdot x^{-\frac{1932}{131}} \cdot \lambda^{\frac{63}{131}}.$$

→ *Zur Aufgabe auf Seite 12*

14.3 Binomische Formeln und binomischer Lehrsatz

Zu 3.4.1 Test

1 $y = \frac{n+1}{n-1} \cdot \sqrt{\frac{1}{n-1}}$

Falsch! Wahrscheinlich haben Sie den Binomialkoeffizienten nicht berücksichtigt oder falsch angewendet. Bitte beachten Sie:

$$\binom{n}{n-1} \neq \frac{n}{n-1}, \qquad \binom{n}{n-1} \neq \frac{n!}{n-1},$$

$$\binom{n}{n-1} = \binom{n}{1} = \frac{n!}{(n-1)! \cdot 1!} = \frac{n \cdot (n-1)!}{(n-1)!} = n.$$

2 $y = \frac{n+1}{n-1}$

Richtige Lösung!

3 $y = \frac{n+1}{n-1} \cdot \sqrt{\frac{n+1}{n-1}}$

Falsch! Sie sollten beachten, dass

$$(n^2 - 1) \cdot (n-1) = (n-1) \cdot (n+1) \cdot (n-1) \neq (n-1)^3.$$

Lösungsweg:

$$\begin{aligned} y &= \sqrt{\binom{n}{n-1} \cdot \frac{(n^2+2n+1)\,(n+1)}{(n^3-n)\,(n-1)}} \\ &= \sqrt{\frac{n!}{(n-1)!} \cdot \frac{(n+1)^2\,(n+1)}{n\,(n^2-1)\,(n-1)}} \\ &= \sqrt{\frac{n \cdot (n-1)!}{(n-1)!} \cdot \frac{(n+1)^2\,(n+1)}{n(n-1)(n+1)(n-1)}} \\ &= \sqrt{\frac{(n+1)^2}{(n-1)^2}} = \frac{n+1}{n-1}. \end{aligned}$$

→ *Zur Aufgabe auf Seite 17*

Zu 3.4.2 Test

1 $\boldsymbol{h} = \pm\sqrt{\dfrac{(\alpha-\beta)^2}{(\beta-\mu)\left(\dfrac{\mu}{5}-1\right)}} - 2$

Falsch! In Ihrer Lösung sind vermutlich mehrere Fehler enthalten. Bitte beachten Sie:

$$\begin{aligned}
\frac{\beta^2-\mu^2}{\beta-\mu} &\neq \beta-\mu,\\
(\alpha-\beta)(\alpha+\beta) &\neq (\alpha-\beta)^2,\\
\frac{\boldsymbol{h}^2}{4}+\boldsymbol{h}+4 &\neq (\boldsymbol{h}+2)^2,\\
\boldsymbol{h}^2+4 &\neq (\boldsymbol{h}+2)^2.
\end{aligned}$$

2 $\boldsymbol{h} = \pm 2\sqrt{\dfrac{(\alpha-\beta)^2}{(\beta-\mu)\left(\dfrac{\mu}{5}-1\right)}} - 4$

Falsch! Sie haben wahrscheinlich die binomischen Formeln falsch verwendet bzw. verwechselt.

3 $\boldsymbol{h} = \pm 2\sqrt{\dfrac{5\left(\alpha^2-\beta^2\right)}{(\beta+\mu)(\mu-5)}} - 4$

Richtige Lösung!

Lösungsweg:

$$\begin{aligned}
\frac{(\alpha-\beta)(\beta-\mu)}{\left(0{,}25\boldsymbol{h}^2+2\boldsymbol{h}+4\right)\left(0{,}04\mu^2-1\right)} &= \frac{\left(\beta^2-\mu^2\right)}{(\alpha+\beta)(0{,}2\mu+1)},\\
(\alpha-\beta)(\beta-\mu)(\alpha+\beta)(0{,}2\mu+1) &= \left(\beta^2-\mu^2\right)\left(0{,}25\boldsymbol{h}^2+2\boldsymbol{h}+4\right)\left(0{,}04\mu^2-1\right),\\
\left(\alpha^2-\beta^2\right)(\beta-\mu)\left(\frac{\mu}{5}+1\right) &= (\beta-\mu)(\beta+\mu)\left(\frac{\boldsymbol{h}^2}{4}+2\boldsymbol{h}+4\right)\left(\frac{\mu^2}{25}-1\right),\\
\left(\alpha^2-\beta^2\right)\left(\frac{\mu}{5}+1\right) &= (\beta+\mu)\left(\frac{\boldsymbol{h}}{2}+2\right)^2\left(\frac{\mu}{5}-1\right)\left(\frac{\mu}{5}+1\right),\\
\left(\alpha^2-\beta^2\right) &= (\beta+\mu)\left(\frac{\boldsymbol{h}}{2}+2\right)^2\left(\frac{\mu}{5}-1\right),\\
\left(\frac{\boldsymbol{h}}{2}+2\right)^2 &= \frac{\left(\alpha^2-\beta^2\right)}{(\beta+\mu)\left(\dfrac{\mu}{5}-1\right)},\\
\frac{\boldsymbol{h}}{2} &= \pm\sqrt{\frac{\left(\alpha^2-\beta^2\right)}{(\beta+\mu)\left(\dfrac{\mu}{5}-1\right)}} - 2.
\end{aligned}$$

$$\boldsymbol{h} = \pm 2\sqrt{\frac{5\,(\alpha^2-\beta^2)}{(\beta+\mu)(\mu-5)}} - 4.$$

→ *Zur Aufgabe auf Seite 17*

Zu 3.4.3 Test

1 $A = 1\,365, \quad B = 455.$

Richtige Lösung!

2 $A = 455, \quad B = 1\,365.$

Falsch! $\binom{15}{4} = 1\,365$ und $\binom{15}{12} = 455$. Für A bzw. B muss $\binom{15}{4} = \binom{15}{11}$ bzw. $\binom{15}{12} = \binom{15}{3}$ berechnet werden. Sie haben A mit B vertauscht.

3 $A = 330, \quad B = 220.$

Falsch! Für A bzw. B muss $\binom{15}{4}$ bzw. $\binom{15}{3}$ berechnet werden, Sie haben aber $\binom{11}{4}$ bzw. $\binom{12}{3}$ bestimmt.

Lösungsweg:

$$(x+y)^n = \binom{n}{0}x^n y^0 + \binom{n}{1}x^{n-1}y + \cdots + \binom{n}{n-1}xy^{n-1} + \binom{n}{n}x^0 y^n,$$

$$(x+y)^{15} = \binom{15}{0}x^{15}y^0 + \cdots + \binom{15}{3}x^{12}y^3 + \cdots + \binom{15}{11}x^4 y^{11} + \cdots + \binom{15}{15}x^0 y^{15}.$$

Die gesuchten Koeffizienten lauten

$$A = \binom{15}{11} = \binom{15}{4} = \frac{15!}{11!\cdot 4!} = \frac{15\cdot 14\cdot 13\cdot 12\cdot 11!}{11!\cdot 4\cdot 3\cdot 2} = 15\cdot 7\cdot 13 = 1\,365,$$

$$B = \binom{15}{3} = \binom{15}{12} = \frac{15!}{3!\cdot 12!} = \frac{15\cdot 14\cdot 13\cdot 12!}{3\cdot 2\cdot 12!} = 5\cdot 7\cdot 13 = 455.$$

→ *Zur Aufgabe auf Seite 17*

Zu 3.4.4 Test

1 $y = \dfrac{1}{(\alpha^2-\gamma^2)}\sqrt{\dfrac{\alpha^5+8\alpha^4\gamma^4+\gamma^5}{\alpha^2-(\gamma^2+2\gamma+1)}}$

Falsch! Sie sollten die gesamte Rechnung unter Beachtung von Kap. 2 nochmals wiederholen.

2 $y = \dfrac{1}{\alpha-\gamma}\sqrt{\dfrac{1}{(\alpha-\gamma-1)}}$

Richtige Antwort!

3 $y = \frac{\alpha\sqrt{\alpha} + 2\alpha^2\gamma^2\sqrt{2} + \gamma\sqrt{\gamma}}{(\alpha^2 - \gamma^2) \cdot (\alpha - (\gamma + 2))}$

Falsch! Sie sollten beachten:

$$\sqrt{\alpha + \beta + \gamma} \neq \sqrt{\alpha} + \sqrt{\beta} + \sqrt{\gamma}.$$

Lösungsweg:

$$\begin{aligned}
y &= \sqrt{\frac{\alpha^3 + 3\alpha^2\gamma + 3\alpha\gamma^2 + \gamma^3 + \alpha^2 + 2\alpha\gamma + \gamma^2}{(\alpha^2 - \gamma^2)^2 \cdot (\alpha^2 - (\gamma^2 + 2\gamma + 1))}} \\
&= \sqrt{\frac{(\alpha^3 + 3\alpha^2\gamma + 3\alpha\gamma^2 + \gamma^3) + (\alpha^2 + 2\alpha\gamma + \gamma^2)}{((\alpha - \gamma)(\alpha + \gamma))^2 \cdot \left(\alpha^2 - (\gamma + 1)^2\right)}} \\
&= \sqrt{\frac{(\alpha + \gamma)^3 + (\alpha + \gamma)^2}{(\alpha - \gamma)^2 \cdot (\alpha + \gamma)^2 \cdot (\alpha - (\gamma + 1)) \cdot (\alpha + (\gamma + 1))}} \\
&= \sqrt{\frac{(\alpha + \gamma)^2 (1 + (\alpha + \gamma))}{(\alpha - \gamma)^2 \cdot (\alpha + \gamma)^2 \cdot (\alpha - (\gamma + 1)) \cdot (\alpha + (\gamma + 1))}} \\
&= \sqrt{\frac{(\alpha + \gamma)^2 (1 + \alpha + \gamma)}{(\alpha - \gamma)^2 (\alpha + \gamma)^2 \cdot (\alpha - \gamma - 1) \cdot (\alpha + \gamma + 1)}} \\
&= \sqrt{\frac{1}{(\alpha - \gamma)^2 \cdot (\alpha - \gamma - 1)}} \\
&= \frac{1}{\alpha - \gamma}\sqrt{\frac{1}{(\alpha - \gamma - 1)}}.
\end{aligned}$$

→ *Zur Aufgabe auf Seite 17*

14.4 Polynomdivision

Zu 4.4.1 Test

1 $x_1 = 1, \quad x_2 = -2, \quad x_3 = -3.$

Falsch! Sie haben sich bei der Bestimmung von x_2 und x_3 verrechnet.

2 $x_1 = 1.$ Der Rest der Polynomdivision ist 8.

Falsch! Bei der Polynomdivision haben Sie sich verrechnet. Wahrscheinlich wurde der Vorzeichenwechsel beim Subtrahieren der Ausdrücke vergessen.

3 $x_1 = 1, \quad x_2 = 6, \quad x_3 = -1.$

Richtige Lösung!

Lösungsweg:

Zunächst muss *eine* Nullstelle x_1 bestimmt werden.

Bei einfachen Beispielen mit ganzzahligem Absolutglied sind die Nullstellen oft ganzzahlige Teiler von $\frac{a_0}{a_n}$. Mit diesen ganzzahligen Nullstellen wird dann die Division durch das Binom $(x - x_1)$ durchgeführt. Beträgt der Rest der Division 0, wurde tatsächlich eine Nullstelle x_1 gefunden.

Bei unserem Polynom $P_3(x) = x^3 - 6x^2 - x + 6$ ergibt sich $\frac{a_0}{a_3} = \frac{6}{1} = 6$; die ganzzahligen Teiler davon sind ± 1, ± 2, ± 3 und ± 6. Eine erste mögliche Nullstelle ist die 1. Wird dieser x_1-Wert eingesetzt, erhält man $P_3(1) = 0$; $x_1 = 1$ ist daher eine Nullstelle.

Die Division durch $(x - x_1) = (x - 1)$ ist deshalb ohne Rest möglich:

$$\begin{array}{rrrrrl} & (x^3 & -6x^2 & -x & +6) & : (x-1) = x^2 - 5x - 6. \\ - & (x^3 & -x^2) & & & \\ \hline & 0x^3 & -5x^2 & -x & +6 & \\ & - & (-5x^2 & +5x) & & \\ \hline & & 0x^2 & -6x & +6 & \\ & & - & (-6x & +6) & \\ \hline & & & & 0 & \end{array}$$

Nun werden die zwei restlichen Nullstellen vom Polynom $P_2(x) = x^2 - 5x - 6$ durch Verwendung der p-q-Formel bestimmt:

$$x_{2,3} = 2{,}5 \pm \sqrt{(2{,}5)^2 + 6},$$

$$x_{2,3} = 2{,}5 \pm \sqrt{12{,}25},$$

$$x_2 = 6, \qquad x_3 = -1.$$

→ *Zur Aufgabe auf Seite 23*

Zu 4.4.2 Test

1 $2a^3b^{x+2} + 3a^2b^{2x-1}, \quad R = 0.$

Richtige Lösung!

2 $2a^3, \quad R = b^{x+2} + 2a^2b^3 - 2a^3b^{x+5} + 3a^4b^{2x-1} - 3a^2b^{2x+2}.$

Falsch! Bei der Berechnung des ersten Summanden des Quotienten müssen Sie beachten, dass die Multiplikation dieses Terms mit dem Divisor den kompletten ersten Term des Dividenden ergeben muss. Der erste Summand lautet

$$\left(2a^5b^{x+2}\right) : a^2 = 2a^3b^{x+2}.$$

3 $2a^3b^{x+2} + 3a^2b^{2x-1}, \quad R = 2a^3b^{x+2} - 2a^3b^{x+5} - 3a^2b^{2x-1}.$

Falsch! Beachten Sie bitte:

$$2a^3b^{x+2} \cdot \left(-b^3\right) = -2a^3b^{x+5}, \qquad 3a^2b^{2x-1} \cdot \left(-b^3\right) = -3a^2b^{2x+2}.$$

Lösungsweg:

$$\begin{array}{rllll}
 & (2a^5b^{x+2} & -2a^3b^{x+5} & +3a^4b^{2x-1} & -3a^2b^{2x+2}) \quad : (a^2-b^3) = 2a^3b^{x+2} + 3a^2b^{2x-1}. \\
- & (2a^5b^{x+2} & -2a^3b^{x+5}) & & \\
\hline
 & & & 3a^4b^{2x-1} & -3a^2b^{2x+2} \\
 & & - & (3a^4b^{2x-1} & -3a^2b^{2x+2}) \\
\hline
 & & & & 0
\end{array}$$

→ *Zur Aufgabe auf Seite 23*

Zu 4.4.3 Test

[1] $5\lambda^7 + 5\lambda^6 + 5\lambda^5 + 5\lambda^4 + 2\lambda^3 + \lambda + 1, \quad R = 0.$

Falsch! Sie haben vermutlich den Vorzeichenwechsel beim Subtrahieren der Ausdrücke vergessen.

[2] $5\lambda^7 - 5\lambda^6 + 5\lambda^5 - 5\lambda^4 + 2\lambda^3 + \lambda - 1\,, \quad R = 0.$

Richtige Lösung!

[3] $5\lambda^8 - 3\lambda^4 + 2\lambda^3\,, \quad R = \lambda.$

Falsch! Sie haben wahrscheinlich nicht beachtet, dass man das erste Teilergebnis mit dem Divisor multipliziert und das Ergebnis vom Dividenden subtrahiert.

Lösungsweg:

$$\begin{array}{rrrrr}
(5\lambda^8 & -3\lambda^4 & +2\lambda^3 & +\lambda^2 & -1) \quad : (\lambda+1) = 5\lambda^7 - 5\lambda^6 + 5\lambda^5 - 5\lambda^4 + 2\lambda^3 + \lambda - 1. \\
-(5\lambda^8 & +5\lambda^7) & & & \\
\hline
-5\lambda^7 & -3\lambda^4 & +2\lambda^3 & +\lambda^2 & -1 \\
-(-5\lambda^7 & -5\lambda^6) & & & \\
\hline
5\lambda^6 & -3\lambda^4 & +2\lambda^3 & +\lambda^2 & -1 \\
-(5\lambda^6 & +5\lambda^5) & & & \\
\hline
-5\lambda^5 & -3\lambda^4 & +2\lambda^3 & +\lambda^2 & -1 \\
-(-5\lambda^5 & -5\lambda^4) & & & \\
\hline
 & 2\lambda^4 & +2\lambda^3 & +\lambda^2 & -1 \\
 & -(2\lambda^4 & +2\lambda^3) & & \\
\hline
 & & & \lambda^2 & -1 \\
 & & & -(\lambda^2 & +\lambda) \\
\hline
 & & & -\lambda & -1 \\
 & & & -(\lambda & -1) \\
\hline
 & & & & 0
\end{array}$$

→ *Zur Aufgabe auf Seite 23*

Zu 4.4.4 Test

[1] $\alpha^2\beta^x - \lambda^{y+6}\beta^{x-10}\,, \quad R = \lambda^{y+12}\beta^{x-2}.$

Richtige Lösung!

2 $\alpha^2\beta^x - \lambda^{y+6}\beta^{x-10}$, $R = 0.$

Falsch! Bitte lösen Sie die Aufgabe noch einmal. Überprüfen Sie, ob bei der Division α als Grundlage verwendet wurde oder eine der anderen Variablen.

3 $\alpha^2\lambda^{y-1}\beta^x - \lambda^y\beta^x$, $R = \lambda^{y+12}\beta^{x-2}.$

Falsch! Bitte beachten Sie, dass auf jedem Schritt der Division die Terme nach Potenzen von α sortiert werden sollten.

Lösungsweg:

Zuerst wird eine der Variablen festgelegt, bezüglich der dividiert werden soll, beispielsweise α. Die Terme sind bereits nach fallenden Potenzen geordnet:

$$\left(\alpha^4\beta^{x+4} - \alpha^2\lambda^{y+6}\beta^{x-6} + \alpha^2\lambda^6\beta^{x+8}\right) : \left(\alpha^2\beta^4 + \lambda^6\beta^8\right).$$

Das Rechenschema führt man nun unter Beachtung der auftretenden Potenzen von α durch, dabei werden die Terme jeweils nach fallenden Exponenten von α sortiert:

$$\begin{array}{l}
(\alpha^4\beta^{x+4} - \alpha^2\lambda^{y+6}\beta^{x-6} + \alpha^2\lambda^6\beta^{x+8}) : (\alpha^2\beta^4 + \lambda^6\beta^8) = \alpha^2\beta^x - \lambda^{y+6}\beta^{x-10} + \dfrac{\lambda^{y+12}\beta^{x-2}}{\alpha^2\beta^4 + \lambda^6\beta^8}. \\
\underline{-(\alpha^4\beta^{x+4} \qquad\qquad\qquad + \alpha^2\lambda^6\beta^{x+8})} \\
\qquad - \alpha^2\lambda^{y+6}\beta^{x-6} \\
\underline{\qquad -(-\alpha^2\lambda^{y+6}\beta^{x-6} - \lambda^{y+12}\beta^{x-2})} \\
\qquad\qquad\qquad \lambda^{y+12}\beta^{x-2}
\end{array}$$

→ *Zur Aufgabe auf Seite 24*

14.5 Mengen

Zu 5.4.1 Test

1 $n = 36$

Falsch! Sie haben nur die Anzahl aller möglichen Augenpaare festgestellt und die zusätzliche Bedingung nicht beachtet.

2 $n = 15$

Richtig!

3 $n = 6$

Falsch! Bitte überlegen Sie noch einmal, es gibt mehr als sechs Möglichkeiten!

Lösungsweg:

Von den 36 möglichen Paaren erfüllen 15 die gestellte Bedingung:

$\mathsf{L} = \{(1{,}2), (1{,}3), (1{,}4), (1{,}5), (1{,}6), (2{,}3), (2{,}4), (2{,}5), (2{,}6), (3{,}4), (3{,}5), (3{,}6), (4{,}5), (4{,}6), (5{,}6)\}$.

→ *Zur Aufgabe auf Seite 29*

Zu 5.4.2 Test

1 $n = 12$

Falsch! Auf jeder Position befindet sich entweder ein Loch oder eine Erhebung, deshalb gibt es insgesamt mehr als 12 Kodierungen.

2 $n = 720$

Falsch! Sie haben die gesuchte Anzahl mit der Anzahl der Permutationen $6! = 720$ verwechselt.

3 $n = 64$

Richtig!

Lösungsweg:

Auf einer Position der Kodierung kann entweder eine Erhebung oder ein Loch vorhanden sein. Mit jeder weiteren Position verdoppelt sich die Anzahl. Bei der Blindenschrift hat man daher $n = 2 \cdot 2 \cdot 2 \cdot 2 \cdot 2 \cdot 2 = 2^6 = 64$ Möglichkeiten.

→ *Zur Aufgabe auf Seite 30*

14.6 Funktionen

Zu 6.4.1 Test

1 *Wahre Aussage!*

Lösungsweg:

Aus der Ungleichung $n! < (n+1)!$ folgt offenbar

$$\frac{1}{n!} > \frac{1}{(n+1)!},$$

damit gilt auch $f_n > f_{n+1}$ und die strenge Monotonie ist bewiesen.

2 *Wahre Aussage!*

Lösungsweg:

Zu prüfen ist, ob die Ungleichung

$$f_n = \frac{n}{(2n+1)!} > \frac{n+1}{(2(n+1)+1)!} = f_{n+1}$$

gilt. Multipliziert man auf beiden Seiten nacheinander mit den positiven Größen der Nenner, bleibt das Ungleichheitszeichen erhalten:

$$n > (2n+1)! \cdot \frac{n+1}{(2(n+1)+1)!},$$

$$\begin{aligned} n \cdot (2(n+1)+1)! &> (2n+1)! \cdot (n+1), \\ n \cdot (2n+3)! &> (2n+1)! \cdot (n+1). \end{aligned}$$

Wenn diese Ungleichung gilt, wäre auch die strenge Monotonie bewiesen. Nach einigen wenigen äquivalenten Umformungen wird dies plausibel. Zunächst kann man unter Beachtung von

$$(2n+3)! = (2n+3)(2n+2) \cdot (2n+1)!$$

die linke Seite umschreiben:

$$n \cdot (2n+3) \cdot (2n+2) \cdot (2n+1)! > (n+1) \cdot (2n+1)!.$$

Als Nächstes wird auf beiden Seiten durch den positiven Faktor $(2n+1)!$ dividiert:

$$n(2n+3)(2n+2) > n+1.$$

Multipliziert man auf der linken Seite aus, entsteht die zu $f_n > f_{n+1}$ äquivalente Bedingung:

$$\begin{aligned} 4n^3 + 10n^2 + 6n &> n+1, \\ 4n^3 + 10n^2 + 5n &> 1. \end{aligned}$$

Diese Ungleichung ist für alle $n \in \mathbb{N}$ erfüllt. Da alle Umformungen äquivalent durchgeführt wurden, folgt daraus die strenge Monotonie.

3 *Falsche Aussage!*

Offensichtlich kann eine alternierende Folge nicht streng monoton sein. Durch den Vorzeichenwechsel liegen die Glieder abwechselnd auf jeweils verschiedenen Seiten der x-Achse; dies steht im Widerspruch zu einer Monotonieeigenschaft.

→ *Zur Aufgabe auf Seite 39*

Zu 6.4.2 Test

1 *Richtig!*

Lösungsweg:

Da beide Funktionen gerade sind, gilt

$$f(x) = f(-x) \quad \wedge \quad g(x) = g(-x).$$

Nach Addition der jeweils linken und rechten Seiten der zwei Gleichungen ergibt sich

$$f(x) + g(x) = f(-x) + g(-x),$$

daher ist die Summe ebenfalls eine gerade Funktion.

2 *Wahre Aussage!*

Lösungsweg:

Für die zwei Funktionen gilt

$$f(x) = f(-x) \quad \wedge \quad g(x) = -g(-x).$$

Multipliziert man die Seiten der beiden Gleichungen miteinander, ergibt sich die Bedingung für eine ungerade Funktion:

$$f(x)g(x) = -f(-x)g(-x).$$

3 *Keine Aussage möglich!*

Begründung: Das Ergebnis hängt davon ab, in welchem Verhältnis zueinander die Funktionen monoton anwachsen. Wählt man beispielsweise $y = f(x) = x$ und $y = g(x) = 2x$, ergibt die Differenz der Funktionen $f(x) - g(x) = -x$ eine streng monoton fallende Funktion; umgekehrt entsteht jedoch bei der Subtraktion $g(x) - f(x) = x$ eine streng monoton wachsende Funktion.

→ *Zur Aufgabe auf Seite 39*

14.7 Lineare Funktionen

Zu 7.4.1 Test

1 **a)** $y = 3x - 5,$ **b)** $y = \frac{5}{3}x - \frac{22}{3}.$

Falsch! Sie haben bei der Lösung wahrscheinlich den Zusammenhang zwischen zwei senkrechten Geraden nicht richtig berücksichtigt.

2 **a)** $y = -\frac{1}{3}x - \frac{7}{3},$ **b)** $y = \frac{3}{5}x - \frac{26}{5}.$

Richtige Lösung!

3 **a)** $y = \frac{1}{3}x - \frac{5}{3},$ **b)** $y = -\frac{3}{5}x - \frac{14}{5}.$

Falsch! Sie haben vielleicht den Zusammenhang zwischen den Anstiegen zweier senkrechter Geraden nicht richtig berücksichtigt.

Lösungswege:

a) Die Steigung der Geraden, die durch die Punkte $B(-2;3)$ und $C(-5;-6)$ verläuft, wird mit m_2 bezeichnet und folgendermaßen berechnet:

$$m_2 = \frac{(-6) - (3)}{(-5) - (-2)} = 3.$$

Die gesuchte Gerade hat die Steigung m_1. Da beide Geraden zueinander senkrecht stehen, gilt die Beziehung

$$m_1 = -\frac{1}{m_2} = -\frac{1}{3}.$$

Aus dem gegebenen Punkt $A(-1;-2)$ der Geraden, erhält man deren Gleichung:

$$\begin{aligned} y-(-2) &= -\frac{1}{3}\big(x-(-1)\big), \\ y &= -\frac{1}{3}x-\frac{7}{3}. \end{aligned}$$

b) Um die Steigung der Geraden $5x+3y-8=0$ zu finden, wird die Gleichung umgestellt:

$$y=-\frac{5}{3}x+\frac{8}{3}.$$

Die gesuchte Gerade besitzt die Steigung $\frac{3}{5}$ und verläuft durch den Punkt $D(2;-4)$; erneut kann die Punkt-Richtungsformel verwendet werden. Die Gleichung der linearen Funktion lautet

$$y=\frac{3}{5}x-\frac{26}{5}.$$

→ *Zur Aufgabe auf Seite 53*

Zu 7.4.2 Test

[1] **a)** Die Geraden sind parallel. **b)** Es gibt keinen Schnittpunkt.

Falsch! Sie sollten die Steigungen der beiden Geraden zuerst bestimmen. Da diese verschiedene Werte aufweisen, verlaufen die beiden Geraden nicht parallel zueinander. In diesem Fall gibt es auch einen Schnittpunkt der Geraden.

[2] **a)** Die Geraden sind nicht parallel. **b)** $P_S\left(\frac{1}{5};-\frac{18}{5}\right)$.

Falsch! Beim Gleichsetzen der beiden Gleichungen haben Sie sich wahrscheinlich verrechnet.

[3] **a)** Die Geraden sind nicht parallel. **b)** $P_S(1;-2)$.

Richtig!

Lösungsweg:

Zunächst erhalten Sie für die Anstiege

$$\begin{aligned} 2x-y-4=0, &\quad\Rightarrow\quad y=2x-4, \quad\Rightarrow\quad m_1=2, \\ 6x-2y=10, &\quad\Rightarrow\quad y=3x-5, \quad\Rightarrow\quad m_2=3. \end{aligned}$$

Da die Steigungen der zwei Geraden nicht gleich sind, liegen sie nicht parallel.

Um den Schnittpunkt der beiden Geraden zu finden, muss man deren Gleichungen gleichsetzen:

$$2x_S-4=3x_S-5 \quad\Rightarrow\quad x_S=1.$$

Um die y_S-Komponente zu erhalten, setzt man diesen x_S-Wert in eine der gegebenen Geradengleichungen ein und stellt nach y_S um. Der Schnittpunkt lautet $P_S(1;-2)$.

→ *Zur Aufgabe auf Seite 54*

Zu 7.4.3 Test

1 $y = |2x - 1|$

Falsch! Der Graph dieser Funktion wird in Abb. 14.1 gezeigt.

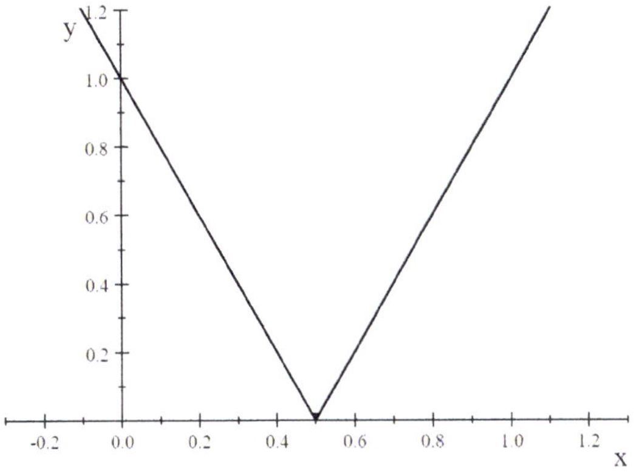

Abb. 14.1 Graph der Betragsfunktion $y = f(x) = |2x - 1|$

2 $y = |x + 1| - x$

Falsch! In Ihrer Vorgehensweise ist Ihnen wahrscheinlich ein Vorzeichenfehler unterlaufen. Ihre falsche Funktion ist in Abb. 14.2 skizziert. Bitte vergleichen Sie Ihre Vorgehensweise mit dem Algorithmus zur Skizze des Graphen von $y = |x + 1| - x$.

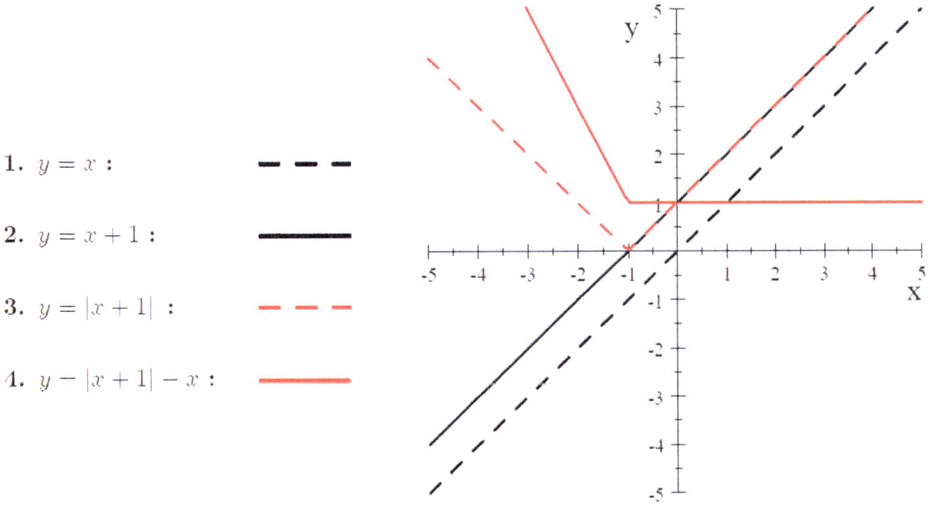

Abb. 14.2 Algorithmus zur Skizze des Graphen von $y = |x + 1| - x$

3 $y = |x - 1| + x$

Richtige Lösung! Der Graph ist in Abb. 14.3 dargestellt.

→ *Zur Aufgabe auf Seite 54*

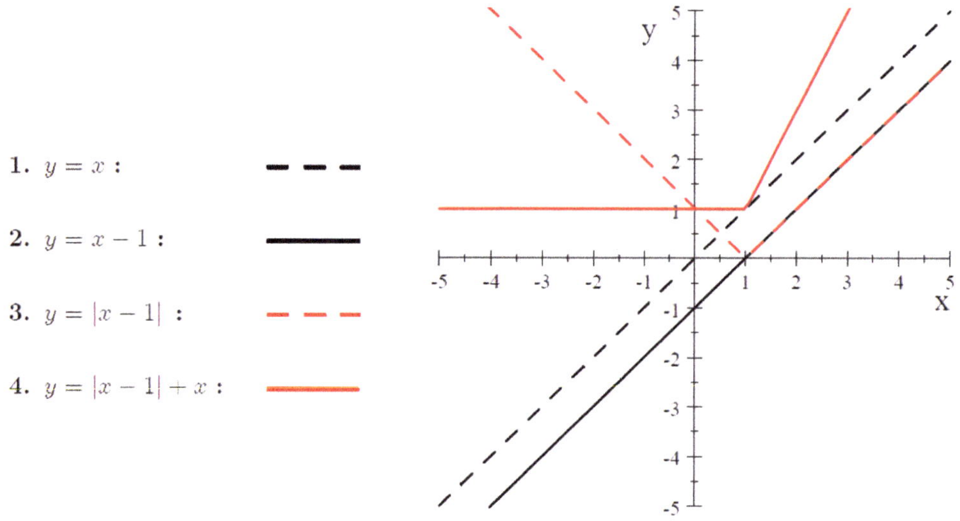

Abb. 14.3 Algorithmus zur Skizze des Graphen von $y = f(x) = |x - 1| + x$

Zu 7.4.4 Test

1 $|a| = \frac{1}{2}\sqrt{233}, \qquad |b| = 5\sqrt{5}, \qquad |c| = \frac{1}{2}\sqrt{421}.$

Falsch! Sie haben vermutlich einen Vorzeichenfehler bei der Berechnung des Abstands zweier Punkte gemacht.

2 $|a| = \frac{1}{2}\sqrt{145}, \qquad |b| = \sqrt{37}, \qquad |c| = \frac{1}{2}\sqrt{109}.$

Richtige Antwort!

3 $|a| = \frac{1}{2}\sqrt{85}, \qquad |b| = \sqrt{74}, \qquad |c| = \frac{1}{2}\sqrt{365}.$

Falsch! Sie haben sich wahrscheinlich bei der Bestimmung der Mittelpunkte verrechnet oder den Satz des Pythagoras nicht richtig verwendet.

Lösungsweg:

Der Mittelpunkt einer Strecke zwischen zwei Punkten $A(x_1; y_1)$ und $B(x_2; y_2)$ wird wie folgt berechnet:

$$x_m = \frac{x_1 + x_2}{2}, \quad y_m = \frac{y_1 + y_2}{2}.$$

Der Mittelpunkt P_{m_1} der Strecke zwischen den Punkten A und B besitzt daher die Koordinaten

$$x_{m_1} = \frac{1+8}{2} = \frac{9}{2}, \quad y_{m_1} = \frac{0+2}{2} = 1.$$

Die Koordinaten des Mittelpunkts P_{m_2} der Strecke zwischen zwischen B und C ergeben sich zu

$$x_{m_2} = \frac{8+3}{2} = \frac{11}{2}, \quad y_{m_2} = \frac{2+6}{2} = 4.$$

Die Koordinaten des Mittelpunkts P_{m_3} der Strecke zwischen C und A sind

$$x_{m_3} = \frac{3+1}{2} = 2, \quad y_{m_3} = \frac{0+6}{2} = 3.$$

Die Länge der drei Seitenhalbierenden a, b und c kann jeweils mit dem Satz des Pythagoras berechnet werden:

$$|a| = \sqrt{(x_A - x_{m_2})^2 + (y_A - y_{m_2})^2} = \sqrt{(1 - \frac{11}{2})^2 + (0-4)^2} = \frac{1}{2}\sqrt{145},$$

$$|b| = \sqrt{(x_B - x_{m_3})^2 + (y_B - y_{m_3})^2} = \sqrt{(8-2)^2 + (2-3)^2} = \sqrt{37},$$

$$|c| = \sqrt{(x_C - x_{m_1})^2 + (y_C - y_{m_1})^2} = \sqrt{(3 - \frac{9}{2})^2 + (6-1)^2} = \frac{1}{2}\sqrt{109}.$$

→ *Zur Aufgabe auf Seite 54*

14.8 Quadratische Funktionen

Zu 8.4.1 Test

1 $y = -(x+6)^2 - 8$, keine Nullstellen.

Falsch! Setzen Sie einen beliebigen x-Wert wie beispielsweise $x_* = 0$ sowohl in der umgeformten Schreibweise als auch in der originalen Form ein und vergleichen Sie die y-Werte; diese sind verschieden. Dieser einfache Test zeigt sofort, dass Ihre Umformung nicht richtig sein kann.

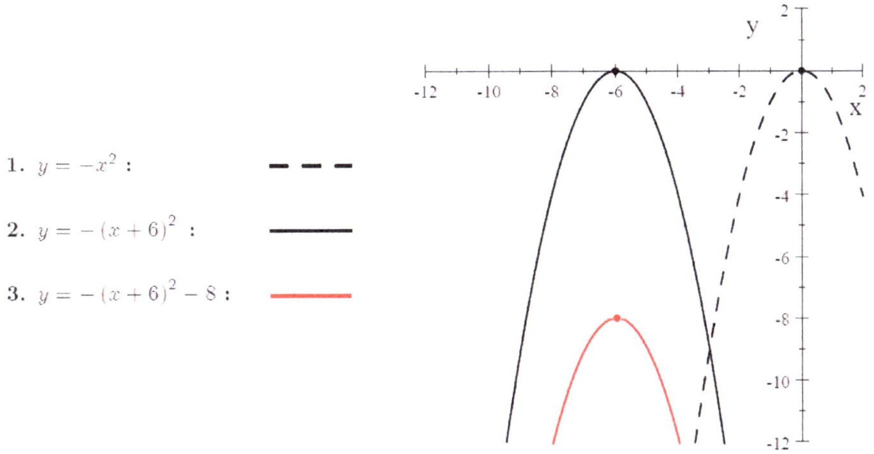

Abb. 14.4 Algorithmus zur Skizze des Graphen von $y = -(x+6)^2 - 8$

Wahrscheinlich haben Sie die binomische Formel falsch verwendet:

$$(x-b)^2 = x^2 - 2xb + b^2.$$

Der richtige Wert lautet $b = 3$. Zur Überprüfung könnten Sie auch den Scheitelpunkt $P_S(-3; -8)$ der von Ihnen berechneten Parabel nutzen (s. Abb. 14.4). Dieser Punkt liegt nicht auf der gegebenen Parabel.

2 $y = -(x-3)^2 + 1, \quad x_1 = 2, \quad x_2 = 4.$

Richtige Lösung! Der Funktionsgraph mit dem Scheitelpunkt $P_S(3; 1)$ ist in Abb. 14.5 dargestellt.

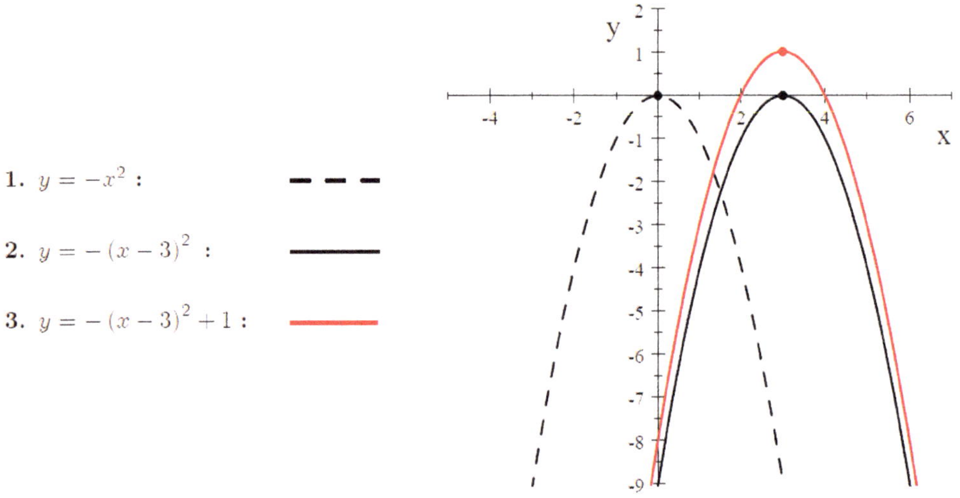

Abb. 14.5 Algorithmus zur Skizze des Graphen von $y = -(x-3)^2 + 1$

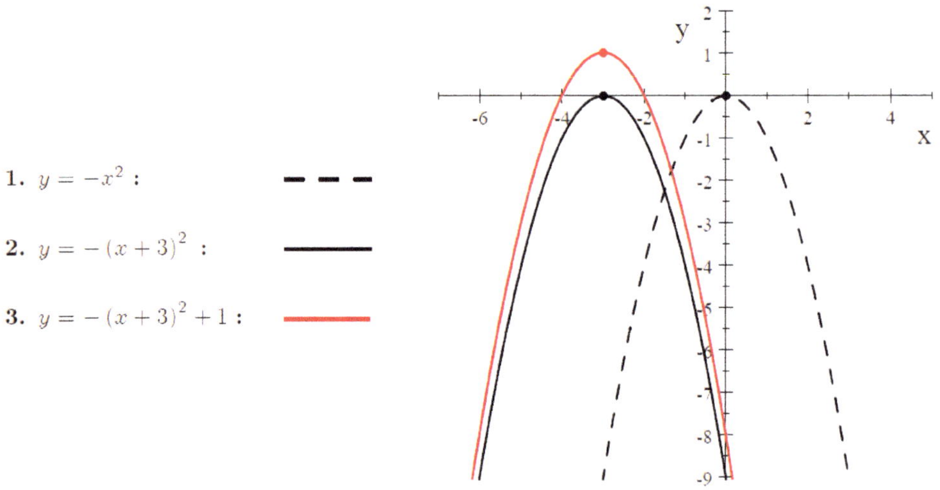

Abb. 14.6 Algorithmus zur Skizze des Graphen von $y = f(x) = -(x+3)^2 + 1$

3 $y = -(x+3)^2 + 1, \quad x_1 = -2, \quad x_2 = -4.$

Falsch! Wahrscheinlich ist Ihnen ein Vorzeichenfehler oder ein Fehler bei der Berechnung der quadratischen Ergänzung unterlaufen. Setzen Sie als Testwert jedoch erneut $x_* = 0$ ein, ergibt sich der gleiche Schnittpunkt mit der y-Achse wie bei der gegebenen Funktion!
Daher sollte besser zuerst der Scheitelpunkt $P_S(-3; 1)$ (s. Abb. 14.6) der berechneten Funktion verwendet werden. Sie erkennen sofort, dass Ihr Ergebnis nicht korrekt sein kann.

Offensichtlich ist der Graph dieser falschen Funktion das Spiegelbild des exakten Graphen an der y-Achse; bei Substitution von x durch $-x$ erhält man (vgl. Abschnitt 6.1)

$$y = -(x+3)^2 + 1 \quad \Rightarrow \quad y = -(-x+3)^2 + 1 = -(x-3)^2 + 1.$$

Lösungsweg:

Zuerst sollten Sie mithilfe der quadratischen Ergänzung die Scheitelpunktform herstellen:

$$\begin{aligned} y &= -x^2 + 6x - 8 \\ &= -\left(x^2 - 6x\right) - 8 \\ &= -\left(x^2 - 6x + 9 - 9\right) - 8 \\ &= -\left(x^2 - 6x + 9\right) - (-9) - 8 \\ &= -(x-3)^2 + 1. \end{aligned}$$

Die Nullstellen berechnet man aus der Normalform der quadratischen Gleichung mithilfe der p-q-Formel:

$$x^2 - 6x + 8 = 0,$$

$$x_{1,2} = \frac{-(-6)}{2} \pm \sqrt{\left(\frac{-6}{2}\right)^2 - 8},$$

$$x_1 = 2, \qquad x_2 = 4.$$

→ *Zur Aufgabe auf Seite 68*

Zu 8.4.2. Test

1 $y = (x-3)^2 - 2$

Falsch! Weil ein Teil des gegebenen Funktionsgraphen an der x-Achse gespiegelt wurde, muss die Funktionsvorschrift einen Ausdruck mit einem Betrag enthalten.

2 $y = |(x-3)^2 - 3| + 1$

Falsch! Dies kann nicht zutreffen, da offenbar bei dieser Funktion der Term mit dem Betrag um eine Einheit in positiver y-Richtung verschoben wird. In der Skizze sind jedoch auch negative Funktionswerte vorhanden.

3 $y = |(x-3)^2 - 3| - 2$

Richtig!

Lösungsweg:

Mithilfe des Scheitelpunktes kann man überlegen, dass der Graph der Funktion in Abb. 8.7 durch Verschiebung der Normalparabel um drei Einheiten nach rechts und drei Einheiten nach unten entstanden ist. Die zugehörige Funktion zu diesen Verschiebungen lautet

$$y = (x-3)^2 - 3.$$

Weiterhin kann man in Abb. 8.7 erkennen, dass die gegebene Funktion einen Betrag enthalten muss. Durch den Betrag werden alle negativen Teile des Graphen an der x-Achse gespiegelt:

$$y = \left|(x-3)^2 - 3\right|.$$

In Abb. 8.7 erkennt man ebenso, dass einige Teile des gegebenen Graphen im negativen y-Bereich liegen. So wie der Scheitelpunkt muss die gesamte Kurve noch um zwei Einheiten in negativer y-Richtung verschoben werden. Deshalb lautet die richtige Funktion (s. Abb.14.7)

$$y = \left|(x-3)^2 - 3\right| - 2.$$

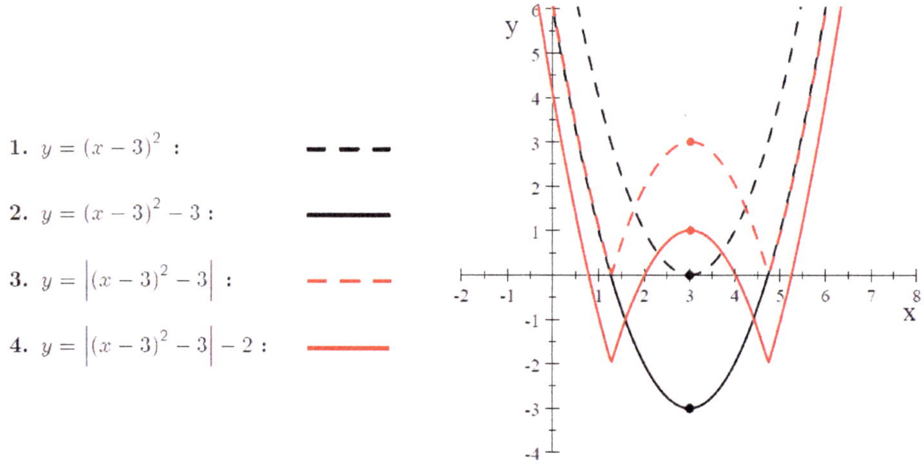

Abb. 14.7 Algorithmus zur Skizze des Graphen von $y = |(x-3)^2 - 3| - 2$

→ *Zur Aufgabe auf Seite 68*

Zu 8.4.3 Test

1 $\mathsf{L} = \left(-\infty, \frac{3-\sqrt{37}}{2}\right] \cup \left[\frac{1+\sqrt{37}}{2}, \infty\right)$

Richtige Lösung!

2 $\mathsf{L} = \left(-\infty, \frac{1-\sqrt{37}}{2}\right] \cup \left[\frac{1+\sqrt{37}}{2}, \infty\right)$

Falsch! Diese Antwort ist falsch, weil Sie wahrscheinlich bei der Bestimmung der Teillösungsmenge im Fall $x < 1$ einen Fehler gemacht haben. Bitte bestimmen Sie die Lösungsmenge der quadratischen Ungleichung noch einmal.

3 $\mathsf{L} = \left[\frac{3-\sqrt{37}}{2}, \frac{1+\sqrt{37}}{2}\right]$

Falsch! Sie haben die Lösungsmenge falsch gewählt. Prüfen Sie Ihre Vorgehensweise bei der Untersuchung der entstehenden quadratischen Ungleichungen.

Lösungsweg:

Offenbar ist die Ungleichung für alle reellen x-Werte erklärt, es gibt keine Einschränkungen in der Definitionsmenge.

Für die Bestimmung der Lösungsmenge werden nun die notwendigen Fälle festgelegt. Zwei Situationen sind möglich:
Im ersten Fall $x < 1$ muss wegen $x - 1 < 0$ der Betragsterm mit einer „Minusklammer" umgeschrieben werden; es gilt $|x - 1| = -(x - 1)$.
Im zweiten Fall $x \geq 1$ fallen die Betragsstriche wegen $x - 1 \geq 0$ weg; man könnte auch eine „Plusklammer" notieren: $|x - 1| = +(x - 1) = x - 1$.
Die Reihenfolge der beiden Fälle ist beliebig.

Im nächsten Schritt wird die Ungleichung für jeden der beiden Fälle vereinfacht, um die jeweilige Teillösungsmenge zu bestimmen.

Im ersten Fall ergibt sich beim Ersetzen des Betrags durch die „Minusklammer":

$$\begin{aligned} -x^2 + 3x + 8 &\leq -(x - 1) + x, \\ -x^2 + 3x + 8 &\leq -x + 1 + x, \\ 0 &\leq x^2 - 3x - 7. \end{aligned}$$

Daher ist zu überlegen, für welche x-Werte (mit $x < 1$) die (nach oben geöffnete) Normalparabel $y = f(x) = x^2 - 3x - 7$ keine negativen y-Werte besitzt. Um diese Menge zu bestimmen, verwendet man die Nullstellen der Funktion $y = f(x)$, die erneut mit der p-q-Formel berechnet werden:

$$\begin{aligned} x_{1,2} &= -\frac{-3}{2} \pm \sqrt{\frac{9}{4} - (-7)} \\ &= \frac{3}{2} \pm \sqrt{\frac{9}{4} + \frac{28}{4}} \\ &= \frac{3}{2} \pm \sqrt{\frac{37}{4}} \\ &= \frac{3 \pm \sqrt{37}}{2}. \end{aligned}$$

Die Funktionswerte der nach oben geöffneten Normalparabel sind bekanntlich außerhalb des Intervalls (x_1,x_2) positiv. Gleichzeitig gilt im 1. Fall für die x-Werte $x < 1$. Daher lautet die Teillösungsmenge als Schnittmenge aus beiden Bedingungen

$$\mathbf{L}_1 = \left(-\infty, \frac{3 - \sqrt{37}}{2}\right].$$

Für den zweiten Fall wird die Vorgehensweise wiederholt. Die gegebene Ungleichung kann nun wegen $x \geq 1$ ohne Betrag geschrieben werden:

$$\begin{aligned} -x^2+3x+8 &\leq +(x-1)+x, \\ -x^2+3x+8 &\leq x-1+x, \\ 0 &\leq x^2-x-9. \end{aligned}$$

Man bestimmt nun die Menge der x-Werte (mit $x \geq 1$), für die $y = f(x) = x^2 - x - 9$ keine negativen Funktionswerte besitzt und verwendet erneut die Nullstellen:

$$\begin{aligned} x_{1,2} &= -\frac{-1}{2} \pm \sqrt{\frac{1}{4} - (-9)} \\ &= \frac{1}{2} \pm \sqrt{\frac{1}{4} + \frac{36}{4}} \\ &= \frac{1}{2} \pm \frac{\sqrt{37}}{2}. \end{aligned}$$

Die zweite Teillösungsmenge umfasst alle x-Werte, die $x \geq 1$ erfüllen und außerhalb des Intervalls $(x_1{,}x_2)$ liegen:

$$\mathsf{L}_2 = \left[\frac{1+\sqrt{37}}{2}, +\infty\right).$$

Zum Schluss erhält man die Lösung der Aufgabe aus der Vereinigungsmenge

$$\mathsf{L} = \mathsf{L}_1 \cup \mathsf{L}_2 = \left(-\infty, \frac{3-\sqrt{37}}{2}\right] \cup \left[\frac{1+\sqrt{37}}{2}, +\infty\right).$$

→ *Zur Aufgabe auf Seite 69*

Zu 8.4.4 Test

1 $x_1 = \dfrac{(a+b)^2}{a-b}, \qquad x_2 = a+b.$

Falsch! Bitte beachten Sie, dass i. d. R. $a^2 + b^2 \neq (a+b)^2$.

2 $x_1 = a + \sqrt{a^2 - a + b}, \quad x_2 = a - \sqrt{a^2 - a + b}.$

Falsch! Sie sollten beachten, dass für $b \neq 0 : a^2 + b^2 \neq (a+b)(a-b) = a^2 - b^2$.

3 $x_1 = \dfrac{a^2+b^2}{a-b}, \qquad x_2 = \dfrac{a^2+b^2}{a+b}.$

Richtige Lösung!

Lösungsweg:

Mit den Ausdrücken

$$p = -\frac{2a \cdot (a^2+b^2)}{a^2-b^2}, \quad q = \frac{(a^2+b^2)^2}{a^2-b^2}$$

erhält man in der p-q-Formel:

$$
\begin{aligned}
x_{1,2} &= -\frac{-\frac{2a\cdot(a^2+b^2)}{a^2-b^2}}{2} \pm \sqrt{\frac{\left(\frac{2a\cdot(a^2+b^2)}{a^2-b^2}\right)^2}{4} - \frac{(a^2+b^2)^2}{a^2-b^2}} \\
&= \frac{a\cdot(a^2+b^2)}{a^2-b^2} \pm \sqrt{\left(\frac{a\cdot(a^2+b^2)}{a^2-b^2}\right)^2 - \frac{(a^2+b^2)^2}{a^2-b^2}} \\
&= \frac{a\cdot(a^2+b^2)}{a^2-b^2} \pm \sqrt{\frac{a^2\cdot(a^2+b^2)^2}{(a^2-b^2)^2} - \frac{(a^2+b^2)^2}{a^2-b^2}}.
\end{aligned}
$$

Nachdem alle Doppelbrüche beseitigt wurden, kann man nun unter der Wurzel die Brüche gleichnamig machen und subtrahieren:

$$
\begin{aligned}
x_{1,2} &= \frac{a\cdot(a^2+b^2)}{a^2-b^2} \pm \sqrt{\frac{a^2\cdot(a^2+b^2)^2 - (a^2+b^2)^2\cdot(a^2-b^2)}{(a^2-b^2)^2}} \\
&= \frac{a\cdot(a^2+b^2)}{a^2-b^2} \pm \sqrt{\frac{(a^2+b^2)^2\,(a^2-a^2+b^2)}{(a^2-b^2)^2}} \\
&= \frac{a\cdot(a^2+b^2)}{a^2-b^2} \pm \sqrt{\frac{(a^2+b^2)^2\,(b^2)}{(a^2-b^2)^2}}.
\end{aligned}
$$

Die Wurzel hebt sich auf; die Brüche werden zusammengefasst; im Zähler kann man ausklammern und im Nenner die dritte binomische Formel verwenden:

$$
\begin{aligned}
x_{1,2} &= \frac{a\cdot(a^2+b^2)}{a^2-b^2} \pm \frac{(a^2+b^2)\,b}{a^2-b^2} \\
&= \frac{a\cdot(a^2+b^2)\ \pm\ (a^2+b^2)\,b}{a^2-b^2} \\
&= \frac{(a^2+b^2)\ (a\pm\ b)}{(a-b)\cdot(a+b)}.
\end{aligned}
$$

Die gesuchten Nullstellen erhält man durch Kürzen:

$$
\begin{aligned}
x_1 &= \frac{(a^2+b^2)\ (a+\ b)}{(a-b)\cdot(a+b)} = \frac{a^2+b^2}{a-b}, \\
x_2 &= \frac{(a^2+b^2)\ (a-\ b)}{(a-b)\cdot(a+b)} = \frac{a^2+b^2}{a+b}.
\end{aligned}
$$

→ *Zur Aufgabe auf Seite 69*

14.9 Potenz- und Wurzelfunktionen

Zu 9.4.1 Test

1 $x = 6, \qquad x \geq 4.$

Falsch! Sie sollten beachten, dass eine Wurzel mit dem Exponenten 4 gegeben ist.

2 $x = 8, \qquad x \geq 4.$

Falsch! Sie sollten beachten, dass $2^4 \neq 2 \cdot 4$ gilt.

3 $x = 12, \qquad x \geq 4.$

Richtig!

Lösungsweg:

Zuerst sollten Sie die Definitionsmenge bestimmen:

$$\begin{aligned} 2x - 8 &\geq 0, \\ x &\geq 4. \end{aligned}$$

Nun wird die Gleichung durch Potenzieren gelöst:

$$\begin{aligned} \sqrt[4]{2x-8} + 5 &= 7, \\ \sqrt[4]{2x-8} &= 2, \\ \left(\sqrt[4]{2x-8}\right)^4 &= 2^4, \\ 2x - 8 &= 16, \\ x &= 12. \end{aligned}$$

Zum Schluss führen Sie die Probe durch: $x = 12$ liegt im Definitionsbereich und erfüllt die gegebene Wurzelgleichung:

$$\sqrt[4]{2 \cdot 12 - 8} + 5 = 7.$$

Die Lösungsmenge lautet daher

$$\mathsf{L} = \{12\}.$$

→ *Zur Aufgabe auf Seite 78*

Zu 9.4.2 Test

1 $x = 6$

Falsch! Bei Ihren Berechnungen haben Sie vielleicht die Funktion $y = f_1(x)$ nicht richtig von der Aufgabenstellung übernommen.

2 $x = 7$

Falsch! Beim Quadrieren der Funktion $y = f_1(x)$ haben Sie vielleicht die binomische Formel nicht korrekt verwendet.

3 $x = \frac{23}{7}$

Richtig!

Lösungsweg:

Zuerst sollte man die Definitionsmenge bestimmen. Die Funktion $y = f_1(x)$ ist für alle x definiert, $y = f_2(x)$ jedoch nur, wenn der Term unter der Wurzel nicht kleiner null wird. Die Definitionsmenge ist deshalb die Lösungsmenge der quadratischen Ungleichung

$$x^2 + 2x - 10 \geq 0;$$

offensichtlich erhält man alle x-Werte außerhalb des Intervalls zwischen den Nullstellen der nach oben geöffneten Normalparabel $y = x^2 + 2x - 10$, d. h. es gilt

$$x \notin \left(-1 - \sqrt{11}, -1 + \sqrt{11}\right).$$

Als Nächstes setzt man beide Funktionsausdrücke gleich und beseitigt die Wurzeln durch zweifaches Quadrieren:

$$\begin{aligned}
\sqrt{x^2+3} - 1 &= \sqrt{x^2 + 2x - 10}, \\
\left(\sqrt{x^2+3} - 1\right)^2 &= \left(\sqrt{x^2 + 2x - 10}\right)^2, \\
x^2 + 3 - 2\sqrt{x^2+3} + 1 &= x^2 + 2x - 10, \\
-2\sqrt{x^2+3} &= 2x - 14, \\
-\sqrt{x^2+3} &= x - 7, \\
\left(-\sqrt{x^2+3}\right)^2 &= (x-7)^2, \\
x^2 + 3 &= x^2 - 14x + 49, \\
x &= \frac{23}{7}.
\end{aligned}$$

Dieser Wert ist die Lösung, er liegt im Definitionsbereich und erfüllt die Ausgangsgleichung. Beide Funktionen schneiden sich nur in einem Punkt.

→ *Zur Aufgabe auf Seite 78*

Zu 9.4.3 Test

1 $y = (x^3 - 1)^2$

Richtige Antwort!

2 $x = \sqrt[3]{1-\sqrt{y}}$

Falsch! Dies ist nicht das Ergebnis, Sie sollten diese Gleichung nach y umstellen!

3 $y = \left(x^2-1\right)^3$

Falsch! Sie haben leider die falsche Antwort gewählt.

Lösungsweg:

Als Erstes wird die Zuordnungsvorschrift nach x umgestellt:

$$\begin{aligned} y &= \sqrt[3]{1-\sqrt{x}}, \\ y^3 &= 1-\sqrt{x}, \\ y^3-1 &= -\sqrt{x}, \\ \left(y^3-1\right)^2 &= \left(-\sqrt{x}\right)^2, \\ x &= \left(y^3-1\right)^2. \end{aligned}$$

Zum Schluss vertauscht man die Variablen:

$$x \Leftrightarrow y: \quad y = f^{-1}(x) = \left(x^3-1\right)^2.$$

Hinweis: Der Verlauf der Graphen von $y = f(x)$ und $y = f^{-1}(x) = g(x)$ ist mit den einfachen Methoden dieses Kurses nicht mehr zu ermitteln; hier helfen nur eine sehr detaillierte Wertetabelle bzw. ein Funktionsplotter weiter.

→ *Zur Aufgabe auf Seite 78*

Zu 9.4.4 Test

1 $x_{1,2} = -\frac{5}{2} \pm \frac{1}{2}\sqrt{5}.$

Richtige Lösung!

2 $x_1 = -2, \qquad x_2 = -3.$

Falsch! Bitte lösen Sie die Aufgabe nach einer Pause noch einmal.

3 Für die Gleichung existiert keine Lösung.

Falsch!

Lösungsweg:

Zuerst sollten Sie die Definitionsmenge bestimmen. Die Funktion $y = x^2+5x+6$ besitzt im Intervall $(-3,-2)$ negative Werte, die Funktion $y = x^4-18x^2+81 = (x^2-9)^2$ hat die Nullstellen $x = \pm 3$ und ist sonst positiv. Deshalb lautet die Definitionsmenge der gegebenen Gleichung:

$$\mathsf{D} = \{x \mid (x \notin [-3,-2]\ ) \wedge (x \neq 3)\}.$$

Als Nächstes werden die Wurzeln durch Umformen beseitigt; die resultierenden Ausdrücke kann man mithilfe der binomischen Formeln und durch Kürzen vereinfachen:

$$\begin{aligned}
(x-3)\sqrt{x^2+5x+6} &= (x+2)\left(\sqrt{x^4-18x^2+81}\right), \\
\left((x-3)\sqrt{x^2+5x+6}\right)^2 &= (x+2)^2\left(\sqrt{x^4-18x^2+81}\right)^2, \\
(x-3)^2\left(x^2+5x+6\right) &= (x+2)^2\left(x^4-18x^2+81\right), \\
(x-3)^2(x+2)(x+3) &= (x+2)^2\left(x^2-9\right)^2, \\
(x-3)^2(x+2)(x+3) &= (x+2)^2\left((x-3)(x+3)\right)^2, \\
(x-3)^2(x+2)(x+3) &= (x+2)^2(x-3)^2(x+3)^2, \\
(x+2)(x+3) &= 1, \\
x^2+5x+5 &= 0.
\end{aligned}$$

Zuletzt berechnen Sie die gesuchten x-Werte unter Verwendung der p-q-Formel:

$$\begin{aligned}
x_{1,2} &= -\frac{5}{2} \pm \sqrt{\left(\frac{5}{2}\right)^2 - 5} \\
&= -\frac{5}{2} \pm \frac{1}{2}\sqrt{5}.
\end{aligned}$$

Beide Werte gehören zur Lösungsmenge; sie sind in der Definitionsmenge enthalten und erfüllen die Ausgangsaufgabe.

→ *Zur Aufgabe auf Seite 79*

14.10 Exponential- und Logarithmusfunktionen

Zu 10.4.1 Test

1 $x = 30$

Falsch! Vielleicht haben Sie vermutet, dass die Gleichungen $\log_a b = c$ und $b = c \cdot a$ äquivalent sind, das trifft jedoch nicht zu:

$$\log_a b = c \quad \not\Leftrightarrow \quad b = c \cdot a.$$

Der Logarithmus ist der Exponent in einer Exponentialgleichung (s. Abschn. 10.1).

2 $x = \frac{5}{6}$

Falsch! Vielleicht haben Sie die Definition des Logarithmus (s. Abschn. 10.1) falsch verwendet und vermutet, dass $\log_a b = c$ äquivalent ist zu $b = \frac{c}{a}$.

3 $x = 2^{243}$

Richtig!

Lösungsweg:

Bei der Lösung geht man rekursiv vor:

$$\begin{aligned}\log_3(\log_2 x) &= 5,\\ \log_2 x &= 3^5 = 243,\\ x &= 2^{243} \approx 1{,}414 \cdot 10^{73}.\end{aligned}$$

→ *Zur Aufgabe auf Seite 88*

Zu 10.4.2 Test

1 $A = 1$

Falsch! Wahrscheinlich haben Sie nicht beachtet, dass $log_a\left(b^c\right) \neq \left(\log_a b\right)^c$.

2 $A = -2$

Falsch! Vielleicht haben Sie nicht berücksichtigt, dass $log_a a = 1$.

3 $A = -1$

Richtig!

Lösungsweg:

Unter Beachtung von $\log_a a = 1$ und der Logarithmengesetze (s. Abschn. 10.1) erhält man

$$\begin{aligned}\log_5(125) &= \log_5\left(5^3\right) = 3\log_5 5 = 3,\\ 4\log_2\left(\sqrt{2}\right) &= 4\log_2\left(2^{\frac{1}{2}}\right) = 4 \cdot \frac{1}{2}\log_2 2 = 2,\end{aligned}$$

$$\log_7 \sqrt[3]{49} = \log_7\left(49^{\frac{1}{3}}\right) = \frac{1}{3}\left(\log_7 49\right) = \frac{1}{3}\left[\log_7\left(7^2\right)\right] = \frac{2}{3}\log_7 7 = \frac{2}{3}.$$

Zum Schluss kann A berechnet werden:

$$A = 3 - 2 + \left[(-3) \cdot \left(\frac{2}{3}\right)\right] = -1.$$

→ *Zur Aufgabe auf Seite 88*

Zu 10.4.3 Test

1 $x_1 = \dfrac{1+\sqrt{29}}{2}, \qquad x_2 = \dfrac{1-\sqrt{29}}{2}.$

Falsch! Sie sollten die Logarithmengesetze wiederholen und beachten, dass

$$\log_3 a - \log_3 b = \log_3\left(\frac{a}{b}\right) \neq \log_3(a-b).$$

2 $x = 9$

Falsch! Bei Ihrer Lösung haben Sie vermutlich falsch umgeformt und Folgendes nicht beachtet:

$$\begin{aligned}\log_3\left(x^2-1\right) &\neq \log_3\left(x^2\right) - \log_3 1,\\ \log_3(x+3) &\neq \log_3 x + \log_3 3.\end{aligned}$$

3 $x_1 = 5, \qquad x_2 = -2.$

Richtige Lösung!

Lösungsweg:

Die Definitionsmenge der Gleichung ergibt sich aus den Bedingungen für die Existenz der beiden logarithmischen Ausdrücke:

$$\left(x^2 > 1\right) \wedge (x > -3) \quad \Rightarrow \quad \mathsf{D} = (-3, -1) \cup (1, +\infty).$$

Die Lösungen werden durch Anwendung der Logarithmengesetze (s. Abschn. 10.1) und der p-q-Formel ermittelt:

$$\begin{aligned}\log_3\left(x^2-1\right) &= 1 + \log_3(x+3),\\ \log_3\left(x^2-1\right) - \log_3(x+3) &= 1,\\ \log_3\left(\frac{x^2-1}{x+3}\right) &= 1 = \log_3 3.\end{aligned}$$

Als Nächstes sollte man logarithmieren:

$$\begin{aligned}\left(\frac{x^2-1}{x+3}\right) &= 3,\\ x^2-1 &= 3\cdot(x+3),\\ x^2-3x-10 &= 0.\end{aligned}$$

$$\begin{aligned}x_{1,2} &= \frac{3}{2} \pm \sqrt{\left(\frac{3}{2}\right)^2 + 10}\\ &= \frac{3}{2} \pm \sqrt{\frac{49}{4}},\\ &= \frac{3}{2} \pm \frac{7}{2},\end{aligned}$$

$$x_1 = 5, \qquad x_2 = -2.$$

Beide Werte sind Lösungen; sie liegen in der Definitionsmenge und erfüllen die Ausgangsgleichung.

→ *Zur Aufgabe auf Seite 88*

Zu 10.4.4 Test

1 $x_1 \approx 12{,}188, \qquad x_2 \approx 13{,}076.$

Falsch! Ihnen ist wahrscheinlich folgender Fehler unterlaufen:

$$\lg a - \lg b = \lg \frac{a}{b} \neq \lg(a - b).$$

2 $x_1 \approx 180{,}393, \qquad x_2 \approx 0{,}866.$

Falsch! Ihre Probe ist falsch, x_2 erfüllt die Gleichung nicht; der Wert ist eine Scheinlösung.

3 $x = 10^{\frac{17}{4}}$

Falsch! Bitte beachten Sie, dass

$$\begin{aligned} \log 8x &\neq 8 \log x, \\ \log(a+b) &\neq \log a + \log. \end{aligned}$$

4 $x \approx 180{,}384$

Richtig!

Lösungsweg:

Die Definitionsmenge dieser Aufgabe ist $\mathsf{D} = \mathbb{R}^+$. Zur Lösung verwendet man die Logarithmengesetze und logarithmiert:

$$\begin{aligned} \lg(8x) - \lg\left(1 + \sqrt{x}\right) &= 2, \\ \lg\left(\frac{8x}{1+\sqrt{x}}\right) &= 2, \\ \frac{8x}{1+\sqrt{x}} &= 10^2. \end{aligned}$$

Diese Wurzelgleichung wird umgeformt und quadriert:

$$\begin{aligned} 8x &= 100\left(1 + \sqrt{x}\right), \\ 8x - 100 &= 100\sqrt{x}, \\ (8x - 100)^2 &= 10\,000x, \\ 64x^2 - 1\,600x + 10\,000 &= 10\,000x, \\ 64x^2 - 1\,1600x + 10\,000 &= 0. \end{aligned}$$

Die resultierende quadratische Gleichung kann man mit der p-q-Formel lösen:

$$x^2 - 181{,}25x + 156{,}25 = 0.$$

$$\begin{aligned}
x_{1,2} &= -\frac{-181{,}25}{2} \pm \sqrt{\left(\frac{181{,}25}{2}\right)^2 - 156{,}25} \\
&= 90{,}625 \pm \sqrt{(90{,}625)^2 - 156{,}25} \\
&\approx 90{,}625 \pm \sqrt{8\,056{,}641} \\
&\approx 90{,}625 \pm 89{,}759.
\end{aligned}$$

Setzt man $x_1 \approx 180{,}384$ und $x_2 \approx 0{,}866$ in der Ausgangsaufgabe ein, ergibt sich für x_2 ein Widerspruch; der Wert ist eine Scheinlösung. Nur x_1 ist Lösung.

→ *Zur Aufgabe auf Seite 88*

14.11 Trigonometrische Funktionen

Zu 11.4.1 Test

[1] 0,5

Falsch! Wahrscheinlich haben Sie den trigonometrischen Pythagoras (s. Abschn. 11.1) nicht richtig verwendet.

[2] $\frac{123}{100}$

Falsch! Die Beträge von $\sin\alpha$ und $\cos\alpha$ können nicht größer als 1 sein. Sie haben vielleicht einen Fehler beim Umstellen der Formeln gemacht.

[3] $\frac{\sqrt{3}}{2}$

Richtige Antwort!

Lösungsweg:

Ausgangspunkt ist der trigonometrische Pythagoras (s. Abschn. 11.1), der nach der Sinusfunktion umgestellt wird:

$$\begin{aligned}
\sin\alpha_{1,2} &= \pm\sqrt{1 - \cos^2\alpha}, \\
\sin\left(\pm\frac{\pi}{3}\right) &= \pm\sqrt{1 - \cos^2\frac{\pi}{3}}.
\end{aligned}$$

Das „±"-Zeichen ist zu setzen, da offenbar $\cos\alpha = 0{,}5$ zwei im Vorzeichen verschiedenen Sinus-Werten zugeordnet werden kann (s. Abb. 14.8).

$$\begin{aligned}\sin\alpha_{1,2} &= \pm\sqrt{1-(0{,}5)^2},\\ &= \pm\frac{\sqrt{3}}{2}.\end{aligned}$$

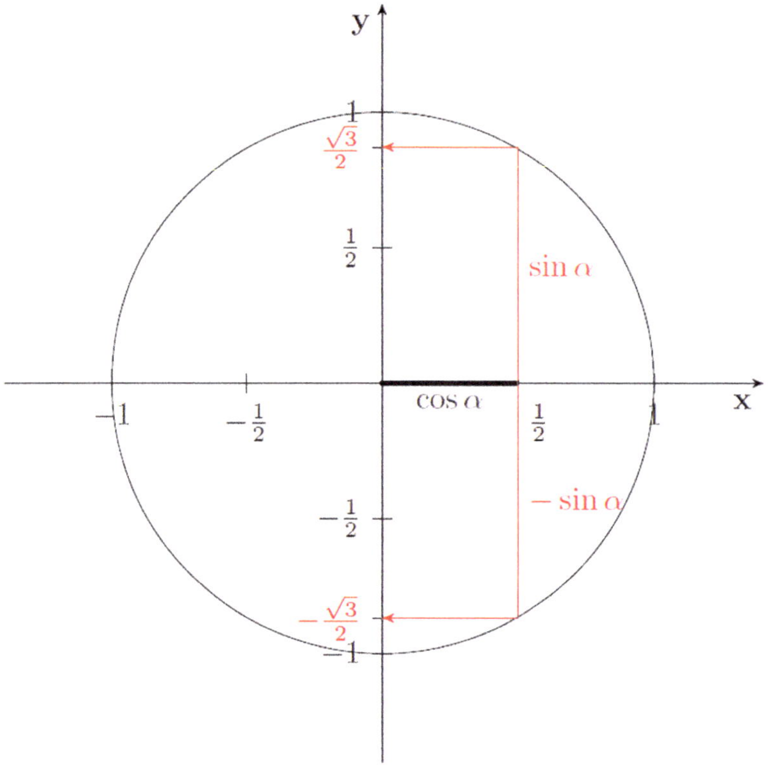

Abb. 14.8 Zuordnung von zwei Sinuswerten zu einem Kosinuswert

Entsprechend der Aufgabenstellung benötigt man nur den ersten Fall. Die Lösung lautet

$$\sin\frac{\pi}{3} = \frac{\sqrt{3}}{2} \approx 0{,}866.$$

→ *Zur Aufgabe auf Seite 99*

Zu 11.4.2 Test

1 r-a-t-e-n

Falsch! Das ist leider die falsche Lösung.

2 h-t-w-b-e-r-l-i-n

Richtig!

3 w-i-n-t-e-r

Falsch! Leider ist Ihre Lösung unvollständig, es fehlen b-h-l.

Lösungsweg:

Bitte nutzen Sie die Tab.11.1 und die Winkelbeziehungen am Vollkreis.
Die Umstellung von Grad zu Radiant kann mithilfe der in Abschn. 11.1 angegebenen Formel durchgeführt werden, dies ist eine einfache Dreisatzrechnung:

$$\text{Winkel in Grad} = \frac{\text{Winkel in Rad}}{\pi} \cdot 180°.$$

→ *Zur Aufgabe auf Seite 100*

Zu 11.4.3 Test

1 c-d-e

Falsch! Leider ist diese Antwort nicht komplett.

2 a-b-c-d-e

Richtige Lösung! Alle Aussagen sind richtig.

3 a-c-e

Falsch! Es fehlen weitere Lösungen.

Lösungsweg:

a) $$\frac{1}{\cos^2 x} - 1 = \frac{1-\cos^2 x}{\cos^2 x} = \frac{\sin^2 x}{\cos^2 x} = \tan^2 x,$$

b) $$\frac{1}{\sin x \cot x} = \frac{1}{\sin x \frac{\cos x}{\sin x}} = \frac{1}{\cos x} = (\cos x)^{-1},$$

c) $$\sin x + (\cos x \cdot \cot x) = \sin x + \cos x \cdot \frac{\cos x}{\sin x} = \sin x + \frac{\cos^2 x}{\sin x} = \frac{\sin^2 x + \cos^2 x}{\sin x} = \frac{1}{\sin x},$$

d) $$\frac{\tan x - \sin x \cdot \cos x}{\tan x} = \frac{\tan x}{\tan x} - \frac{\sin x \cdot \cos x}{\tan x} = 1 - \frac{\sin x \cdot \cos x}{\frac{\sin x}{\cos x}} = 1 - \cos^2 x = \sin^2 x,$$

e) $$\frac{1}{\cos x} - \sin x \cdot \tan x = \frac{1}{\cos x} - \sin x \cdot \frac{\sin x}{\cos x} = \frac{1}{\cos x} - \frac{\sin^2 x}{\cos x} = \frac{1-\sin^2 x}{\cos x} = \cos x.$$

→ *Zur Aufgabe auf Seite 100*

Zu 11.4.4 Test

1 Keine der angegebenen Aussagen ist richtig.

Falsch!

2 Alle der angegebenen Aussagen sind richtig.

Richtige Lösung!

3 a-b-d-e

Falsch! Es fehlt die richtige Antwort **c)**.

Lösungsweg:

$$
\begin{array}{lllll}
\textbf{a)} & A = \cos\alpha & \Leftrightarrow & \alpha = \arccos A, & \\
& B = \arccos\frac{1}{2} & \Leftrightarrow & \cos B = \frac{1}{2} & \Leftrightarrow \quad B = 60^\circ, \\
& & \Rightarrow & \sin 60^\circ = \frac{\sqrt{3}}{2}. & \\
\textbf{b)} & A = \sin\alpha & \Leftrightarrow & \alpha = \arcsin A, & \\
& & \Rightarrow & \sin\frac{\pi}{4} = \frac{\sqrt{2}}{2}. & \\
\textbf{c)} & A = \sin\alpha & \Leftrightarrow & \alpha = \arcsin A, & \\
& A = \arcsin 1 & \Leftrightarrow & \sin A = 1 & \Leftrightarrow \quad A = 90^\circ, \\
& B = \arcsin(-1) & \Leftrightarrow & \sin B = -1 & \Leftrightarrow \quad B = -90^\circ, \\
& & \Rightarrow & A + B = 0^\circ. & \\
\textbf{d)} & A = \cos\alpha & \Leftrightarrow & \alpha = \arccos A, & \\
& A = \arccos 1 & \Leftrightarrow & \cos A = 1 & \Leftrightarrow \quad A = 0^\circ, \\
& B = \arccos(-1) & \Leftrightarrow & \cos B = -1 & \Leftrightarrow \quad B = 180^\circ, \\
& & \Rightarrow & A + B = 180^\circ. & \\
\textbf{e)} & \cos 60^\circ = \frac{1}{2} & \Rightarrow & 3x = 60^\circ \pm k\cdot 360^\circ, \ k \in \mathbb{N}_0, & \\
& & \Rightarrow & x = 20^\circ \pm k\cdot 120^\circ, \ k \in \mathbb{N}_0. &
\end{array}
$$

→ *Zur Aufgabe auf Seite 100*

14.12 Funktionen in Polarkoordinaten

Zu 12.4.1 Test

1 $r = \sqrt{3}, \quad \varphi = 60^\circ.$

Falsch! Sie sollten beachten, dass

$$\cos 30^\circ = \frac{\sqrt{3}}{2} \quad \Leftrightarrow \quad \arccos\frac{\sqrt{3}}{2} = 30^\circ.$$

2 $r = \sqrt{3}, \quad \varphi = 30^\circ.$

Richtige Lösung!

3 $r = \frac{\sqrt{3}}{2}, \quad \varphi = 60°.$

Falsch! Wahrscheinlich ist Ihnen bei der Berechnung des Wertes r ein Fehler unterlaufen.

Lösungsweg:

Mithilfe der Formeln aus Abschn. 12.1 erhält man

$$\begin{aligned} r^2 = x^2 + y^2 \quad \Rightarrow \quad r^2 &= \left(\frac{3}{2}\right)^2 + \left(\frac{\sqrt{3}}{2}\right)^2 = \frac{12}{4}, \\ r &= \sqrt{3}. \\ x = r \cdot \cos\varphi \quad \Rightarrow \quad \frac{3}{2} &= \sqrt{3}\cos\varphi, \\ \cos\varphi &= \frac{3}{2\sqrt{3}} = \frac{\sqrt{3}}{2}. \\ \varphi &= \arccos\frac{\sqrt{3}}{2}, \\ \varphi &= 30°. \end{aligned}$$

Die Lösung lautet $A(\sqrt{3}; 30°)$.

→ *Zur Aufgabe auf Seite 109*

Zu 12.4.2 Test

1 $x = -\frac{\sqrt{2}}{2}, \quad y = \frac{\sqrt{2}}{2}.$

Falsch! Sie haben den Radius des Punktes ($r = 7$) vergessen.

2 $x = \frac{7\sqrt{2}}{2}, \quad y = -\frac{7\sqrt{2}}{2}.$

Falsch! Wahrscheinlich haben Sie einen Vorzeichenfehler in der Umrechnung der Koordinaten.

3 $x = -\frac{7\sqrt{2}}{2}, \quad y = \frac{7\sqrt{2}}{2}.$

Richtig!

Lösungsweg:

Die Koordinaten $r = 7$ und $\varphi = \frac{3\pi}{4}$ kann man in die entsprechenden Gleichungen zur Berechnung von x und y einsetzen (vgl. Abschn. 12.1):

$$x = 7 \cdot \cos\frac{3\pi}{4} = -\frac{7\sqrt{2}}{2} \approx -4{,}94,$$

$$y = 7 \cdot \sin \frac{3\pi}{4} = \frac{7\sqrt{2}}{2} \approx 4{,}94.$$

→ *Zur Aufgabe auf Seite 109*

Zu 12.4.3 Test

1 $\varphi_{1,2} = \pm 60°$

Richtige Antwort!

2 $\varphi_{1,2} = \pm 30°$

Falsch! Sie sollten beachten, dass $\cos(\pm 30°) = \frac{\sqrt{3}}{2}$.

3 $\varphi_{1,2} = \pm 120°$

Falsch! Bitte beachten Sie die Winkelwerte am Einheitskreis (s. Abb. 11.5). Wahrscheinlich haben Sie nicht berücksichtigt, dass $\cos(\pm 120°) = -\frac{\sqrt{3}}{2}$.

Lösungsweg:

Verwendet man die Formeln zur Umrechnung der Koordinaten aus Abschn. 12.1, erhält man

$$r = 1 + \cos\varphi \;\Rightarrow\; \frac{3}{2} = 1 + \cos\varphi,$$

$$\cos\varphi = \frac{1}{2}.$$

$$\varphi_{1,2} = \pm 60° = \pm\frac{\pi}{3}.$$

→ *Zur Aufgabe auf Seite 109*

Zu 12.4.4 Test

1 $\varphi_{1,2} = \pm 60°, \quad r_{1,2} = 6.$

Falsch! Diese Antwort ist zwar in Gänze nicht falsch, aber noch nicht vollständig. Es existieren zwei weitere Schnittpunkte.

2 $\varphi_{1,2} = \pm 120°, \quad r_{1,2} = 2.$

Falsch! Diese Antwort ist zwar nicht falsch, aber noch nicht vollständig, insgesamt gibt es vier Schnittpunkte.

3 $\varphi_{1,2} = \pm 60°, \quad \varphi_{3,4} = \pm 120°, \quad r_{1,2} = 6, \quad r_{3,4} = 2.$

Richtig!

Lösungsweg:

Ein Schnittpunkt gehört zu beiden Kurven, deshalb darf man r gleichsetzen:

$$K_1: \quad r = 4 \cdot (1 + \cos\varphi), \qquad K_2: \quad r = \frac{3}{1 - \cos\varphi}, \varphi \neq 0°, \varphi \neq 180°$$

Nach dem Gleichsetzen wird die resultierende Gleichung umgeformt und nach φ aufgelöst:

$$\begin{aligned}
4 \cdot (1 + \cos\varphi) &= \frac{3}{1 - \cos\varphi}, \\
(1 + \cos\varphi) \cdot (1 - \cos\varphi) &= \frac{3}{4}, \\
1 - \cos^2\varphi &= \frac{3}{4}, \\
\sin^2\varphi &= \frac{3}{4}. \\
\sin\varphi &= \pm\sqrt{\frac{3}{4}} = \pm\frac{\sqrt{3}}{2}.
\end{aligned}$$

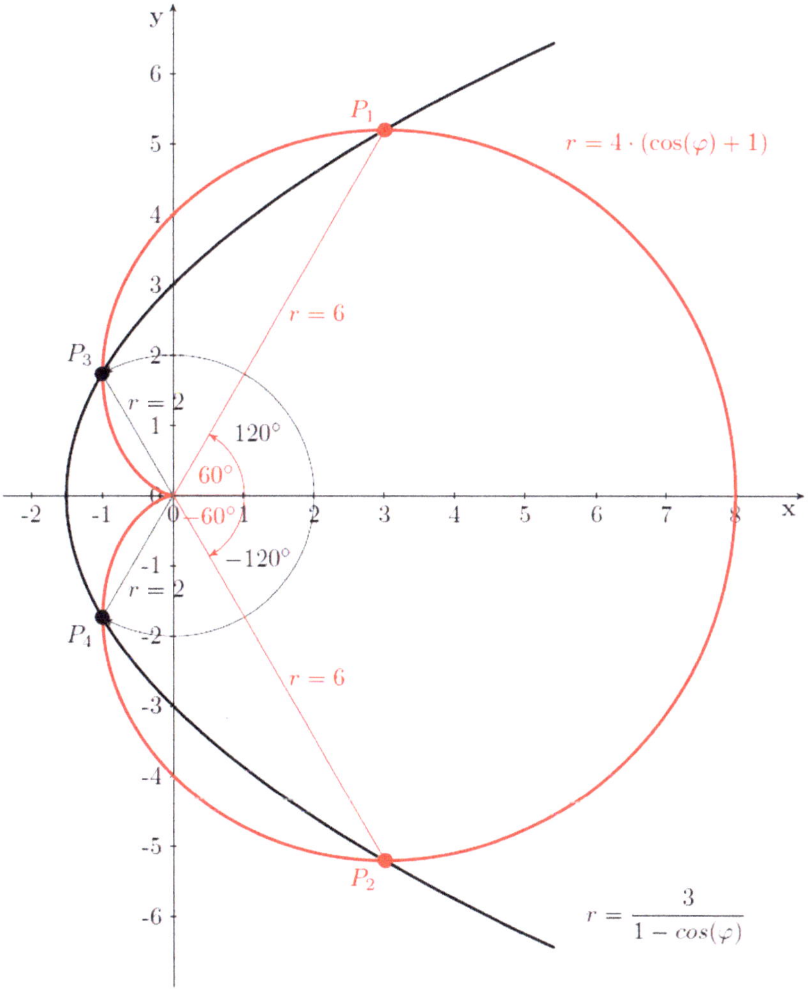

Abb. 14.9 Schnittpunkte der Kurven

Am Einheitskreis gibt es vier Winkel, deren Sinus den Wert $\pm\frac{\sqrt{3}}{2}$ aufweist (s. Abb. 11.5):

$$\varphi_{1,2} = \pm 60°, \qquad \varphi_{3,4} = \pm 120°.$$

Diese vier Winkel sind in Abb. 14.9 dargestellt. Nach der Berechnung der Winkel wird als Zweites die dazugehörige Polarkoordinate r des jeweiligen Schnittpunktes bestimmt. Dazu setzt man die Winkelwerte in eine der beiden Kurvengleichungen ein, beispielsweise in die von K_1:

$$\begin{aligned} r_{1,2} &= 4 \cdot (1 + \cos(\pm 60°)) \\ &= 4 \cdot \left(1 + \frac{1}{2}\right) = 6. \end{aligned}$$

$$\begin{aligned} r_{3,4} &= 4 \cdot (1 + \cos(\pm 120°)) \\ &= 4 \cdot \left(1 - \frac{1}{2}\right) = 2. \end{aligned}$$

Die Lösungsmenge besitzt die Punkte

$$\mathsf{L} = \{P_1(6; 60°),\ P_2(6; 300°),\ P_3(2; 120°),\ P_4(2; 240°)\}.$$

→ *Zur Aufgabe auf Seite 110*

15 Hinweise zum Studium und Tipps für Klausuren

15.1 Zur Arbeit im Semester

Jahr für Jahr erleben wir als Lehrkräfte leider immer wieder die gleichen Verhaltensweisen, die unnötigerweise zu schlechten Kenntnissen und unbefriedigenden Prüfungsleistungen führen. Aus der Sicht meiner langjährigen Erfahrungen als Dozent möchte ich Ihnen deshalb gern einige Anregungen und Hinweise zum Studium geben. Teilweise handelt es sich dabei um einfachste Selbstverständlichkeiten und auch um allgemein bekannte Aspekte. Vielleicht helfen Ihnen diese Tipps trotzdem, bisher verborgene Reserven zu entdecken und ungenutzte Ressourcen zu erschließen. Für ein erfolgreiches Studium gibt es jedoch kein Patentrezept; der Erfolg hängt größtenteils von Ihnen selbst ab.

Als Erstes sollten Sie vorab Ihre zeitliche Belastbarkeit realistisch überdenken, um Ihr Studium gut zu planen und zu strukturieren. Mit einer guten Planung legen Sie den Grundstein dafür, dass sie gern und mit Freude studieren. Ein Studium besteht grundsätzlich nicht nur aus den angebotenen Lehrveranstaltungen, sondern beinhaltet einen hohen Anteil Selbststudium; dabei wird offiziell von zwei gleich großen Anteilen ausgegangen. Viele Studierende sind sich dessen nicht bewusst oder unterschätzen die sich daraus ergebenden Folgen.
Umfasst beispielsweise ein Studiengang mit sechs Semestern Regelstudienzeit im Durchschnitt 30 Stunden Lehrveranstaltungen pro Woche, ergäbe sich eine formale Belastung von 60 Stunden. Wenn man sechs Tage studieren würde, wäre eine reine Studienzeit von zehn Stunden pro Tag zu bewältigen und das ohne Berücksichtigung der Fahrzeiten zum Campus! Diese zehn Stunden verteilen sich i. d. R. auf fünf Module in einem Semester; deshalb wären durchschnittlich an einem Studientag zwei Stunden pro Modul zu veranschlagen.
Falls man im laufenden Semester parallel zu den Lehrveranstaltungen beispielsweise noch täglich vier Stunden in einem Job arbeitet, verringert sich die Kapazität zwangsläufig und man wird aus zeitlichen Gründen etwa zwei Module weniger absolvieren können. Selbst wenn man den Sonntag mit einbezieht, ist das volle Pensum des Studiums parallel zu einem Job nur schwer zu schaffen. Realistisch betrachtet sind Job und Studium in einem Semester nur schwer miteinander zu vereinbaren; das Geldverdienen sollte man besser in die Semesterferien verschieben.

Einige Studierende überschätzen ihre Leistungsfähigkeit und treffen die Entscheidung, am Selbststudium zu kürzen oder auch nur einen Teil der Lehrveranstaltungen zu besuchen; dies führt dann häufig zu unbefriedigenden Leistungen und nicht bestandenen Prüfungen. Fast immer erkennt man leider erst nach dem Misserfolg, dass man sich schlecht entschieden hat.
Falls Sie während der Lehrveranstaltungszeit Ihren Lebensunterhalt finanziell absichern müssen, sollten Sie von vornherein die Belastung im aktuellen Semester um entsprechend viele Module bzw. Prüfungen reduzieren und eine Verlängerung der Regelstudienzeit planen. Diese Variante

J. Siegert, *Mathematik trainieren: Brüche, Funktionen und Co.*,
https://doi.org/10.1007/978-3-662-56348-9_15

wird wahrscheinlich erfolgreicher und mit weniger Stress verlaufen als eine eventuell erforderliche Verlängerung infolge von Wiederholungen nicht bestandener Studienfächer.

Bei der Auswahl und Entscheidung für einen bestimmten Studiengang sollte dafür selbstverständlich nicht nur eine starke Motivation, sondern auch entsprechendes fachliches Interesse vorhanden sein. Unabhängig vom Fach benötigt man grundsätzlich in jedem Studium Fleiß, Ausdauer sowie Disziplin.
Darüber hinaus ist eine eigene effektive Lernmethodik der eigentliche Schlüssel zum Erfolg. Die Fähigkeit zum Studieren muss fast jeder mit viel Mühe erst erlernen; dafür benötigt man Geduld. Testen und probieren Sie verschiedene Lerntechniken und Vorgehensweisen, um herauszufinden, welche Lernmethoden bei Ihnen effektiv funktionieren und wie Sie die besten Ergebnisse erzielen können. Auf alle Fälle wird es sich lohnen, wenn Sie frühzeitig, regelmäßig und auch in aller Ruhe über Ihre Lernhaltung und -methoden nachdenken, sich damit auseinandersetzen und die Lernstrategie kontinuierlich weiter optimieren. Im Netz findet man dazu viele Empfehlungen und Hinweise.

Es wird sich ebenso auszahlen, wenn Sie im Semester von Beginn an kontinuierlich und diszipliniert an der Vertiefung Ihres Wissen arbeiten. Für das Verstehen und zum Verarbeiten des Stoffes sowie für die Vor- und Nachbereitung der Lehrveranstaltungen braucht man Zeit, innere Ruhe und eine geeignete Umgebung, vor allem im Fach Mathematik. Strukturieren Sie Ihren Tagesablauf und arbeiten Sie von Anfang an nach einem festen Zeitplan. Wenn Sie sich frühzeitig daran gewöhnen, haben Sie davon in der Prüfungszeit deutliche Vorteile. Tiefgehendes Lernen ist in der Prüfungszeit nur noch in geringem Umfang möglich; insbesondere dann, wenn an Ihrer Hochschule Prüfungen an aufeinander folgenden Tagen stattfinden. Nach der ersten Klausur wird wenig Energie und Kraft für die Vorbereitung der nächsten übrig sein. Genügend Freiräume zur Erholung und Freizeit für das fröhliche Studentenleben gehören auch in den Plan!

Die angebotenen Lehrveranstaltungen sollten Sie aktiv nutzen und nicht nur passiv besuchen. Die formale Teilnahme, das Fotografieren der Tafelbilder, das Mitnehmen der Arbeitsmaterialien bzw. eines Skripts und die Kopie der Mitschriften Ihrer Kommilitonen garantieren keinen Lernerfolg. Arbeiten Sie konzentriert und diszipliniert in der Lehrveranstaltung mit, lenken Sie sich und Ihre Kommilitonen möglichst nicht durch Schwatzen oder das beliebte Internet ab. Achten Sie auf Hinweise Ihrer Lehrkraft, notieren Sie sich diese unbedingt, denn oft werden zunächst scheinbar verstandene Erläuterungen später doch wieder vergessen und somit nicht berücksichtigt. Sie sollten handschriftlich und nicht am Computer mitschreiben. Untersuchungen bestätigen, dass dies für den Lernerfolg die bessere Methode ist.

Bemühen Sie sich stets um Pünktlichkeit. Unpünktlichkeit und selbst kurzzeitige Abwesenheit von einer Lehrveranstaltung erschweren Ihr Verständnis. Das Hinein- und Hinausgehen während einer Veranstaltung stört zudem alle anderen interessierten Studierenden und selbstverständlich auch Ihre Lehrkraft. Die Erfahrung besagt, dass undisziplinierte Studierende eher die schlechteren Studienleistungen erreichen.

Fast jeder trifft in seinem Studium auf die eine oder andere Lehrveranstaltung, deren Lehrinhalte schwerer zu verstehen sind. In diesem Fall sollten Sie sich überwinden und besonders motivieren können. Befassen Sie sich mit diesem ungeliebten Fach und schieben Sie es nicht „auf die lange Bank“. Einigen Studierenden fällt es überdies schwer, zeitaufwendige Protokolle und Belegarbeiten zu beginnen. „Hinausschieber“ produzieren eine Riesenwelle unerledigter Aufgaben und damit großen zusätzlichen Druck am Semesterende oder sogar in der Prüfungszeit.

Ein weiterer Tipp: Lernen Sie aus Ihren Fehlern! Dafür sollten Sie sich frühzeitig im Semester in jedem Fach eine „Fehler- und Frageliste" anfertigen und stetig ergänzen. Bei der unmittelbaren Prüfungsvorbereitung sind derartige Notizen wertvoll und hilfreich. Wenn Ihre Kommilitonen Fragen stellen, sollten Sie genau hinhören. Vielleicht ist zu diesen Sachverhalten auch bei Ihnen noch Klärungsbedarf vorhanden, Sie haben diese Wissenslücke jedoch selbst noch nicht erkannt.

Achten Sie beim Selbststudium auf logische Zusammenhänge, lassen Sie keinen Stoff aus, auch wenn Sie zunächst damit nicht zurechtkommen. Es bringt letztendlich keinen Vorteil, wenn Sie die zunächst schwierig erscheinenden Sachverhalte auf „später" verschieben, da insbesondere in der Mathematik viele Lehrinhalte aufeinander aufbauen.
Schaffen Sie sich im Selbststudium beim Lösen von umfangreichen Aufgaben durch kleine Teilschritte Erfolgserlebnisse („Das habe ich bis zu diesem Schritt verstanden, ich kann diese Rechnung bei vorgegebener Zeit durchführen, ..."). Das bringt Selbstsicherheit und verringert zumindest ein wenig die Prüfungsangst.

Arbeiten Sie im Selbststudium gründlich: Zunächst lernen und wiederholen Sie den Stoff und die Theorie der Lehrveranstaltung, dann wenden Sie ihn an. Das „reine motorische Losrechnen" ohne vorheriges Verstehen bzw. Durchdenken des Stoffes und der Aufgabe bringt statt des erhofften scheinbaren Zeitgewinns nur Aktionismus und führt zu keinem wirklichen Wissenszuwachs; bei ähnlichen Aufgaben wird es Ihnen wahrscheinlich schwer fallen, einen Lösungsansatz zu finden. Analysieren Sie die Aufgabenstellung (was ist gegeben, was gesucht, benötigte Sachverhalte und Formeln, wie sieht der prinzipielle Lösungsweg aus, warum werden welche Schritte gegangen, ...). Oft werden im Fach Mathematik die Lösungen der in Lehrveranstaltungen oder in Klausurtrainer-Büchern erläuterten Aufgaben gern als formale Rezepte zum unüberlegten Rechnen und zum Einsetzen in Formeln oder gar zum motorischen Abschreiben verwendet. Den größeren Lerneffekt werden Sie erzielen, wenn Sie die vorgeschlagenen Lösungswege erst nach eigenen Lösungsversuchen durchgehen. Zum einen erkennen Sie mögliche Denkfehler und Wissenslücken nicht, wenn Sie nachgeschlagene Lösungswege „nachahmen", in der Klausur gibt es auch keine Lösungsvorlage zum Nachschlagen. Zum anderen festigen Sie durch eigene aktive Denkprozesse Ihr Wissen wesentlich besser. Formale Vorgehensweisen ohne Begreifen der fachlichen Zusammenhänge vergessen Sie schnell wieder. Vor allem dann, wenn in höheren Semestern Sachverhalte erneut benötigt und angewendet werden, ist die Erinnerung an diese erfahrungsgemäß eher gegeben, wenn Sie den Lernstoff nicht nur für eine Prüfung auswendig gelernt, sondern tatsächlich verstanden haben.

Besonders wichtig für gute Ergebnisse in Klausuren: Trainieren Sie im Selbststudium im Fach Mathematik unbedingt das Lösen der Aufgaben auf Zeit sowie die korrekte mathematische Schreibweise. Achten Sie bereits auf eine vollständige Erläuterung der Lösungswege und die Begründung aller Schritte. In einer Klausur wird viel Wert auf eine zügige Umsetzung und Vollständigkeit der Lösungen gelegt, es geht nicht nur um die Angabe der Ergebnisse. Je intensiver man dies im Semester übt und verinnerlicht, desto besser wird dies dann in der Prüfung gelingen.

Lernen Sie möglichst im Team, jeder Ihrer Kommilitonen hat Stärken und Schwächen, die sich gegenseitig ausgleichen. Einige besitzen bessere theoretische Kenntnisse, andere mehr Verständnis von praktischen Anwendungen. Zuerst sollten Sie jedoch die Aufgaben selbstständig für sich lösen und die Vorgehensweise selbst überlegen. Dann können Sie im Team gemeinsam arbeiten. In Ihrer Lerngruppe sollte zumindest ein Studierender sein, der die fachlichen Inhalte gut verstanden hat.

Der Vorteil des Lernens in Gruppen besteht nicht nur darin, dass man ggf. bereits vorhandene Fragen untereinander abklären kann. Vielmehr führt das Besprechen der Lehrinhalte und Lösungsschritte zu einer zusätzlichen Strukturierung und Festigung sowie oftmals auch zu weiteren Überlegungen und Fragestellungen, deren Diskussion wiederum das Verständnis vertieft.

15.2 Tipps für Klausuren

Arbeiten Sie in der „heißen" Phase der Prüfungsvorbereitung nach einem harten Zeitplan, auch mit Beachtung von Erholungsphasen und einem Puffer.

Lesen Sie sich in Ruhe Ihre „Fehlerliste" durch und bereiten Sie am Abend vor einer Klausur alle erforderlichen Dinge (arbeitsfähigen Taschenrechner, weitere zugelassene Hilfsmittel, Dokument mit Lichtbild zur Identifikation) „abmarschbereit" vor. Nehmen Sie ausreichend Arbeitspapier mit, schreiben Sie darauf vorab Ihren Namen und Ihre Matrikelnummer.

Erscheinen Sie rechtzeitig am Prüfungsort, planen Sie für die Anfahrt eine Zeitreserve ein, sonst erzeugen Sie sich zusätzlichen Stress.

Vermeiden Sie vor der Klausur den Pulk der aufgeregten Kommilitonen. Selbst wenn Sie jetzt noch Wissenslücken feststellen würden, können Sie diese nicht wirklich „5 vor 12" ausmerzen. Besser ist, das eigene Gelernte nun zu aktivieren und auszuschöpfen. Versuchen Sie sich mental zu beruhigen. Wenn Sie gut gelernt haben, gibt es keinen Grund zur Prüfungsangst.

Kontrollieren Sie vor Beginn, ob Sie nur die zugelassenen Hilfsmittel bereitgelegt haben. Handys ausschalten und in die Tasche packen!

Lesen Sie zu Beginn der Klausur zunächst alle Aufgaben gründlich durch. Das Hervorheben der angesprochenen Sachverhalte mit einem markierenden Stift vor dem Lösen einer Aufgabe kann das Verständnis der Aufgabenstellung verbessern.

Legen Sie am Anfang für alle Aufgaben (orientiert an den jeweils erreichbaren Punkten) Arbeitszeiten fest. Das Zeitmanagement hilft, das „Verrennen bzw. Festfahren" in einer Aufgabe zu vermeiden. Beim Lösen der Aufgaben sollten Sie sich nach Prioritäten orientieren: Wo gibt es die meisten Punkte, was kann ich besonders gut? Halten Sie Ihre Zeitvorgaben konsequent ein. Ist das geplante Zeitvolumen für eine Aufgabe erschöpft, gehen Sie zur nächsten über. Sollte es die Zeit erlauben, können Sie am Ende immer noch zu der unvollständig gelösten Aufgabe zurückkommen.

Benutzen Sie für jede Aufgabe ein neues Blatt. Vermeiden Sie das Vermischen der Lösungen der einzelnen Aufgaben, dies erhöht die Übersicht.
Schreiben Sie ordentlich und gut lesbar (keine „Minischrift"). Oft können Studierende ihre eigene Schrift und ihre Zahlen nicht lesen und erzeugen dadurch in der weiteren Rechnung Fehler. Bei Unleserlichkeit könnten zudem Punkte abgezogen werden!

Schreiben Sie auf, was Sie sich überlegen. Bei einer Klausur wird das bewertet, was geschrieben wurde. Wenn Sie Ihre Vorgehensweise nicht ausreichend und nachvollziehbar begründen, droht Punktverlust. Fassen Sie sich trotzdem kurz, es genügen Stichworte. Nutzen Sie die übliche mathematische Symbolik, dies bringt Zeitgewinn!

Beachten Sie unbedingt die Klammersetzung und alle anderen formalen Schreibweisen. Derartige Defizite führen schnell zu erheblichen weiteren Punktverlusten.

Führen Sie zu Ihren Ergebnissen (auch wenn es nicht direkt gefordert wird) eine Probe durch, sowohl auf Plausibilität als auch durch Einsetzen der Ergebnisse in die Ausgangsaufgabe. Entdecken Sie beim Nachrechnen von Ihnen vermutete Fehler nicht sofort, sollten Sie die Aufgabe zurückstellen und auf einem separaten Blatt später noch einmal lösen, falls die Zeit es hergibt. Erfahrungsgemäß führt eine Neuberechnung schneller zum korrekten Ergebnis als die sukzessive Korrektur des ersten Lösungsweges. Unter Umständen wird auch positiv bewertet, dass Sie erkannt haben, dass Ihr Ergebnis nicht korrekt sein kann. Ein entsprechender Kommentar kann deshalb sinnvoll sein.

Am Schluss vor der Abgabe kontrollieren Sie Ihre Blätter (einschließlich der Nebenrechnungen) auf Vollständigkeit. Wenn der Dozent den Service nicht selbst anbietet, tackern Sie Ihre Klausur.

Falls dann doch einmal ein Malheur passiert ist und eine Prüfung nicht bestanden wurde, geht das Leben trotzdem weiter! Die Fehler sollte man gründlich analysieren, daraus lernen, sich mit einem gesunden Maß selbstkritisch bewerten und nach Verbesserungsmöglichkeiten suchen, womit sich der Kreis schließt.

Links

1. Bucur D.: Teaching Teaching & Understanding Understanding (1/3). https://www.youtube.com/watch?v=oeuoEqzY1Js. Zugegriffen: 07.07.2017
2. Dobrovoda H.: Psychologische Beratung der HTW Berlin. https://www.htw-berlin.de/einrichtungen/zentrale-hochschulverwaltung/zentrum-fuer-studien-karriere-und-gruendungsberatung/allgemeine-studienberatung/psychologische-beratung/♯c5702. Zugegriffen: 07.07.2017
3. Emmrich E., Trunk C.: Gut vorbereitet in die erste Mathematikklausur. S. 19-22, Hanser München (2007)
4. Grotehusmann S.: Blackout bei Prüfungen. https://www.studis-online.de/Studieren/Lernen/blackout.php. Zugegriffen: 07.07.2017
5. Scherfer M., Senkbeil T.: Lineare Algebra für das erste Fachsemester. S. 19-22, Pearson München (2006)

Literatur

Die folgende Liste enthält eine Auswahl von Büchern und weitere Quellen zu den im Trainingskurs behandelten Sachverhalten. Ein Anspruch auf Vollständigkeit wird dabei nicht erhoben.

1. Berane E., Gärtner K.-H., Lohse H.: Wiederholungsprogramm Gleichungen und Funktionen, Fachbuchverlag, Leipzig (1983)
2. Cramer E., Nešlehová J.: Vorkurs Mathematik. Springer (2016)
3. Knorrenschild M.: Vorkurs Mathematik. Hanser-Fachbuchverlag. Leipzig (2013)
4. Polster S.: Mathematik alpha. http://mathematikalpha.de/. Zugegriffen 07.07.2017
5. Ruhrländer M.: Brückenkurs Mathematik. Pearson, Hallbergmoos (2016)
6. Schäfer W., K. Georgi K., Trippler G.: Mathematik-Vorkurs. Springer-Vieweg, Heidelberg (2006)
7. Schirotzek W., Scholz S.: Starthilfe Mathematik. Springer-Vieweg, Heidelberg (2005)
8. Schneider A.: Portal Mathebibel. http://www.mathebibel.de/. Zugegriffen: 07.07.2017
9. Schwenkert R., Stry, R.: Mathematische Grundlagen für ingenieurwissenschaftliche Studiengänge und für die (Wirtschafts-) Informatik. http://w3-o.cs.hm.edu/ rschwenk/ Grundlagen.htm. Zugegriffen: 07.07.2017
10. Siegert J.: Online-Kompaktkurs Elementarmathematik für Studienanfänger technischer Studiengänge. http://elearning-material.htw-berlin.de/KM2/. Zugegriffen: 27.10.2017

J. Siegert, *Mathematik trainieren: Brüche, Funktionen und Co.*,
https://doi.org/10.1007/978-3-662-56348-9

Stichwortverzeichnis

J. Siegert, *Mathematik trainieren: Brüche, Funktionen und Co.*,
https://doi.org/10.1007/978-3-662-56348-9

Printed by Printforce, the Netherlands